山东省"十四五"职业教育规划教材

# Java 程序设计项目化教程

Java CHENGXU SHEJI
XIANGMUHUA JIAOCHENG

主　编　曹凤莲
副主编　王　强　王　娟　李荣国　李英明
参　编　宋文敏　刘　伟　周　荣　孟继萍
主　审　王爱华

**内容提要**

本书利用丰富有趣的案例讲解了Java的基础知识。全书主要包括7个项目，分别是Java开发环境的搭建，Java语法基础，Java流程控制设计，Java类与对象，类的封装、继承与多态，Java数据库与集合类，多线程与I/O文件流。各项目之间环环相扣，每个项目均为下一个项目的学习做好充分准备，最后提供了一个基于GUI的总项目供学习与训练。本书以淘淘乐购管理系统项目为主线，贴近学生生活，接近社会实际，难易适中，通过项目目标制订实训任务，将理论知识点与实践操作内容很好地结合，实现理实一体化教学。本书内容丰富，注重思政教育，把培育和践行社会主义核心价值观的基本要求融入教学过程，能增强学生的文化自信。

本书可作为高职院校“Java程序设计”课程的教材和教学参考书，也可作为对Java编程感兴趣的读者的参考书。

**图书在版编目(CIP)数据**

Java程序设计项目化教程 / 曹凤莲主编. -- 上海 ：上海交通大学出版社，2021.11(2026.1重印)

ISBN 978-7-313-25661-4

Ⅰ. ①J… Ⅱ. ①曹… Ⅲ. ①JAVA语言—程序设计—高等学校—教材 Ⅳ. ①TP312

中国版本图书馆CIP数据核字(2021)第226076号

**Java程序设计项目化教程**
Java CHENGXU SHEJI XIANGMUHUA JIAOCHENG

主　　编：曹凤莲
出版发行：上海交通大学出版社　　地　　址：上海市番禺路951号
邮政编码：200030　　电　　话：021-64071208
印　　制：三河市龙大印装有限公司　　经　　销：全国新华书店
开　　本：787 mm×1 092 mm　1/16　　印　　张：16.75
字　　数：337千字
版　　次：2021年11月第1版　　印　　次：2026年1月第6次印刷
书　　号：ISBN 978-7-313-25661-4
定　　价：48.00元

版权所有　侵权必究
告读者：如您发现本书有印装质量问题请与印刷厂质量科联系
联系电话：0316-3655788

# Preface 前言

Java是一种可以编写跨平台应用程序的、面向对象的程序设计语言，Java程序可以“一次编译，随处运行”。Java不仅是目前Web开发的主流技术，也逐步成为移动应用开发的主流技术。

本书结合丰富有趣的案例，细致地讲解了Java的基础知识。全书主要包括7个项目，分别是Java开发环境的搭建，Java语法基础，Java流程控制设计，Java类与对象，类的封装、继承与多态，Java数据库与集合类，多线程与I/O文件流。

本书建议72学时，分配如下。

| 序　　号 | 项目内容 | 学　　时 |
|---|---|---|
| 1 | Java开发环境的搭建 | 6 |
| 2 | Java语法基础 | 6 |
| 3 | Java流程控制设计 | 12 |
| 4 | Java类与对象 | 12 |
| 5 | 类的封装、继承与多态 | 12 |
| 6 | Java数据库与集合类 | 12 |
| 7 | 多线程与I/O文件流 | 12 |
| 合计 | | 72 |

**1. 本书特点**

(1)采用项目化教学，突出实用性。本书以淘淘乐购管理系统项目为主线，教学项目贴近实际生活，难易适中，有针对性。通过项目目标制订实训任务，将理论知识点与实践操作很好地结合，实现理实一体化教学，提高学生的企业岗位认知。

(2)内容安排有层次性。本书内容安排体现了从基本技能到核心技能再到综合技能的培养过程，项目的设置由浅入深、循序渐进；任务的选取考虑课程内容的全面性、专业岗位工作对象的典型性和教学过程的可操作性。

(3)图文结合，突出直观性。本书任务实施过程分步展开，图文并茂，更加突出操作要点，体现直观性、实用性及可操作性，有利于学生理解过程，增加学习兴趣。

(4)立德树人，牢记育人使命。党的二十大报告指出“育人的根本在于立德”。本书融入了思政元素，注重培育和践行社会主义核心价值观，增强学生的文化自信，培养学生的爱国精神和工匠精神。

**2. 本书结构**

本书各项目的基本结构为“学习目标＋素质目标＋项目分析＋任务＋习题”，每一个任务又包括“知识储备”“任务描述”“任务分析”“任务实施”“任务小结”“自我评价”，能帮助学生学习理论知识，锻炼实际应用能力，领悟思政要点，强化和巩固所学的知识与技能，从而取得良好的学习效果。

**3. 配套教学资料**

本书提供以下配套教学资料：本书所有案例的素材、源文件、课程整体设计和课件。

本书由莱芜职业技术学院曹凤莲担任主编，莱芜职业技术学院王强、王娟、李荣国、李英明担任副主编，莱芜职业技术学院宋文敏、刘伟，湖北美和易思教育科技有限公司周荣、山东力创电气有限公司孟继萍参与编写工作。全书由山东商业职业技术学院王爱华主审。

由于编者水平有限，书中存在的不妥之处，敬请广大读者批评指正。

编　者

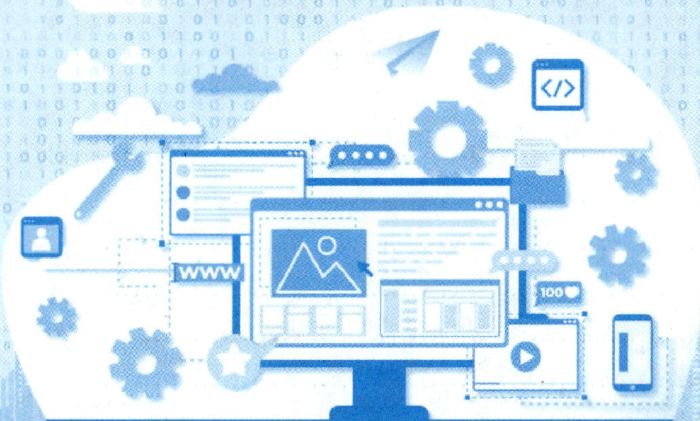

Contents

# 目录

# 项目一 Java 开发环境的搭建

作为一种流行的网络编程语言之一，Java 语言在当今信息化社会中发挥了重要的作用。Java 语言具有面向对象、跨平台、安全、多线程等特点，这使得 Java 成为许多应用系统的理想开发语言。

## 学习目标

◎ 了解 Java 的发展历史、前景。
◎ 掌握 Java 语言的特点。
◎ 熟练下载 JDK 并进行安装。
◎ 能够搭建平台并正确配置 Java 环境变量。
◎ 完成一个简单的 Java 小程序。

## 素质目标

◎ 培养学生利用信息手段搜集资料的能力。
◎ 通过软件开源共享引导学生树立共享发展的理念。
◎ 通过认知规律，引导学生自主探索，动手实操，针对安装与配置过程中出现的问题培养学生解决问题的能力。
◎ 培养学生严谨的编程习惯、团队协作的能力和工匠精神。

## 项目分析

用户想了解 Java 的有关知识，主要从 Java 的历史与现状、Java 语言的优点与特性、开发环境三部分进行。本项目主要在了解 Java 知识的基础上搭建 Java 开发环境，并进行一个小程序的编写与运行。

# 任务一 Java 概述和 JDK 的安装与配置

## 知识储备

### 1. Java 的标准划分

Java 的版本演进到 Java 2，根据不同层面的应用进行了细化，Java 2 平台分为三种版本，版本及其说明如表 1-1-1 所示。

表 1-1-1　Java 2 版本

| 版　　本 | 描　　述 |
|---|---|
| J2EE | Java 2 enterprise edition——企业版，适用于服务器，目前已成为企业运算、电子商务等领域的热门技术 |
| J2SE | Java 2 standard edition——标准版，适用于一般 PC 上的应用软件开发 |
| J2ME | Java 2 micro edition——微型版，适用于手持设备上的应用软件开发，如手机游戏、名片管理等 |

视频
Java 语言简介

2005 年 6 月，JavaOne 大会召开，Sun 公司发布 JavaSE6。此时，Java 的各种版本已经更名以取消其中的数字 2：J2EE 更名为 JavaEE，J2SE 更名为 JavaSE，J2ME 更名为 JavaME。

### 2. Java 发展历程

Java 技术是由美国 Sun 公司倡导和推出的，它包括 Java 语言和 Java Media APIs、Security APIs、Management APIs、Java Applet、Java RMI、JavaBean、Java OS、Java Servlet、Java Server Page 以及 JDBC 等。

Java 技术的发展历程如表 1-1-2 所示。

表 1-1-2　Java 技术的发展历程

| 版　　本 | 描　　述 |
|---|---|
| 1991 年 1 月 | Sun 公司成立 Green 项目小组，专攻智能家电的嵌入式控制系统 |
| 1991 年 2 月 | 放弃 C++，开发新语言，命名为 Oak |
| 1991 年 6 月 | James Gosling 开发了 Oak 的解释器 |
| 1992 年 1 月 | Green 完成了 Green 操作系统、Oak 语言、类库等的开发 |
| 1992 年 11 月 | Green 计划转化成 FirstPerson 有限公司，一个 Sun 公司的全资母公司 |
| 1993 年 2 月 | 获得时代华纳电视机顶盒交互系统的订单，于是开发的重心从家庭消费类电子产品转到了电视机顶盒的相关平台上 |
| 1994 年 6 月 | FirstPerson 有限公司倒闭，员工都合并到 Sun 公司。LiveOak 计划启动，目标是使用 Oak 语言设计出一个操作系统 |

（续表）

| 版 本 | 描 述 |
|---|---|
| 1994 年 7 月 | 第一个用 Java 语言编写的 Web 浏览器 WebRunner(后来改名为 HotJava)诞生,Oak 更名为 Java |
| 1994 年 10 月 | Van Hoff 编写的 Java 编译器用于 Java 语言 |
| 1995 年 3 月 | 在 SunWorld 大会上,Sun 公司正式介绍了 Java 和 HotJava |
| 1996 年 1 月 | JDK 1.0 发布 |
| 1997 年 2 月 | J2SE 1.1 发布 |
| 1998 年 12 月 | J2SE 1.2 发布 |
| 1999 年 6 月 | 发布 Java 的三个版本:J2SE、J2EE 和 J2ME |
| 2000 年 5 月 | J2SE 1.3 发布 |
| 2001 年 9 月 | J2EE 1.3 发布 |
| 2002 年 2 月 | J2SE 1.4 发布 |
| 2004 年 9 月 | J2SE 1.5 发布,J2SE 1.5 更名为 JavaSE 5.0 |
| 2005 年 6 月 | JavaSE 6.0 发布,J2EE 更名为 JavaEE,J2SE 更名为 JavaSE,J2ME 更名为 JavaME,Java 的各版本进行更名,取消数字 2 |
| 2006 年 12 月 | JRE 6.0 发布 |
| 2006 年 12 月 | JavaSE 6 发布 |
| 2009 年 12 月 | JavaEE 6 发布 |
| 2011 年 7 月 | JavaSE 7 发布 |
| 2014 年 3 月 | JavaSE 8 发布 |

### 3. Java 现状与前景

随着科技的不断发展,现代社会向着更加信息化、更加智能化的方向发展,Java 的社会市场需求在不断增加,应用范围也在不断扩大。它可以进行面向对象的应用开发;可视化、可操作化的软件开发;动态画面的设计和调试;数据库的操作和连接设计等。

Java 在 Web、移动设备以及云计算方面的应用前景广阔,随着云计算以及移动领域的扩大,更多的企业考虑将其应用部署在 Java 平台上。无论是本地主机还是公共云,Java 都是目前最合适的选择。

Java 可以参与制作大部分网络应用程序,而且与如今流行的 WWW(万维网)浏览器结合得很好,这一优点将促进 Java 更大范围地推广。因为在未来的社会,信息传送将会更加快速,这将推动程序向 Web 程序方向发展。由于 Java 具有编写 Web 程序的能力,并且 Java 与浏览器结合良好,这使得 Java 的前景充满光明。

**明德树人**

2021 年 3 月,全国首个鸿蒙系统高校课程“HarmonyOS 移动程序设计”开课,标志着 HarmonyOS 开始融入高校专业课程体系,从学校教育开始培养中国软件领域的高水平人才,致力于打造“国产之光”。作为新时代的学生,我们一定要学习中国企业自主创新、勇攀高峰的创新精神,学习中国科技人员精益求精的工匠精神。

## 4. Java 语言的特点

Java 语言是一种优秀的编程语言，它最大的优点就是与平台无关，在 Linux、MacOS、UNIX 以及其他平台上都可以使用相同的代码。“一次编译，随处运行”的特点，使其在互联网上被广泛采用。Java 语言的特点主要如下。

### 1）简洁有效

Java 语言是一种相当简洁的面向对象程序设计语言。Java 语言省略了 C++ 语言中所有的难以理解、容易混淆的特性，如头文件、指针、结构、单元、运算符重载、虚拟基础类等。它更加严谨、简洁。

### 2）可移植性

对于一个程序编写人员而言，编写出来的程序如果不需要修改就能够同时在 Windows、MacOS、UNIX 等平台上运行，是梦寐以求的事，而 Java 语言就让这个事情越来越接近实现。使用 Java 语言编写的程序，只要做较少的修改，有时甚至根本不需要修改，就可以在不同平台上运行。

### 3）面向对象

Java 语言提供了类、接口和继承等原语，只支持类之间的单继承，但支持接口之间的多继承，并支持类与接口之间的实现机制（关键字为 implements）。Java 语言全面支持动态绑定，而 C++ 语言只对虚函数使用动态绑定。总之，Java 语言是一个纯粹的面向对象程序设计语言。

面向对象是当今主流的程序设计思想，Java 是一种完全面向对象编程的语言，因此必须熟悉面向对象才能够编写 Java 程序。面向对象的程序核心是由类与对象组成的，通过类与对象描述现实事物之间的关系。这种面向对象的方法更有利于人们对复杂程序的理解、分析、设计、编写与维护。

### 4）解释型

Java 语言是一种解释型语言，相对于 C/C++ 语言来说，用 Java 语言写出来的程序效率低，执行速度慢。但它正是通过在不同平台上运行 Java 解释器，对 Java 代码进行解释，来实现“一次编译，随处运行”的宏伟目标的。为了达到此目标，牺牲效率还是值得的，况且，现在的计算机技术日新月异，运算速度也越来越快，用户是不会感到太慢的。

### 5）适合分布式计算

Java 语言具有强大的、易于使用的联网能力，非常适合开发分布式计算的程序。Java 应用程序可以像访问本地文件系统那样通过 URL 访问远程对象。

### 6）具有多线程处理能力

线程是一种轻量级进程，是现代程序设计中必不可少的一种特性。多线程处理能力使得程序能够具有更好的交互性、实时性。Java 在多线程处理方面性能超群，具有让设计者惊喜的强大功能，而且在 Java 语言中进行多线程处理很简单。

### 7）具有较高的安全性

Java 的安全性可从两个方面得到保证。一方面，在 Java 语言里，像指针和释放内存等 C++ 功能被删除，避免了非法内存操作。另一方面，当 Java 用来创建浏览器时，语言功能和

浏览器本身提供的功能结合起来，使它更安全。Java 语言在机器上执行前，要经过很多次测试。它经过代码校验，检查代码段的格式，检测指针操作、对象操作是否过分以及试图改变一个对象的类型。

## 任务描述

学习 Java 语言，首先要进行软件的下载与安装。本任务主要是完成 JDK 软件的下载与安装，并进行环境变量的配置，使其能进行 Java 程序的运行。

## 任务分析

（1）下载并安装 JDK。

（2）配置环境变量。

（3）测试安装环境并能正常使用。

## 任务实施

（1）JDK 下载（推荐在 Oracle 官网下载）。

①在浏览器地址栏中输入 JDK 官网下载地址“https://www.oracle.com/technetwork/Java/Javase/downloads/index.html”并按 Enter 键，进入 Java JDK 下载页面，如图 1-1-1 所示。

视频
JDK 软件下载

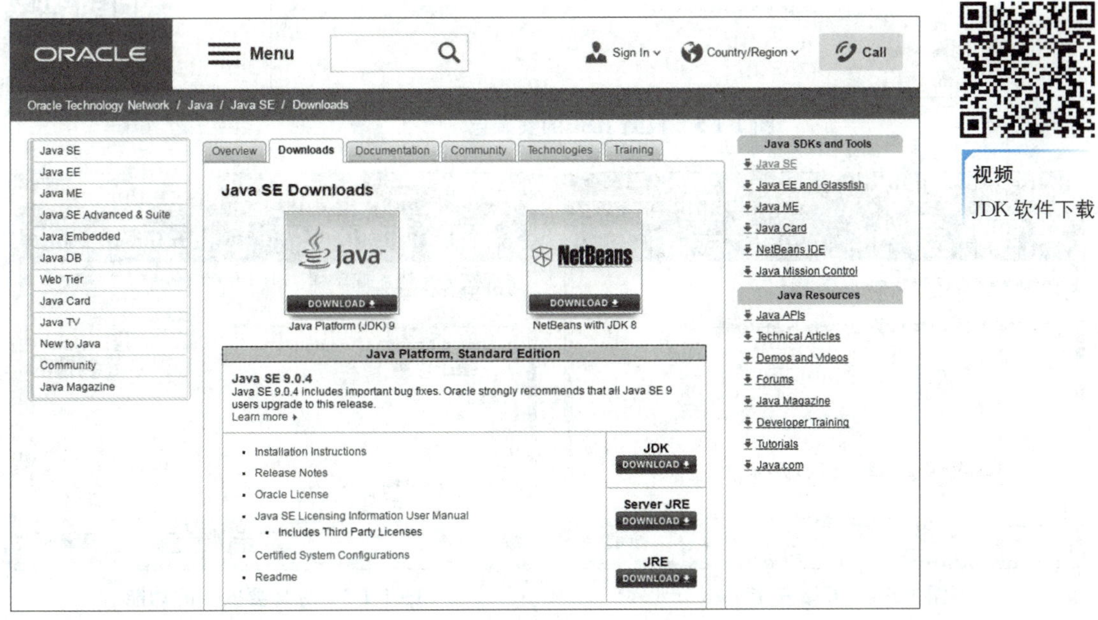


图 1-1-1 JDK 下载页面

②根据自己计算机系统的不同，选择不同版本进行下载。在下载之前，需要接受许可证协议，选择“Accept License Agreement”单选按钮。例如，下载 Windows 64 位版本，如图 1-1-2 所示（64 位选择 x64）。

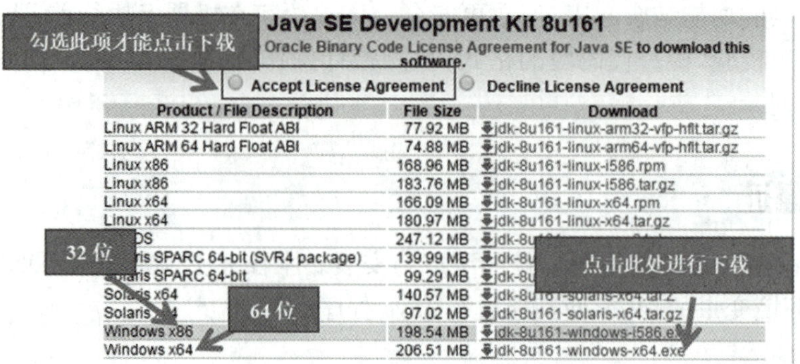


图 1-1-2　JDK 版本下载

> **注意:**根据 JDK 官方下载网站更新的 JDK 版本进行下载即可,本书下载的为 jdk-8u161。

(2)JDK 安装。

①JDK 下载完成后,在下载时设置的保存路径中找到 JDK 的安装包,如图 1-1-3 所示。双击文件开始安装,然后会弹出图 1-1-4 所示的对话框。单击“下一步”按钮,弹出图 1-1-5 所示的对话框,单击“下一步”按钮。

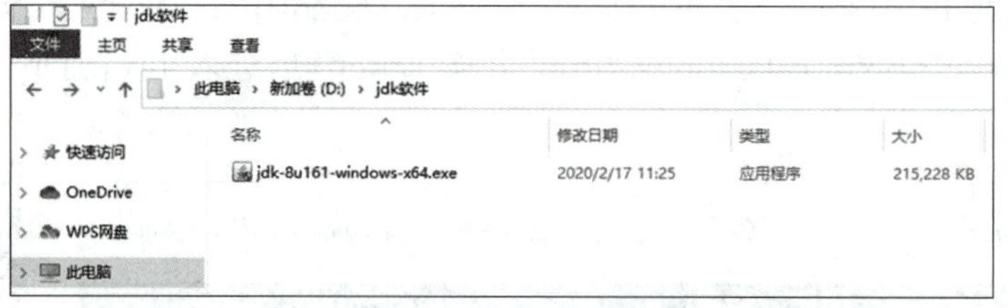


图 1-1-3　找到 JDK 的安装包

视频
JDK 安装

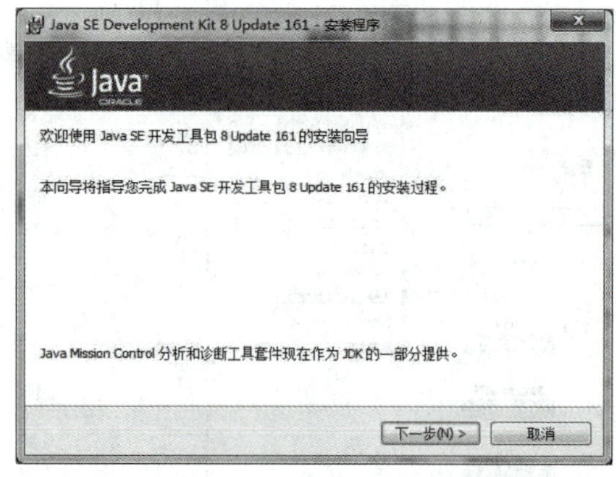


图 1-1-4　开始安装 JDK

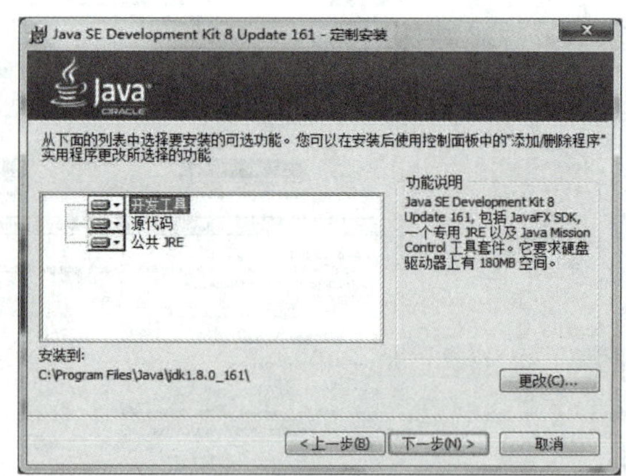


图 1-1-5　选择要安装的功能

②单击“更改”按钮,弹出图 1-1-6 所示的对话框,然后更改安装路径。

③单击“确定”按钮,回到图 1-1-7 所示的对话框,单击“下一步”按钮,JDK 开始安装,如图 1-1-8 所示。

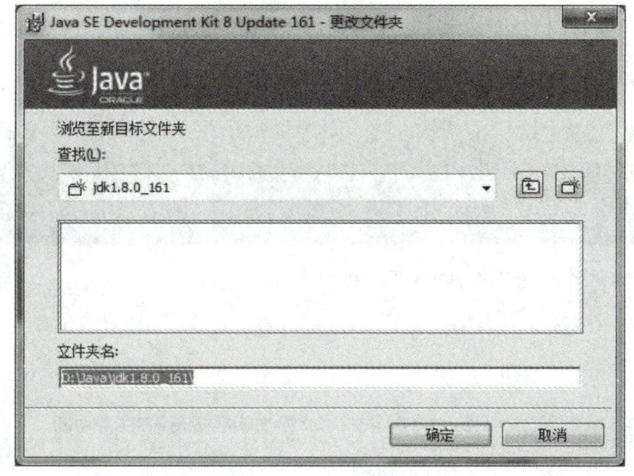


图 1-1-6 更改安装路径

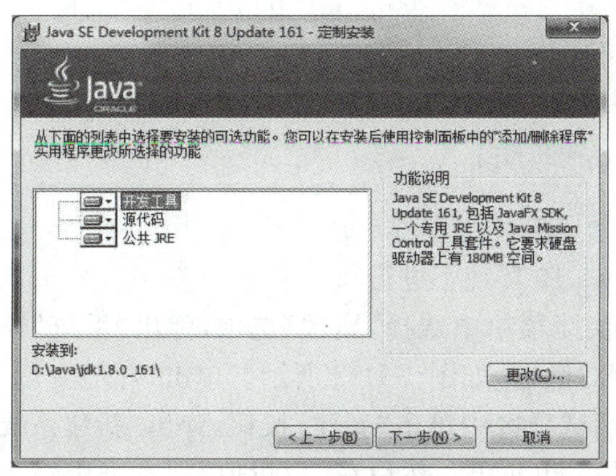


图 1-1-7 确定安装路径

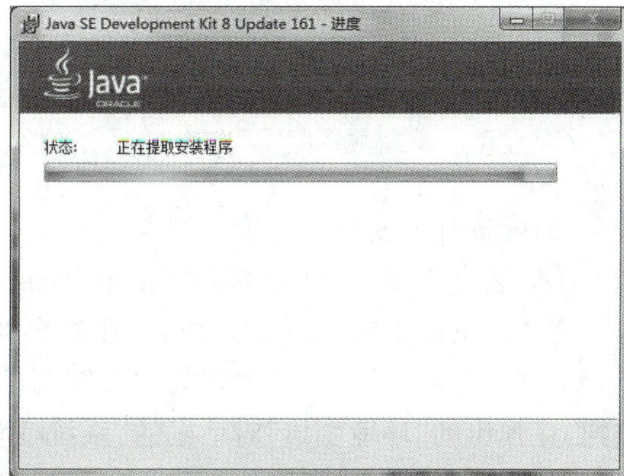


图 1-1-8 JDK 安装过程

④安装过程很快，然后会弹出图 1-1-9 所示的对话框。这一步是设置 JRE 的安装路径，再安装一个 JRE(因为安装的 JDK 中已经包含了 JRE，如果再安装一个就有些多余，当然也没有太大影响，但是前后两个 JRE 不能安装在相同的位置)，选择关闭该对话框，会弹出图 1-1-10 所示的对话框。

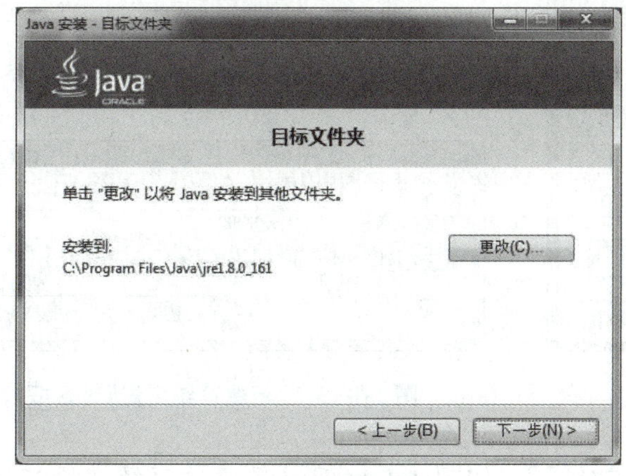


图 1-1-9 JRE 安装提示

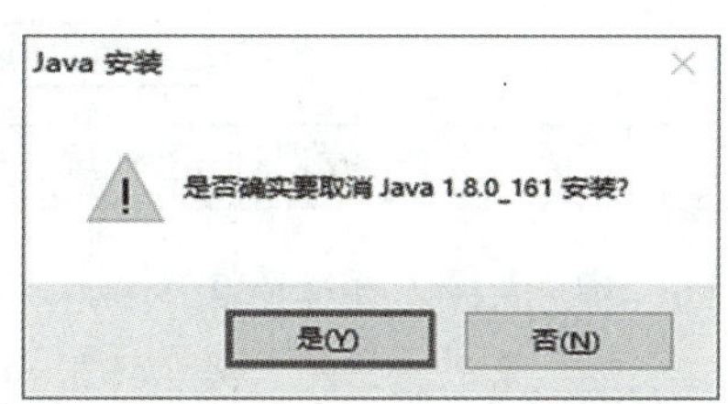


图 1-1-10 关闭对话框

⑤单击“是”按钮，弹出图 1-1-11 所示的对话框，提示 Java SE Development Kit 8 Update 161 已经安装完成，单击“关闭”按钮，完成安装。

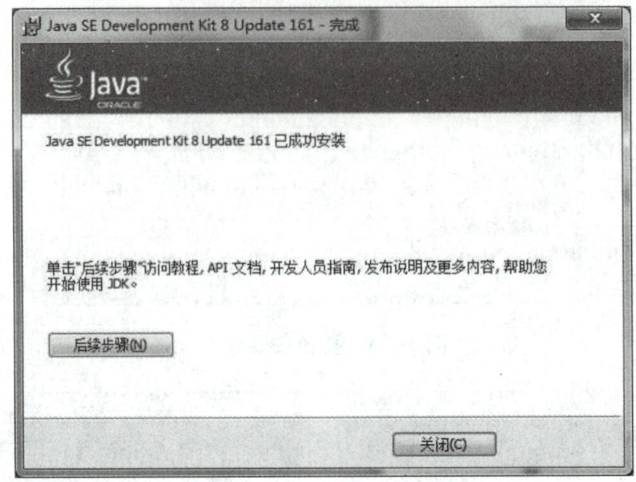


图 1-1-11　安装成功界面

(3)配置环境变量。

①安装完 JDK 后配置环境变量(在 Windows 10 环境下进行)。

②右击桌面上的“计算机”图标，在弹出的快捷菜单中选择“属性”选项，弹出“系统”窗口，单击“高级系统设置”链接，弹出“系统属性”对话框，如图 1-1-12 所示。单击“环境变量”按钮，在弹出的“环境变量”对话框的“系统变量”选项区中单击“新建”按钮，弹出“新建系统变量”对话框，在“变量名”文本框中输入“JAVA_HOME”，然后在“变量值”文本框中输入 JDK 的安装路径(本书的安装路径是“D:\Java\jdk1.8.0_161”)，如图 1-1-13 所示。

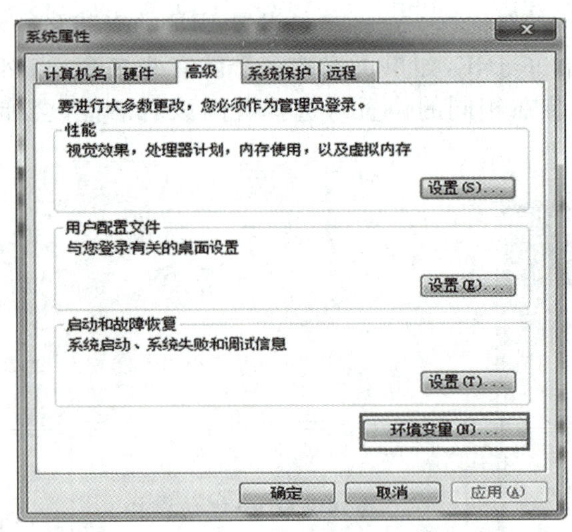


图 1-1-12　“系统属性”对话框

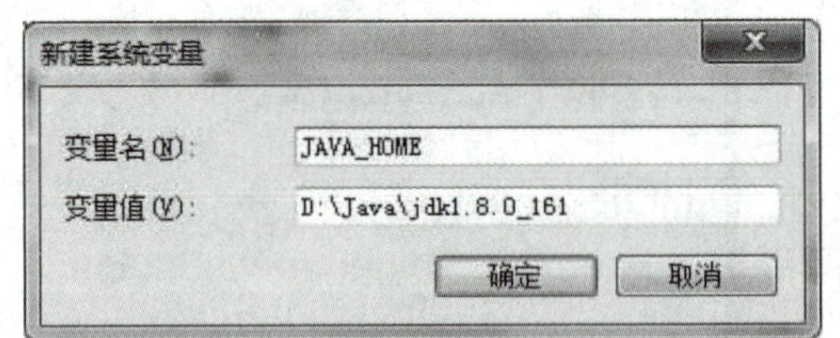


图 1-1-13　“新建系统变量”对话框

③单击“确定”按钮，回到“环境变量”对话框，如图 1-1-14 所示。选中系统变量“Path”，单击“编辑”按钮，弹出“编辑环境变量”对话框，如图 1-1-15 所示。单击“新建”按钮，在文本

框中输入“%JAVA_HOME%\bin”，再单击“新建”按钮，在文本框中输入“%JAVA_HOME%\jre\bin”，如图 1-1-16 所示。

**注意**：原来“Path”的变量值末尾有“;”号，在 Windows 10 设置中需要将其去掉。

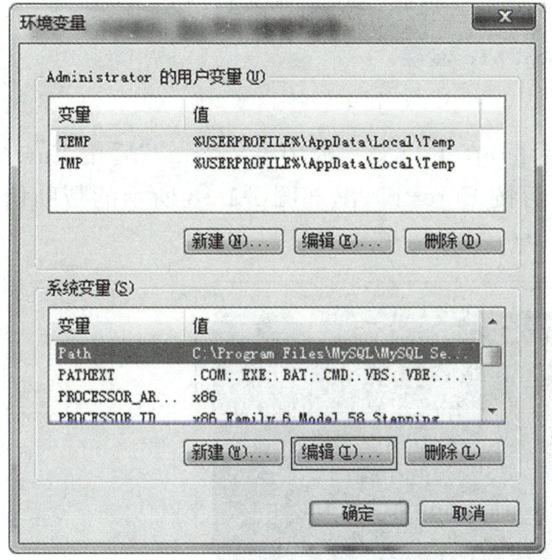


图 1-1-14　“环境变量”对话框

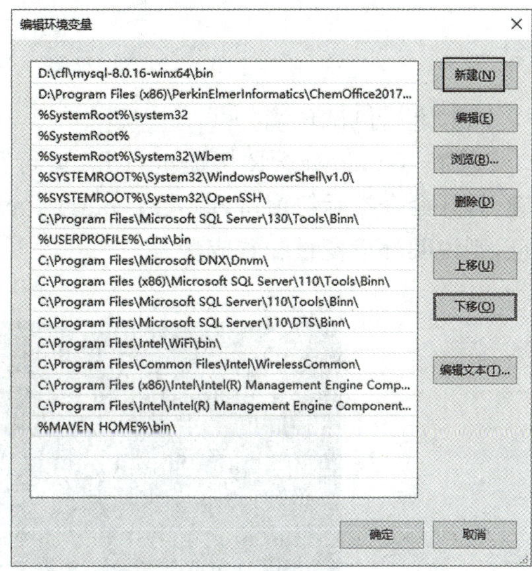


图 1-1-15　“编辑环境变量”对话框

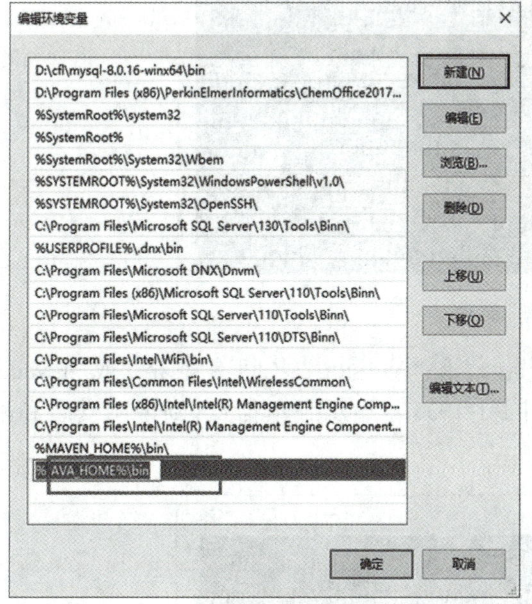


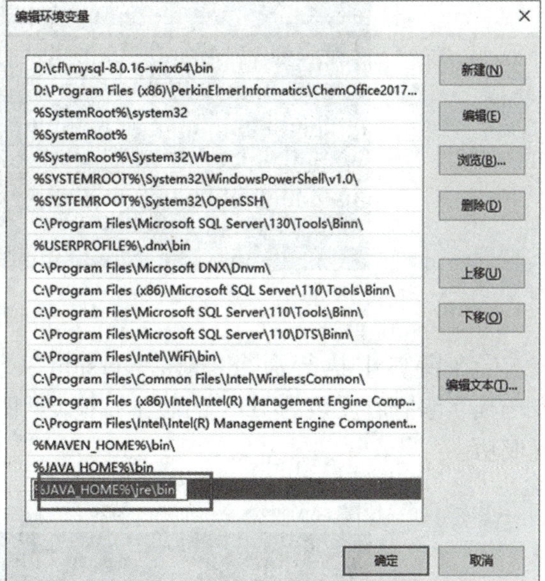


图 1-1-16　新建 Path 变量值

④在系统变量中新建“CLASSPATH”变量(若已存在，则直接编辑即可)，在对话框的“变量值”文本框中输入“.;%JAVA_HOME%\lib;%JAVA_HOME%\lib\tools.jar”(见图 1-1-17)，单击“确定”按钮。

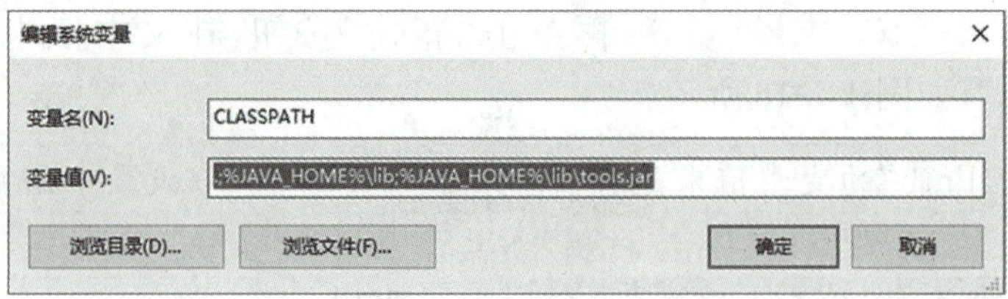


图 1-1-17 "CLASSPATH"变量

(4)运行测试环境。

①按 Windows+R 快捷键打开"运行"对话框,在下拉文本框中输入"cmd"后按 Enter 键,打开命令提示符窗口,输入"java"或"javac"后按 Enter 键,出现图 1-1-18 所示的帮助信息,则说明环境变量配置成功。

图 1-1-18 帮 助 信 息

②在窗口中执行命令"java -version"("java"和"-version"之间有空格)或"javac -version",来查看安装的 JDK 的版本信息(见图 1-1-19),若显示版本信息,则说明安装和配置成功。

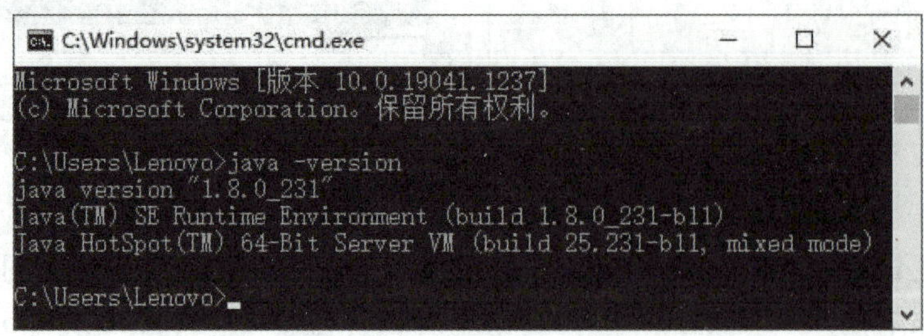


图 1-1-19 版 本 信 息

## 任务小结

本任务通过学习 Java 的基础知识和 JDK 的安装与配置，进行思政的渗透教育，培养学生利用信息手段搜集和下载资料的能力，引导学生树立共享发展理念，并引导学生自主探索，动手实操，针对安装与配置过程中出现的问题培养解决问题的能力。

## 自我评价

<table>
<tr><td colspan="2">课程名称:Java 程序设计</td><td colspan="3">授课地点:</td></tr>
<tr><td colspan="2">学习任务 1:Java 概述与 JDK 的安装与配置</td><td colspan="2">授课教师:</td><td>授课学时:4</td></tr>
<tr><td colspan="2">课程性质:理实一体课程</td><td colspan="3">综合评分:</td></tr>
<tr><td colspan="5">知识掌握情况评分(20 分)</td></tr>
<tr><td>序号</td><td>知识考核点</td><td>教师评价</td><td>分数</td><td>得分</td></tr>
<tr><td>1</td><td>Java 的历史发展、前景</td><td></td><td>5</td><td></td></tr>
<tr><td>2</td><td>Java 语言的特点</td><td></td><td>5</td><td></td></tr>
<tr><td>3</td><td>环境变量的配置</td><td></td><td>10</td><td></td></tr>
<tr><td colspan="5">工作任务完成情况评分(50 分)</td></tr>
<tr><td>序号</td><td>能力操作考核点</td><td>教师评价</td><td>分数</td><td>得分</td></tr>
<tr><td>1</td><td>JDK 下载与安装</td><td></td><td>10</td><td></td></tr>
<tr><td>2</td><td>环境变量配置</td><td></td><td>10</td><td></td></tr>
<tr><td>3</td><td>Java 运行环境测试</td><td></td><td>5</td><td></td></tr>
<tr><td>4</td><td>安装中排错的能力</td><td></td><td>5</td><td></td></tr>
<tr><td>5</td><td>与组员的配合团队精神、协调能力</td><td></td><td>10</td><td></td></tr>
<tr><td>6</td><td>精神面貌、专业自信、工匠精神、职业素养</td><td></td><td>10</td><td></td></tr>
<tr><td colspan="5">课堂表现情况评分(20 分)</td></tr>
<tr><td>序号</td><td>课堂表现考核点</td><td>教师评价</td><td>分数</td><td>得分</td></tr>
<tr><td>1</td><td>课堂过程表现(签到、互动、抢答、讨论、演示)</td><td></td><td>10</td><td></td></tr>
<tr><td>2</td><td>课堂实训效果(教师评价+组间评价+组内互评)</td><td></td><td>10</td><td></td></tr>
<tr><td colspan="5">任务总结反思(10)分</td></tr>
<tr><td colspan="5"></td></tr>
</table>

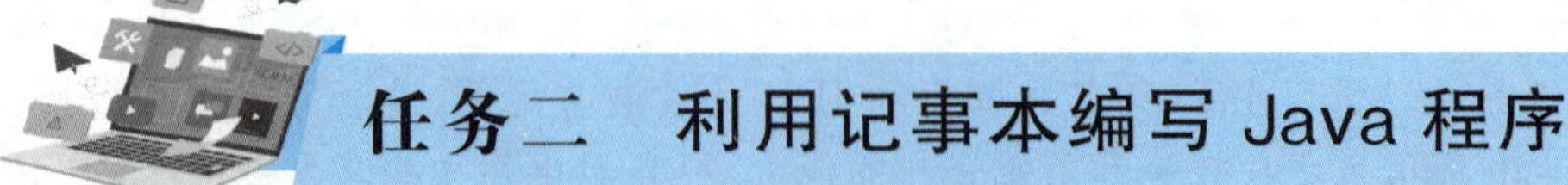

# 任务二　利用记事本编写 Java 程序

## 知识储备

### 1. Java 主类结构(class)

Java 语言是面向对象的程序设计语言,Java 程序的基本组成单元是类,类的概念在后面会有详细讲解,只要先记住所有的 Java 程序都是由类组成的就可以了。

类的定义格式如下:

```
public class Test{    // 定义一个类,类名为 Test
…
}
```

上面的程序定义了一个新的 public 类 Test,这个类的原始程序文件应取名为 Test.java。类 Test 的范围由一对大括号{}所包含。public 是 Java 的关键字,指的是对于类的访问方式为公有。

Java 程序是由类组成的,因此在完整的 Java 程序中至少需要有一个类。在 Java 程序中,其原始程序的文件名不能随意命名,必须和 public 类名称相同,因此在一个独立的原始程序中,只能有一个 public 类,却可以有许多 non-public 类。如果在 Java 程序中没有一个类是 public,那么该 Java 程序的文件就可以随意命名了。

### 2. 大括号、段及主体

定义类名后,就可以开始编写类的内容。左大括号"{"为类的主体开始标记,整个类的主体至右大括号"}"结束。每个命令语句结束时,必须以分号";"结尾。当某个命令的语句不止一行时,必须用一对大括号"{}"将这些语句括起来,形成一个程序段(segment)或块(block)。

Java 程序是由一个或一个以上的类组合而成的,程序起始的主体也被包含在类中。这个起始的地方称为 main(),用大括号将属于 main()段的内容包围起来,称为方法(method)。

main()方法为程序的主方法,在一个 Java 程序中有且只能有一个 main()方法,它是程序运行的开端,通常看到的 main() 方法格式如下:

```
public static void main(String args[]){      // main()方法
...
}
```

main() 方法前面必须加上 public static void 这三个关键字,public 代表 main()是公有的方法,static 表示 main()在没有创建类对象的情况下仍然可以被运行,void 表示 main()方法没有返回值。main 后的括号中的参数 String args[]表示运行该程序时所需要的参数,这是固定的用法。

### 3. Java 程序的注释

为程序添加注释可以用来解释程序的某些语句的作用和功能，提高程序的可读性。也可以使用注释在原程序中插入设计者的个人信息。此外，还可以用程序注释来暂时屏蔽某些程序语句，让编译器暂时不要处理这部分语句，等到需要处理时，只要把注释标记取消就可以了，Java 中的注释根据不同的用途分为以下三种类型。

**1)单行注释**

单行注释就是在注释内容前面加双斜线(//)，Java 编译器会忽略掉这部分信息，如下所示：

```
int num;    // 定义一个整数
```

**2)多行注释**

多行注释就是在注释内容前面以单斜线加一个星号标记(/ *)开头，并在注释内容末尾以一个星号标记加单斜线( * /)结束。当注释内容超过一行时，一般使用这种方法，格式如下所示：

```
/ *
int c = 10;
int x = 5;
 * /
```

**3)文档注释**

文档注释是以单斜线加两个星号标记(/ * * )开头，并以一个星号标记加单斜线( * /)结束。用这种方法注释的内容会被解释成程序的正式文档，并能包含进如用 Javadoc 之类的工具生成的文档里，用以说明该程序的层次结构及其方法。

### 4. Java 程序的输入/输出

在任何程序中，输入数据和输出结果都是必不可少的。由于输入和输出的途径不同，输入/输出的方法也就不同。Java 没有提供专用的输入/输出命令或语句，它的输入/输出是靠系统提供的输入/输出类的方法实现的。

**1)输入方法**

输入方法的格式如下：

```
import java.util.Scanner;                     //导入 Scanner 输入类库
Scanner in = new Scanner(System.in);          //创建类实例对象 in
String s = in.next();                         //从键盘接收整型数据并赋值给变量 s
```

当程序需要从键盘获取用户输入的命令或数据时，可以通过 Scanner 类方便地获取用户输入信息。Scanner 类包含在 Java 核心类库 util 中，所以要使用 Scanner 类，必须导入 java.util 类库，类库导入关键字为 import。通过语句“import java.util.Scanner;”导入包含 Scanner 的类库。

通过 Scanner 类获取用户输入时，首先需要声明一个 Scanner 变量，并用 new 运算符实例化 Scanner，实例化 Scanner 时需要传入 System.in 对象，Scanner 通过传入的 System.in 获取用户输入，并对用户输入的字符进行处理，然后通过 Scanner 类提供的 next()方法完成字符串的输入。

**2)输出方法**

输出方法的格式如下：

```
System.out.print(表达式);                   //格式 1:输出表达式的值后不换行
System.out.println(表达式);                 //格式 2:输出表达式的值后换行
```

输出方法主要是在屏幕上输出表达式的值，这两个输出方法都是最常用的方法，两个方法之间的差别：格式 1 在输出表达式的值后不换行，格式 2 在输出表达式的值后换行。

## 任务描述

本任务通过记事本编写一个 Java 应用程序，在记事本中编写程序源代码并保存为 Java 文件，利用 JDK 工具进行编译运行。

视频
利用记事本制作 Java 小程序

## 任务分析

(1)利用记事本编写程序源代码。

(2)文件命名需要和类名完全一致。

(3)在命令提示符窗口中通过 javac、java 命令编译运行程序。

## 任务实施

(1)按 Windows+R 快捷键打开“运行”对话框，输入“notepad”并按 Enter 键，打开记事本。

(2)在记事本中输入下列代码：

```
public class MyFirst {                                  //创建一个类,类名为 MyFirst
  public static void main(String[] args) {              //main 方法
    //利用输出语句输出相应的字符串,\t 为制表符
    System.out.println("\t*****************************************");
    System.out.println("\t\t 欢迎进行 Java 学习");
    System.out.println("\t\t 这是我的第一个 Java 小程序!");
    System.out.println("\t*****************************************");
  }
}
```

(3)执行“文件”→“保存”命令，保存在 D 盘的“Java”文件夹中，文件名为“MyFirst.java”(文件名必须和代码中的类名“MyFirst”一致)，保存类型为所有文件，编码选择“ANSI”，单

击“保存”按钮，如图 1-2-1 所示。

(4)按 Windows+R 快捷键打开“运行”对话框，输入“cmd”并按 Enter 键，打开命令符提示窗口，从当前目录进入“D:\Java”目录，如图 1-2-2 所示。

(5)通过命令“javac MyFirst. java”编译程序，编译通过后再通过命令“java MyFirst”执行该程序，程序执行结果如图 1-2-3 所示。

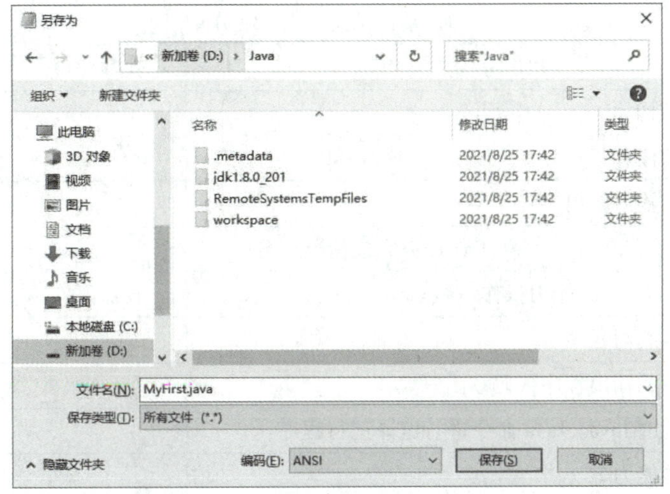


图 1-2-1　保存为“MyFirst. java”文件

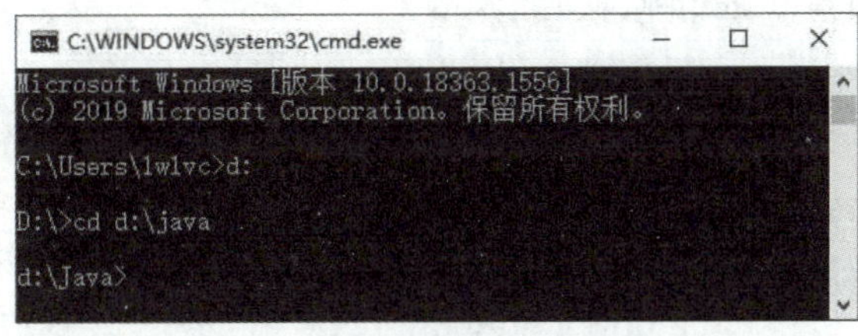


图 1-2-2　进入“D:\Java”目录

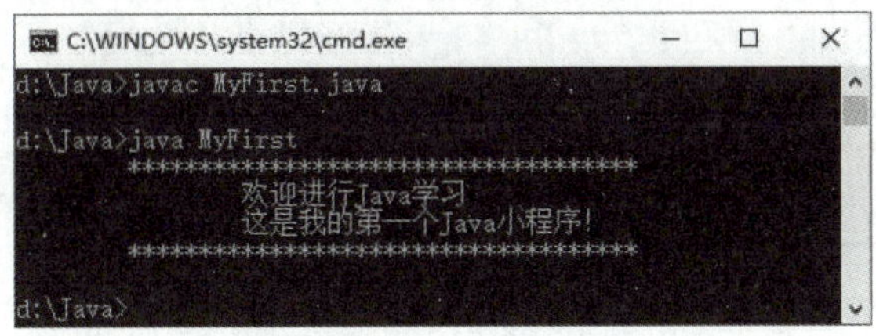


图 1-2-3　程序执行结果

## 任务小结

本任务通过学习 Java 程序的基本构成与小程序编写，进行思政的渗透教育，通过 main()方法的主导地位引导学生树立核心意识，通过代码编写使学生在编码中养成严谨细致的工作态度，增强学生的统筹意识、集体意识，并在学习过程中渗透学习方法的多样性和知识积累的重要性。

## 自我评价

| 课程名称:Java 程序设计 | | | 授课地点: | |
|---|---|---|---|---|
| 学习任务 2:利用记事本编写 Java 程序 | | | 授课教师: | 授课学时:2 |
| 课程性质:理实一体课程 | | | 综合评分: | |
| 知识掌握情况评分(20 分) | | | | |
| 序号 | 知识考核点 | 教师评价 | 分数 | 得分 |
| 1 | Java 主类结构 | | 5 | |
| 2 | Java 程序的注释 | | 5 | |
| 3 | Java 程序的输入输出 | | 10 | |
| 工作任务完成情况评分(50 分) | | | | |
| 序号 | 能力操作考核点 | 教师评价 | 分数 | 得分 |
| 1 | 利用记事本编写程序 | | 10 | |
| 2 | 会编写简单的输出程序代码 | | 10 | |
| 3 | 在 dos 中通过 Javac、Java 命令进行编译运行程序 | | 5 | |
| 4 | 程序排错的能力 | | 5 | |
| 5 | 与组员的配合团队精神、协调能力 | | 10 | |
| 6 | 精神面貌、专业自信、工匠精神、职业素养 | | 10 | |
| 课堂表现情况评分(20 分) | | | | |
| 序号 | 课堂表现考核点 | 教师评价 | 分数 | 得分 |
| 1 | 课堂过程表现(签到、互动、抢答、讨论、演示) | | 10 | |
| 2 | 课堂实训效果(教师评价+组间评价+组内互评) | | 10 | |
| 任务总结反思(10)分 | | | | |
| | | | | |

# 任务三 利用 Eclipse 平台编写 Java 程序

## 知识储备

### 1. Eclipse 主界面介绍

Eclipse 的主界面即 Eclipse 的工作台窗口。Eclipse 的工作台主要由菜单栏、主工具栏、

透视图工具栏、项目资源管理器视图、编辑器、大纲视图和其他视图组成，如图 1-3-1 所示。

视频
Eclipse 软件介绍

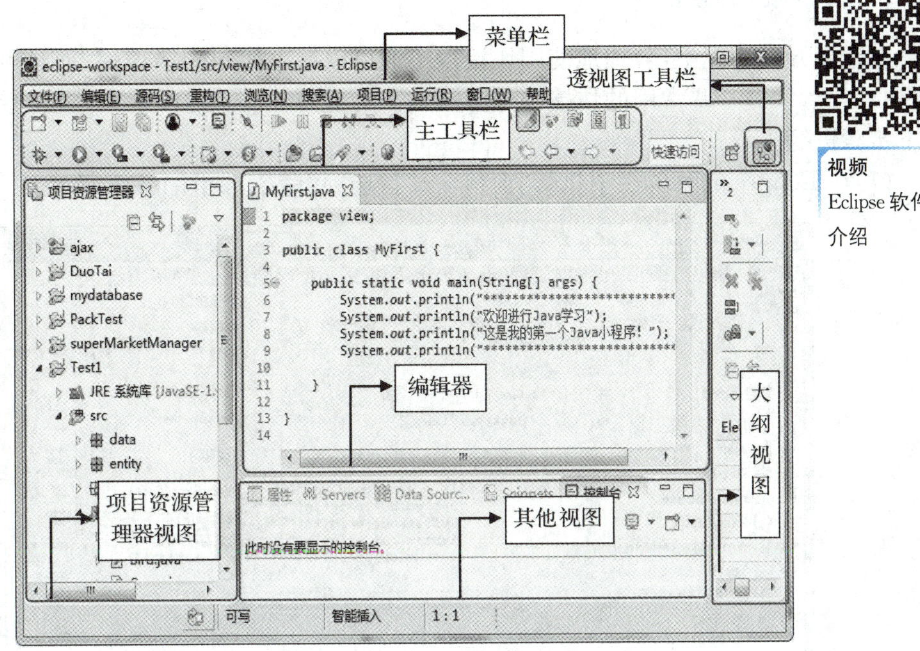


图 1-3-1 Eclipse 主界面

## 明德树人

子曰：“工欲善其事，必先利其器。”一个做手工或工艺的人，要想把工作完成，做得完善，应该先把工具准备好。有了合适的好的工具，操作起来就能得心应手，就能达到事半功倍的效果。我们在生活中要与品德高尚的人交往，这样能有效提升自己的思想境界和道德修养。

## 2. Eclipse 的菜单栏

Eclipse 的菜单栏包含实现 Eclipse 各项功能的命令。在菜单栏中除了常用的“文件”“编辑”等菜单项外，还提供了一些功能菜单项，如“源码”“重构”等。

(1)“文件”菜单允许用户创建、保存、关闭、打印、导入和导出工作台资源以及退出工作台。

(2)“编辑”菜单可以用于处理编辑器区域中的资源。

(3)“源码”菜单中的命令都是和代码相关的一些命令。

(4)“重构”菜单向用户提供了有关项目重构的相关操作命令。

(5)“浏览”菜单允许操作用户定位和浏览显示在工作台中的资源。

(6)“搜索”菜单中列出了和搜索相关的命令操作。

(7)“项目”菜单允许操作用户对工作台中的项目进行构建或编译。

(8)“运行”菜单列出了和程序运行相关的各种操作。

(9)“窗口”菜单中可以进行显示、隐藏或处理工作台中各种视图和透视图的操作。

(10)“帮助”菜单提供了有关使用工作台的帮助信息。

## 3. 快捷键介绍

在程序开发过程中，合理地使用快捷键不但可以减少代码的错误率，而且可以提高开发效率。因此，掌握一些常用的快捷键是必需的。为此，Eclipse 提供了一些快捷键，主要通过以下步骤进行查看：

（1）在 Eclipse 的菜单栏中执行“窗口”→“首选项”命令，如图 1-3-2 所示。

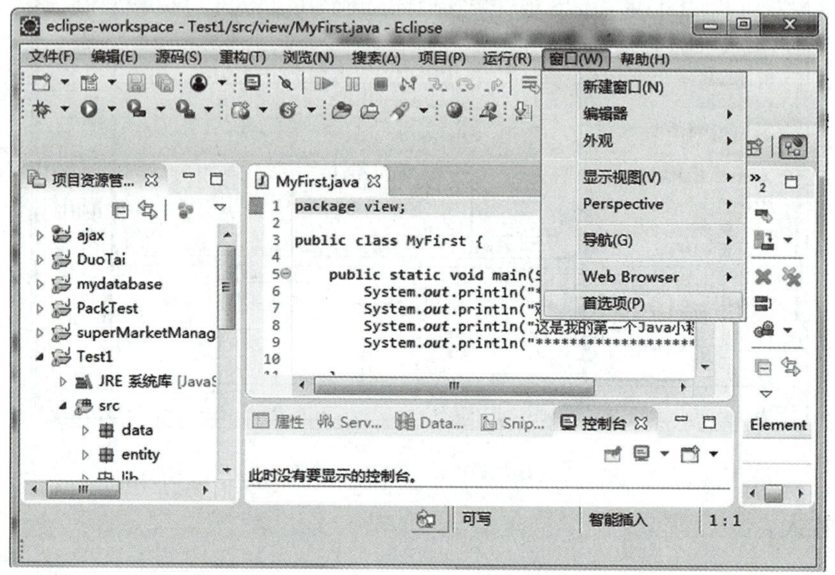


图 1-3-2　执行“窗口”→“首选项”命令

（2）在打开的“首选项”窗口中，展开“常规”节点后，选中该节点的“键”子节点，将显示图 1-3-3 所示的“键”界面。

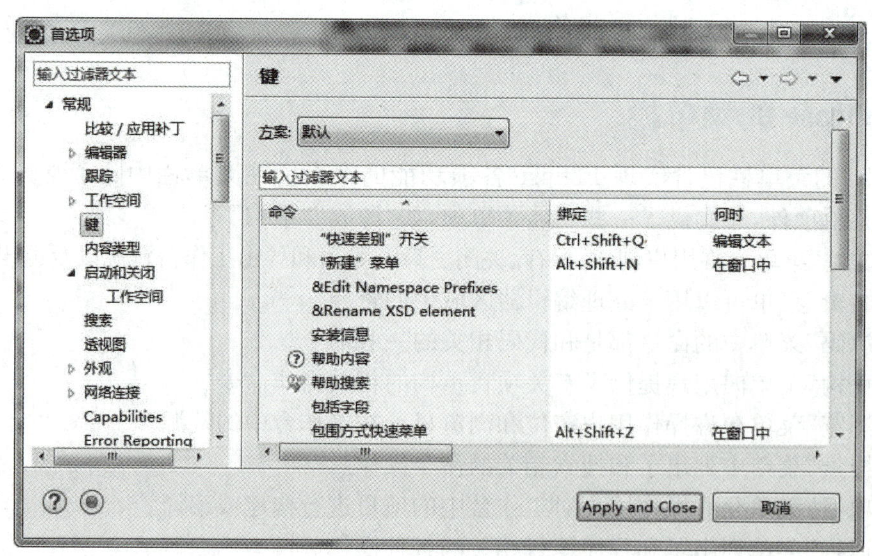


图 1-3-3　“键”界面

(3)在图 1-3-3 右侧的列表中，将显示 Eclipse 中提供的命令及其对应的快捷键，可以在该对话框中查看所需命令的快捷键，也可以选中指定命令，修改该命令所对应的快捷键。

> 注意：虽然在“键”界面中可以修改 Eclipse 命令的快捷键，但是随意修改 Eclipse 的快捷键可能会导致快捷键冲突。

(4)掌握与 Eclipse 编辑相关的快捷键，能够大大提高开发效率。Eclipse 提供的常用快捷键如表 1-3-1 所示。

**表 1-3-1 Eclipse 提供的常用快捷键**

| 快 捷 键 | 说 明 |
| --- | --- |
| Alt+/ | 代码提示 |
| F3 | 跳转到类或变量的声明 |
| Ctrl+/ | 注释或取消注释 |
| Ctrl+D | 删除光标所在行的代码 |
| Ctrl+F6 | 切换窗口 |
| Ctrl+Shift+K 和 Ctrl+K | 查找的方向相反 |
| Ctrl+Shift+O | 快速导入类的路径 |
| Ctrl+Shift+/ | 注释代码块 |
| Ctrl+Shift+\ | 取消注释代码块 |
| Ctrl+Shift+D | 在 debug 模式中显示变量值 |

## 4. Java 调试器的使用方法

使用 Java 调试器可以设置程序的断点，实现程序单步执行，在调试过程中查看变量和表达式的值等，这样可以避免在程序中编写大量的 println()方法输出调试信息。

使用 Eclipse 的 Java 调试器需要设置程序断点，然后使用单步调试分别执行程序代码的每一行。示例代码如下：

```
public class MyTest {
        public static void main(String [] args) {
                System.out.println("输出 1 行");
                System.out.println("输出 2 行");
                System.out.println("输出 3 行");
        }
}
```

(1)设置断点。设置断点是程序调试中必不可少的手段，Java 调试器每次遇到程序断点时都会将当前线程挂起，即暂停当前程序的运行。

设置断点的方法即在 Java 编辑器中显示代码行号的位置双击添加或删除当前行的断点，或者在当前行的位置右击，在弹出的快捷菜单中选择“切换断点”选项实现断点的添加或删除。

例如，在示例代码中“System. out. println("输出 1 行");”语句前添加断点，在这一行的位置右击并选择“切换断点”选项，则为本行设置了断点，如图 1-3-4 所示。

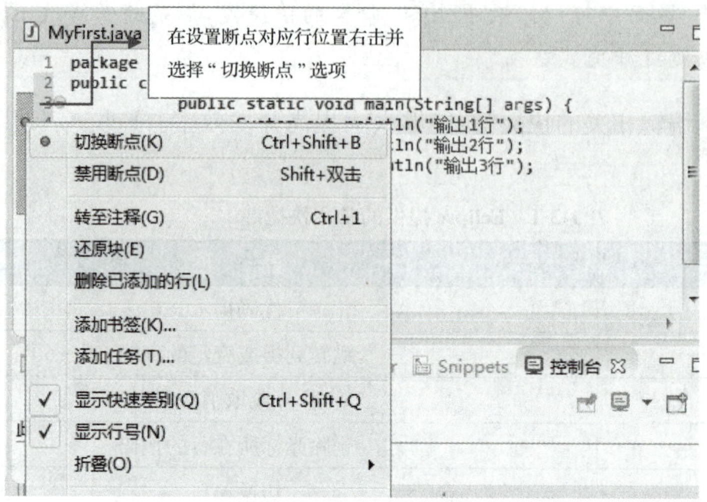


图 1-3-4　向 Java 编辑器中添加断点

(2)以调试方式运行 Java 程序。单击“Debug(调试)”按钮，打开调试视图，如图 1-3-5 所示。

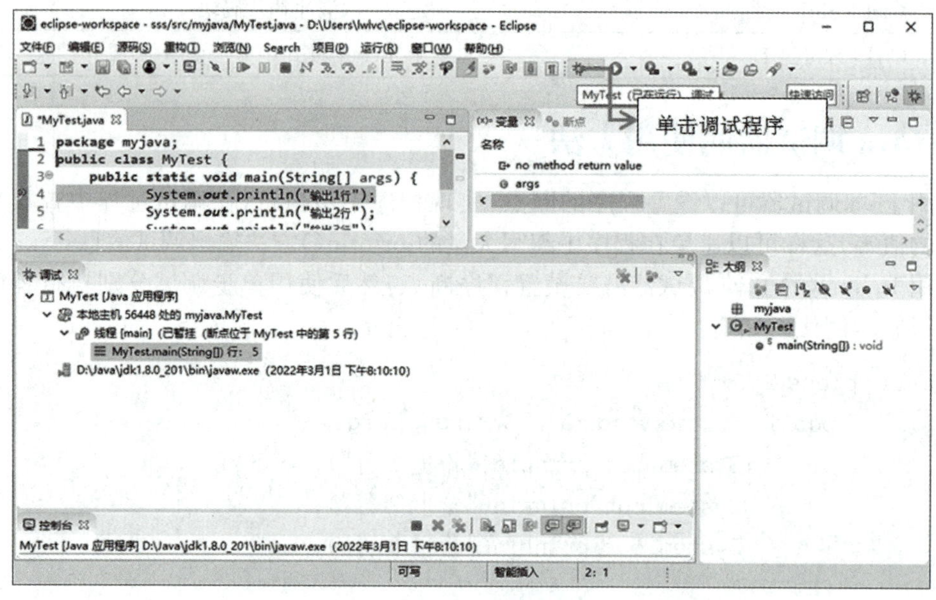


图 1-3-5　调 试 视 图

(3)调试程序。要在 Eclipse 中调试 MyTest 程序，可以在 Eclipse 中的“MyTest. java”文件标题处的空白位置上右击，在弹出的快捷菜单中执行“调试方式”→“1 Java 应用程序”命令。调试器将在断点处挂起当前线程，使程序暂停，如图 1-3-6 所示。

(4)程序执行到断点被暂停后，可以通过“Debug(调试)”视图工具栏上的按钮执行相应的调试操作，如运行、停止等。“Debug(调试)”视图工具栏如图 1-3-7 所示。

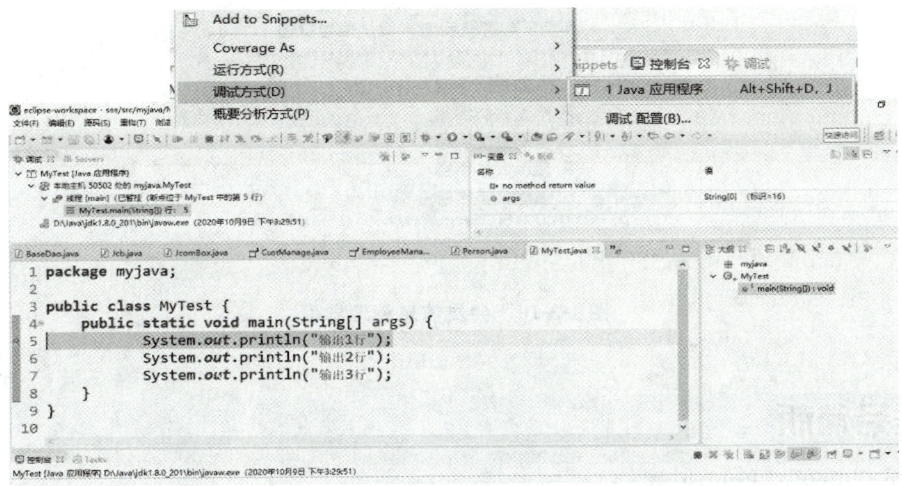


图 1-3-6 程序执行到断点后暂停

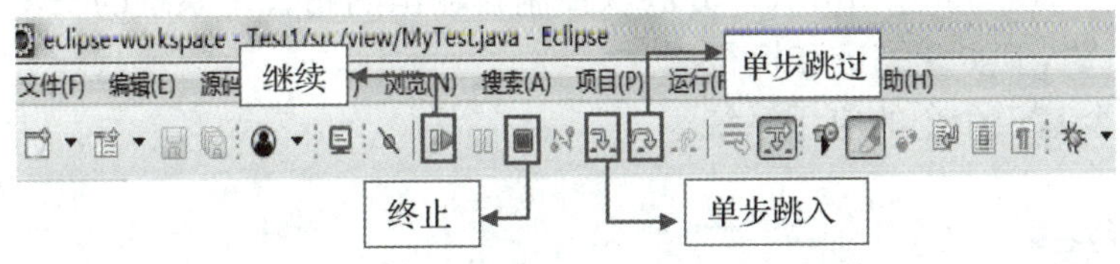


图 1-3-7 “Debug(调试)”视图工具栏

①单步跳过。在“Debug(调试)”视图工具栏中单击“单步跳过”按钮或按 F6 键，将执行单步跳过操作，即运行单独的一行程序代码，但是不进入调用方法的内部，然后跳到下一个可执行点并暂时挂起线程。

②单步跳入。在“Debug(调试)”视图工具栏中单击“单步跳入”按钮或按 F5 键，执行该操作将跳入调用方法或对象的内部单步执行程序并暂时挂起线程。

## 任务描述

Java 开发工具可以自动完成 Java 程序的编译和运行，还带有代码辅助功能。本任务主要通过介绍 Eclipse 开发工具的使用，开发一个基于命令行的简单购物管理系统——淘淘乐购管理系统的三个界面：登录界面(见图 1-3-8)、系统管理界面(见图 1-3-9)和会员信息管理界面(见图 1-3-10)。

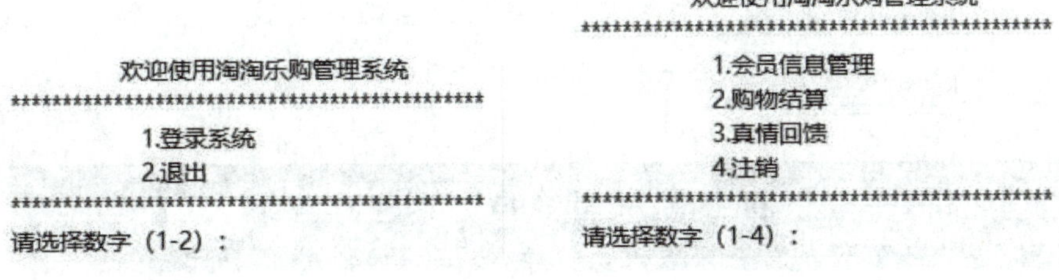


图 1-3-8 登录界面　　图 1-3-9 系统管理界面

淘淘乐购管理系统 > 会员信息管理

```
**********************************************
        1. 添加会员信息
        2. 修改会员信息
        3. 查询会员信息
        4. 显示会员信息
        5. 删除会员信息
**********************************************
请选择数字（1-5）：
```

图 1-3-10　会员信息管理界面

## 任务分析

（1）下载并安装 Eclipse 软件。

（2）创建 Java 项目，在项目中创建三个界面所对应的类。

（3）利用“System. out. println()”方法从控制台输出购物管理系统的三个界面。

（4）使用“\t”“\n”实现缩进和换行。

（5）创建三个基于命令的应用系统。

## 任务实施

### 1. 下载并安装 Eclipse

（1）进入下载地址 http://www. eclipse. org/downloads/，单击下载安装包，如图 1-3-11 所示。

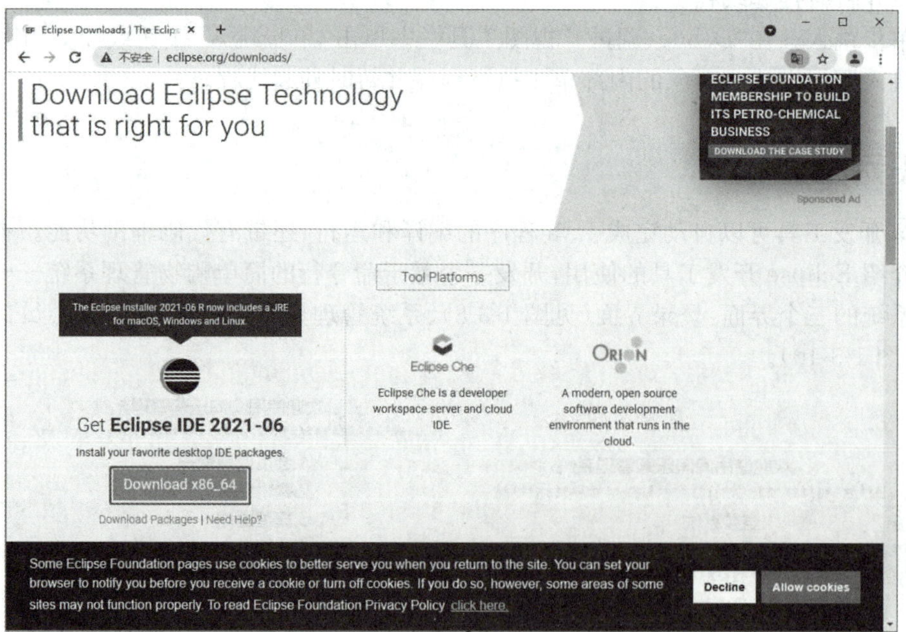


图 1-3-11　单击下载安装包

(2)根据个人需要选择 32 位或 64 位版本，此处以 64 位版本为例，如图 1-3-12 所示。

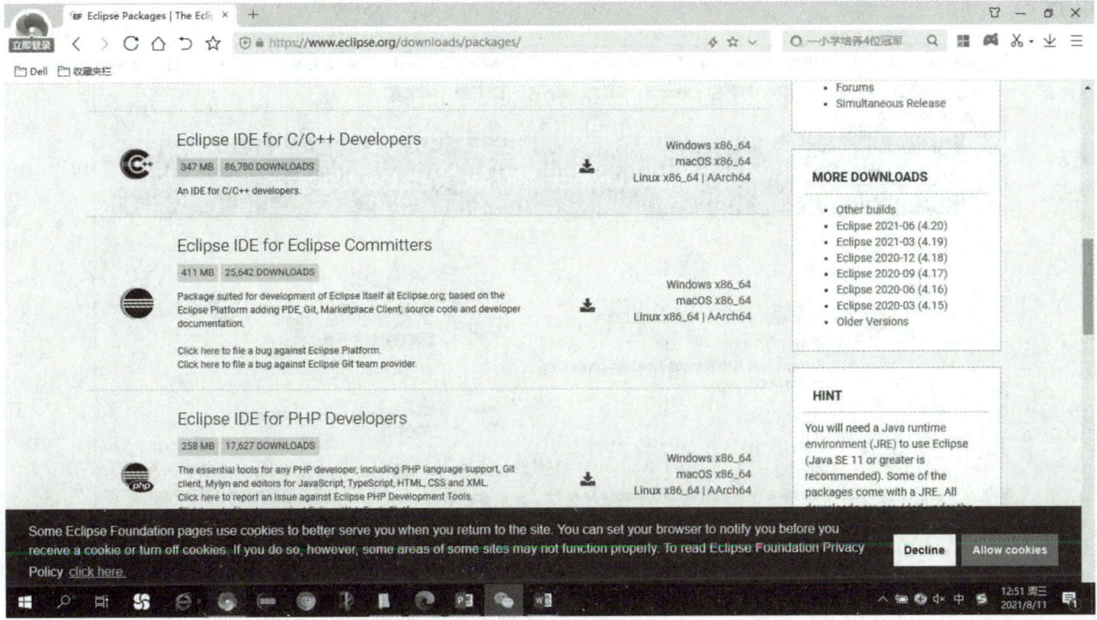


图 1-3-12　下载 64 位版本

(3)下载完成后解压，找到解压后文件夹中的“eclipse”应用程序(见图 1-3-13)，双击即可开始安装 Eclipse，按照提示安装完成后启动 Eclipse，在弹出的“选择工作空间”界面中设置工作空间，单击“Launch”按钮，如图 1-3-14 所示。

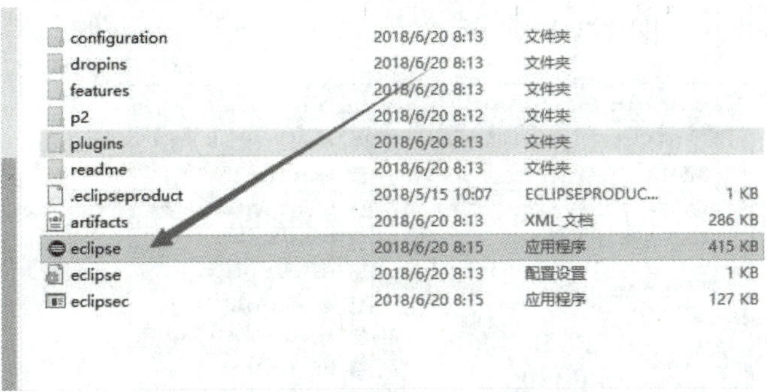


图 1-3-13　解 压 文 件

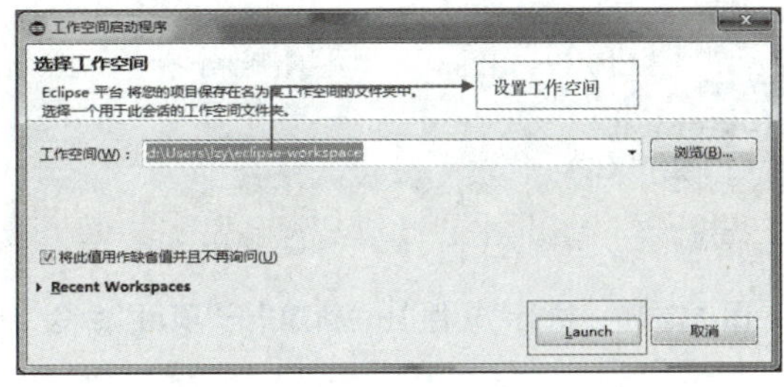


图 1-3-14　设置工作空间

(4)单击后出现图 1-3-15 所示的界面(本书所用 eclipse 已设置为中文版,读者可自行设置)。

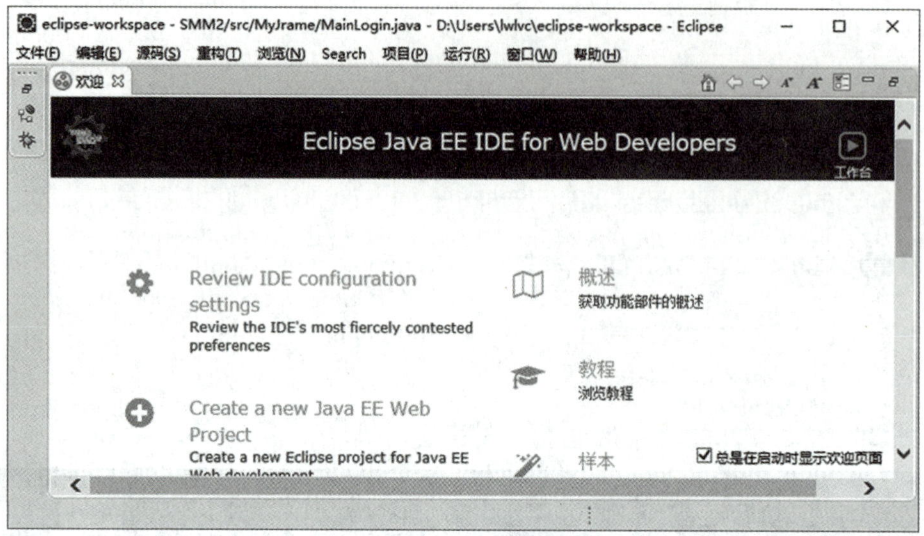


图 1-3-15 欢 迎 界 面

## 2. 创建“SuperMarketManager”项目

(1)打开 Eclipse,执行“文件”→“新建”→“项目”命令,在弹出的“新建项目”对话框中选择“Java 项目”选项,单击“下一步”按钮,打开“创建 Java 项目”界面,在“项目名”文本框中输入项目名“SuperMarketManager”,创建一个基于命令的应用系统(不需要打开透视图,单击“否”按钮即可),如图 1-3-16～图 1-3-18 所示。

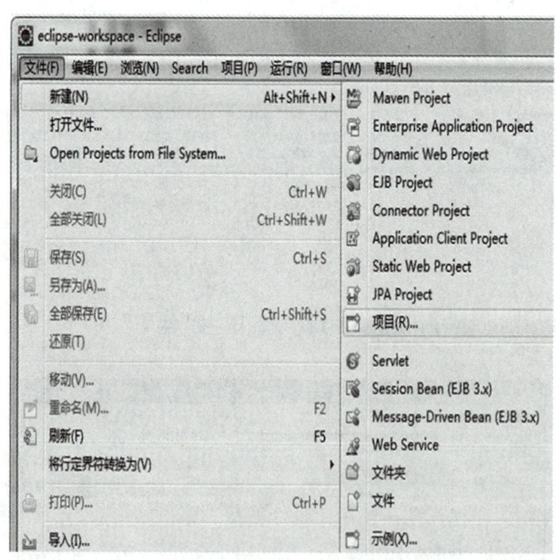


图 1-3-16 执行“文件”→“新建”→“项目”命令

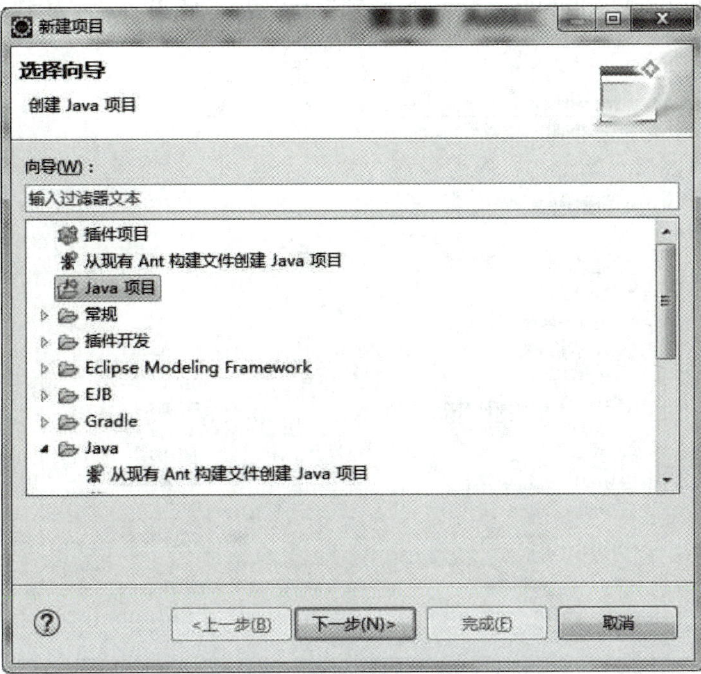


图 1-3-17 选择“Java 项目”选项

图 1-3-18 创 建 项 目

(2)在项目“SuperMarketManager”下找到“src”包，右击并执行“新建”→“包”命令，如图 1-3-19 所示。

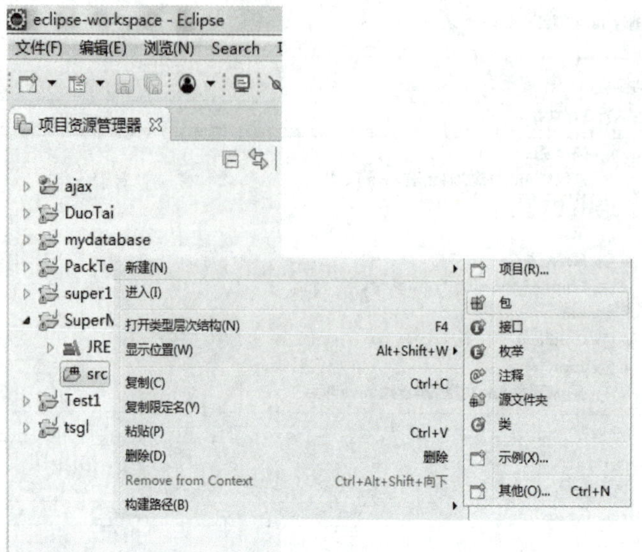


图 1-3-19 执行“新建”→“包”命令

(3)在弹出的“新建 Java 包”对话框中输入新建包的名称“view”，如图 1-3-20 所示。

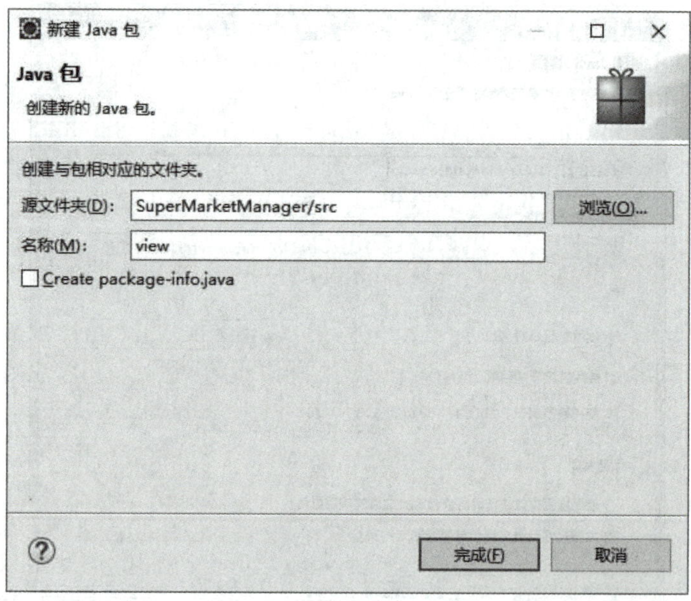


图 1-3-20 新建包“view”

(4)在“view”包上右击并执行“新建”→“类”命令，在弹出的“新建 Java 类”对话框中输入类名“Login”，单击“完成”按钮，如图 1-3-21 和图 1-3-22 所示。

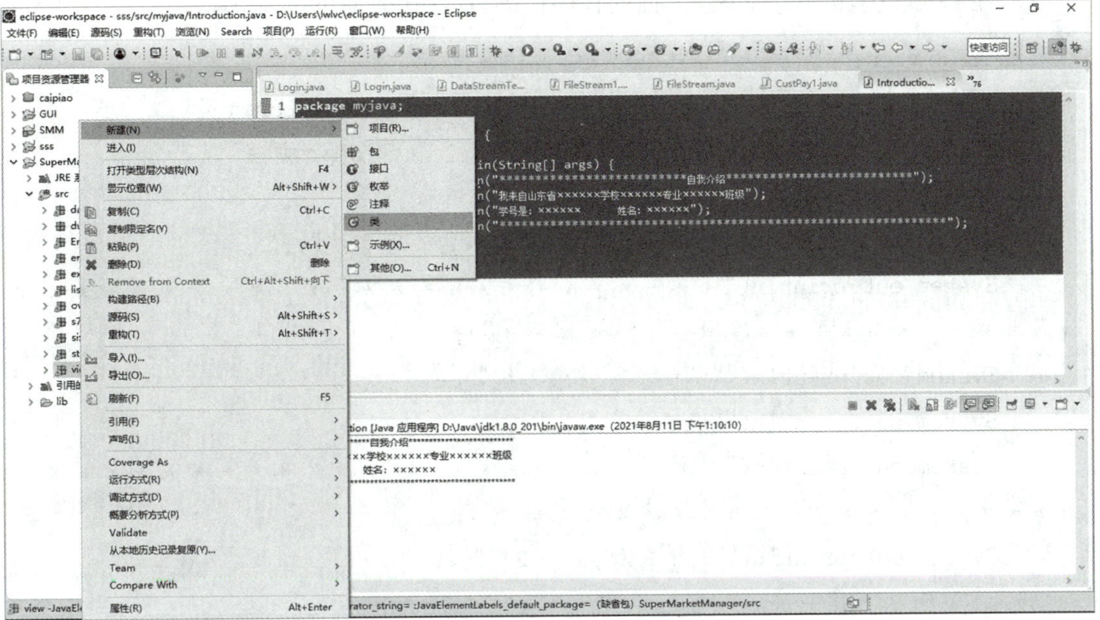


图 1-3-21 新 建 类

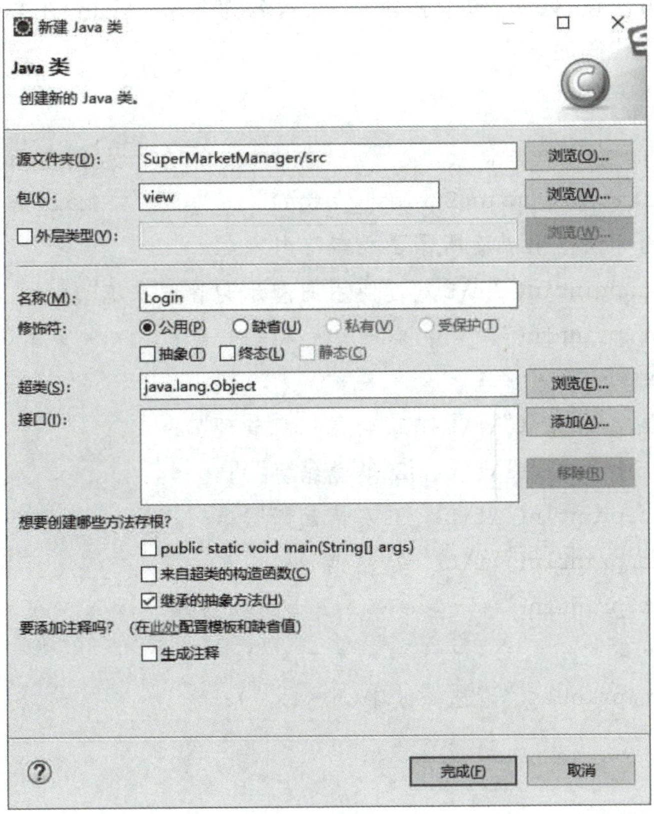

新建 Java 类

Java 类

创建新的 Java 类。

源文件夹(D): SuperMarketManager/src 浏览(O)...

包(K): view 浏览(W)...

☐ 外层类型(Y): 浏览(W)...

名称(M): Login

修饰符: ◉ 公用(P) ○ 缺省(U) ○ 私有(V) ○ 受保护(T)

☐ 抽象(T) ☐ 终态(L) ☐ 静态(C)

超类(S): java.lang.Object 浏览(E)...

接口(I): 添加(A)...

移除(R)

想要创建哪些方法存根?

☐ public static void main(String[] args)

☐ 来自超类的构造函数(C)

☑ 继承的抽象方法(H)

要添加注释吗? (在此处配置模板和缺省值)

☐ 生成注释

完成(F) 取消

图 1-3-22 输入类名“Login”

(5)在 Login 类界面编写登录界面的程序代码，程序代码如下：

```
package view;
public class Login {                                    //创建 Login 类
public static void main(String[] args) {                //main 方法
  //利用输出方法输出界面所需要的字符内容
  System.out.println("\t\t 欢迎使用淘淘乐购管理系统");
  System.out.println("**************************************************");
  System.out.println("\t\t    1.登录系统");
  System.out.println("\t\t    2.退出");
  System.out.println("**************************************************");
  System.out.println("请选择数字(1-2):");
}
}
```

(6)用同样的方法在“view”包中新建一个类，名为 SuperMain，在类中编写系统管理界面的程序代码，程序代码如下：

```
package view;
public class SuperMain {                                    //创建 SuperMain 类
  public static void main(String[] args) {                  //main 方法
  //利用输出方法输出界面所需要的字符内容
  System.out.println("\t\t 欢迎使用淘淘乐购管理系统");
  System.out.println("**************************************************");
  System.out.println("\t\t    1.会员信息管理");
  System.out.println("\t\t    2.购物结算");
  System.out.println("\t\t    3.真情回馈");
  System.out.println("\t\t    4.注销");
  System.out.println("**************************************************");
  System.out.println("请选择数字(1-4):");
  }
}
```

(7)用同样的方法在“view”包中新建一个类，名为 CustInformationManager，编写会员信息管理界面的程序代码，程序代码如下：

```
package view;
public class CustInformationManager {          //创建 CustInformationManager 类
public static void main(String[] args) {       //main 方法
//利用输出方法输出界面所需要的字符内容
    System.out.print("\n\t\t 淘淘乐购管理系统 > 会员信息管理 \n");
    System.out.println("\t************************************************");
    System.out.println("\t\t 1. 添加会员信息");
    System.out.println("\t\t 2. 修改会员信息");
    System.out.println("\t\t 3. 查询会员信息");
    System.out.println("\t\t 4. 显示会员信息");
    System.out.println("\t\t 5. 删除会员信息");
    System.out.println("\t************************************************");
    System.out.println("请选择数字(1-5):");
    }
}
```

(8)分别运行 Login 类、SuperMain 类和 CustInformationManager 类，运行效果如图 1-3-23～图 1-3-25 所示。

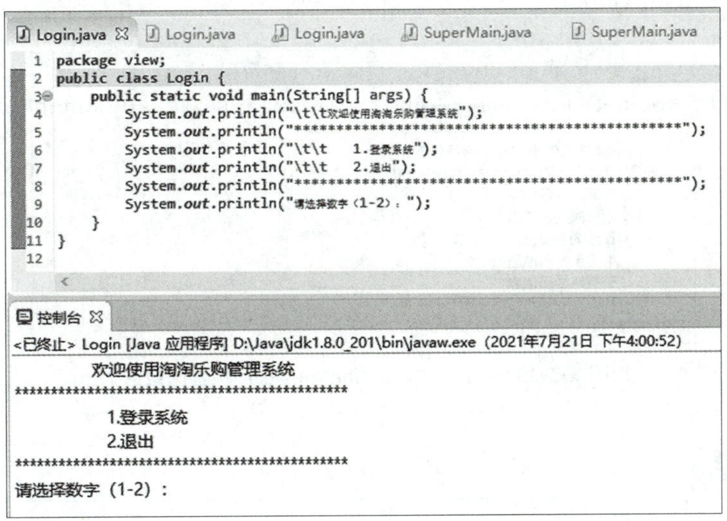


图 1-3-23　Login 类运行效果

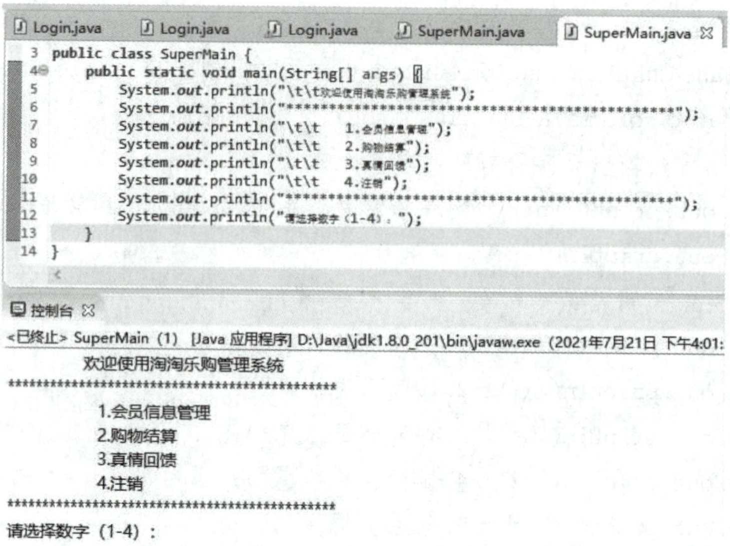

```
Login.java    Login.java    Login.java    SuperMain.java    SuperMain.java
public class SuperMain {
    public static void main(String[] args) {
        System.out.println("\t\t欢迎使用淘淘乐购管理系统");
        System.out.println("*********************************************");
        System.out.println("\t\t   1.会员信息管理");
        System.out.println("\t\t   2.购物结算");
        System.out.println("\t\t   3.真情回馈");
        System.out.println("\t\t   4.注销");
        System.out.println("*********************************************");
        System.out.println("请选择数字（1-4）：");
    }
}
```

```
控制台
<已终止> SuperMain (1)  [Java 应用程序] D:\Java\jdk1.8.0_201\bin\javaw.exe (2021年7月21日 下午4:01:
        欢迎使用淘淘乐购管理系统
*********************************************
            1.会员信息管理
            2.购物结算
            3.真情回馈
            4.注销
*********************************************
请选择数字（1-4）：
```

图 1-3-24　SuperMain 类运行效果

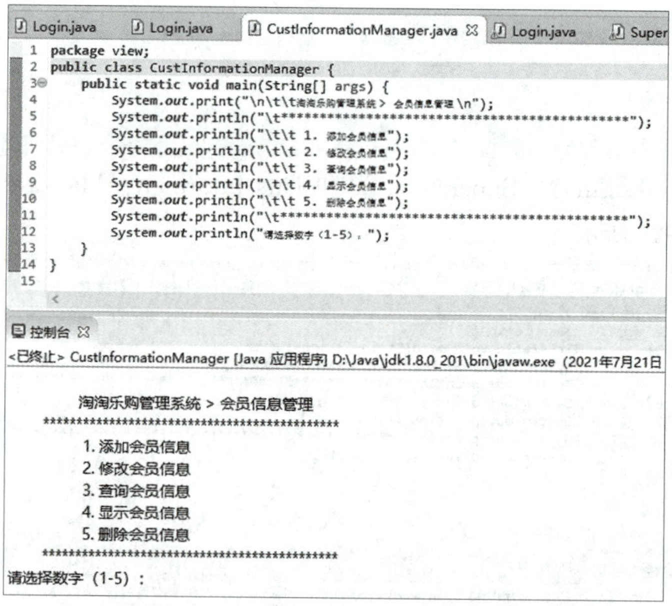

```
Login.java    Login.java    CustInformationManager.java    Login.java    Super
package view;
public class CustInformationManager {
    public static void main(String[] args) {
        System.out.print("\n\t\t淘淘乐购管理系统 > 会员信息管理\n");
        System.out.println("\t*********************************************");
        System.out.println("\t\t 1. 添加会员信息");
        System.out.println("\t\t 2. 修改会员信息");
        System.out.println("\t\t 3. 查询会员信息");
        System.out.println("\t\t 4. 显示会员信息");
        System.out.println("\t\t 5. 删除会员信息");
        System.out.println("\t*********************************************");
        System.out.println("请选择数字（1-5）：");
    }
}
```

```
控制台
<已终止> CustInformationManager [Java 应用程序] D:\Java\jdk1.8.0_201\bin\javaw.exe (2021年7月21日

        淘淘乐购管理系统 > 会员信息管理
    *********************************************
            1. 添加会员信息
            2. 修改会员信息
            3. 查询会员信息
            4. 显示会员信息
            5. 删除会员信息
    *********************************************
请选择数字（1-5）：
```

图 1-3-25　CustInformationManager 类运行效果

## 任务小结

本任务通过利用 Eclipse 编写 Java 程序的学习，进行思政的渗透教育，培养学生面对人生中遇到的各种问题，学会选择最适合自己的方法，并学会总结，分析要点，积累经验，少走弯路。在编程学习中潜移默化地培养社会主义核心价值观，提高综合职业素养，培养职业编程规范能力。

## 自我评价

| 课程名称:Java 程序设计 | | 授课地点: | | |
|---|---|---|---|---|
| 学习任务 3:利用 Eclipse 平台编写 Java 程序 | | 授课教师: | | 授课学时:2 |
| 课程性质:理实一体课程 | | 综合评分: | | |
| 知识掌握情况评分(20 分) | | | | |
| 序号 | 知识考核点 | 教师评价 | 分数 | 得分 |
| 1 | Eclipse 主界面认识 | | 5 | |
| 2 | Java 调试器的使用方法 | | 5 | |
| 3 | Eclipse 的菜单栏与快捷键 | | 10 | |
| 工作任务完成情况评分(50 分) | | | | |
| 序号 | 能力操作考核点 | 教师评价 | 分数 | 得分 |
| 1 | 能创建 Java 项目与类 | | 10 | |
| 2 | 能利用 Eclipse 编写 Java 程序代码 | | 10 | |
| 3 | 能实现缩进和换行 | | 5 | |
| 4 | 程序排错的能力 | | 5 | |
| 5 | 与组员的配合团队精神、协调能力 | | 10 | |
| 6 | 精神面貌、专业自信、工匠精神、职业素养 | | 10 | |
| 课堂表现情况评分(20 分) | | | | |
| 序号 | 课堂表现考核点 | 教师评价 | 分数 | 得分 |
| 1 | 课堂过程表现(签到、互动、抢答、讨论、演示) | | 10 | |
| 2 | 课堂实训效果(教师评价+组间评价+组内互评) | | 10 | |
| 任务总结反思(10)分 | | | | |
| | | | | |

## 习 题

### 一、选择题

1. 下列不属于 Java 语言特点的是(　　)。

A. 安全性　　B. 分布性　　C. 移植性　　D. 编译执行

2. Java 语言的执行模式是(　　)。

A. 全编译型　　B. 全解释型

C. 半编译和半解释型　　D. 同脚本语言的解释模式

3. Java 语言是 1995 年由(　　)公司发布的。

A. Sun　　　　　B. Microsoft

C. Borland　　　　D. Fox Software

4. 下列说法正确的是(　　)。

A. Java 程序的 main 方法必须写在类里面

B. Java 程序中可以有多个 main 方法

C. Java 程序中的类名必须与文件名相同

D. Java 程序的 main 方法中如果只有一条语句,那么可以不用{}(大括号)括起来

5. Java 程序的执行过程中用到一套 JDK 工具,其中“Javac. exe”指(　　)。

A. Java 语言编译器B. Java 字节码解释器

C. Java 文档生成器　　　D. Java 类分解器

## 二、填空题

1. Java 是一种网络编程语言,简单易学,利用了________的技术基础,但又独立于硬件结构,具有可移植性、健壮性、安全性、高性能等特点。

2. 一个独立的 Java 原始程序里只能有一个________类,却可以有许多________类。

3. 在 Java 语言中,将后缀名为________的源代码文件编译后形成后缀名为“. class”的字节码文件。

4. Java 类库具有________的特点,保证了软件的可移植性。

5. 每个 Java 应用程序可以包括许多方法,但必须有且只能有一个________方法。

## 三、问答编程题

1. Java 语言有哪些主要特点?

2. 简述 Java 应用程序的基本框架。

3. 简述使用 Eclipse 开发 Java 程序的步骤。

4. 简述 Java 语言的注释类型与作用。

5. 编写程序实现自我介绍,从控制台打印输出个人信息,运行效果如下图所示。

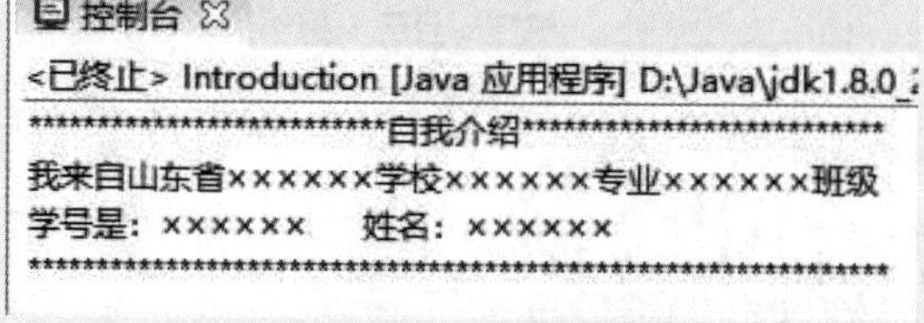

控制台 ☒

<已终止> Introduction [Java 应用程序] D:\Java\jdk1.8.0

***************************自我介绍***************************

我来自山东省××××××学校××××××专业××××××班级

学号是: ××××××　　姓名: ××××××

****************************************************************

问答编程题 5 图

# 项目二

# Java 语法基础

Java 语言与自然语言一样，也是由字、词、句、章等基本语法成分以及相应的语法结构组成的，只是具体用法有所区别。本项目是 Java 语法基础，涉及 Java 语言基本的规定，是学习 Java 语言的基础。在对其他程序设计语言有所了解的基础上，注意比较一下它们的相同和不同之处，学习起来就会比较轻松。

## 学习目标

◎ 掌握 Java 语法中的标识符与关键字。
◎ 掌握 Java 中变量与常量的使用。
◎ 掌握 Java 中的数据类型。
◎ 掌握运算符与表达式。

## 素质目标

◎ 以软件公司编码规范和 Java 工程师感言为主题，进行职业规范教育，培养学生规范的编码习惯。
◎ 通过分析、归纳等手段，培养学生的逻辑思维能力和编程能力。
◎ 培养学生爱岗敬业、遵守行业法则的职业道德，提高学生沟通表达、自我学习和团队协作能力。
◎ 培养学生坚持、严谨、诚信、合作、精益求精等程序员工匠精神。

## 项目分析

想学好 Java，必须先了解 Java 的基本语法。本项目主要从 Java 的标识符、关键字、变量、常量、数据类型、运算符和表达式等方面进行学习，并结合小案例，最终完成淘淘乐购管理系统中购物结算部分程序的编写与运行。

# 任务一　Java 数据类型

## 知识储备

### 1. 用户标识符

视频
Java 数据类型、常量与变量

在编程过程中，经常需要在程序中定义一些符号，标记一些名称，如包名、类名、方法名、参数名、变量名等，这些符号称为标识符。标识符可以由字母、数字、下划线(_)和美元符号($)组成，但标识符不能以数字开头，不能是 Java 中的关键字。

下面的标识符都是合法的：

```
username
username123
user_name
userName
$username
```

注意，下面的标识符都是不合法的：

```
123username
class
98.3
Hello World
```

Java 程序中定义的标识符必须严格遵守上面列出的规范，否则程序在编译时会报错。除了上面列出的规范，为了增强代码的可读性，建议初学者在定义标识符时还应该遵循以下规则：

(1)包名所有字母一律小写，如 cn. itcast. test。

(2)类名和接口名每个单词的首字母都要大写，如 ArrayList、Iterator。

(3)常量名所有字母都大写，单词之间用下划线连接，如 DAY_OF_MONTH。

(4)变量名和方法名的第一个单词首字母小写，从第二个单词开始每个单词首字母大写，如 lineNumber、getLineNumber。

(5)在程序中应该尽量使用有意义的英文单词定义标识符，使得程序便于阅读。例如，使用 userName 定义用户名，使用 password 定义密码等。

明德树人

华为技术有限公司的Java编程设计规范与范例，主要用于规范开发过程中软件编程行为，实现代码可读性强，逻辑清晰。作为开发团队，拥有适当的编码规范和标准是至关重要的，我们要培养良好、规范的编写代码能力，提高职业素养和培育工匠精神。

## 2. 关键字

关键字是特殊的标识符，具有专门的意义和用途，不能当作用户的标识符使用。Java 语言中的关键字均用小写字母表示。表 2-1-1 列出了 Java 语言中的关键字。

表 2-1-1 Java 语言中的关键字

| | | | | | | |
|---|---|---|---|---|---|---|
| abstract | break | byte | boolean | catch | case | class |
| continue | char | default | double | do | else | extends |
| false | final | float | for | finally | if | import |
| implements | int | interface | instanceof | long | length | native |
| new | null | package | private | protected | public | return |
| switch | short | static | super | try | true | this |
| throw | throws | void | threadsafe | transient | while | synchronized |

每个关键字都有特殊的作用。例如，package 关键字用于声明包，import 关键字用于引入包，class 关键字用于声明类。后面将逐步对其他关键字进行讲解，在此没有必要记忆所有关键字，只需要了解即可。

编写 Java 程序时，需要注意以下几点：

(1)所有关键字都是小写的。

(2)不能使用关键字命名标识符。

(3)const 和 goto 是保留字关键字，虽然在 Java 中还没有任何意义，但在程序中不能用来作为自定义的标识符。

(4)true、false 和 null 虽然不属于关键字，但它们具有特殊的意义，也不能作为标识符使用。

## 3. 数据类型

Java 语言的数据类型可分为基本数据类型和引用数据类型，如图 2-1-1 所示。本项目主要介绍基本数据类型，引用数据类型将在后面的项目中介绍，数组和字符串本身属于类，由于它们比较特殊且常用，也在图中列出。

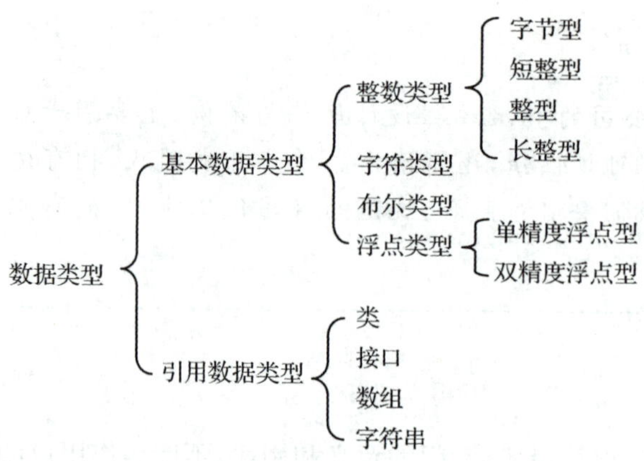


图 2-1-1　Java 语言的数据类型

## 4. 基本数据类型

Java 语言的基本数据类型如表 2-1-2 所示。

表 2-1-2　Java 语言的基本数据类型

| 数据类型 | 所占二进制位 | 所占字节 | 取　值 |
|---|---|---|---|
| byte | 8 | 1 | $-2^{7}\sim2^{7}-1$ |
| short | 16 | 2 | $-2^{15}\sim2^{15}-1$ |
| int | 32 | 4 | $-2^{31}\sim2^{31}-1$ |
| long | 64 | 8 | $-2^{63}\sim2^{63}-1$ |
| char | 16 | 2 | 任意字符 |
| boolean | 8 | 1 | true、false |
| float | 32 | 4 | $-3.4E38(3.4\times10^{38})\sim3.4E38(3.4\times10^{38})-1$ |
| double | 64 | 8 | $-1.7E308(-1.7\times10^{308})\sim1.7E308(1.7\times10^{308})-1$ |

### 1)整型

(1)整型常量的表示方法。整型常量可以用十进制、八进制和十六进制表示。一般情况下用十进制表示，如 123、−456、0、23456。

在特定情况下，根据需要可以使用八进制或十六进制形式表示整型常量。以八进制表示时，以 0 开头，如 0123 表示八进制即十进制数 83，−011 表示八进制即十进制数−9。

以十六进制表示整型常量时，以 0x 或 0X 开头，如 0x123 表示十六进制即十进制数 291，−0X12 表示十六进制即十进制数−18。

此外，长整型常量的表示方法是在数值的尾部加一个字符 L 或 l，如 456l、0123L、0x25l。

(2)整型变量的定义。例如：

```
int x = 123;                //定义变量 x 为 int 型，且赋值为 123
byte b = 8;                 //定义变量 b 为 byte 型，且赋值为 8
short s = 10;               //定义变量 s 为 short 型，且赋值为 10
long y = 123L, z = 123l;    //定义变量 y、z 为 long 型，且分别赋值为 123
```

2)字符型

字符型(char)数据占据两个字节16个二进制位。

字符常量是用单引号括起来的一个字符,如 'a' 和 'A' 等。

字符型变量的定义如下:

```
char c='a';              //定义变量c为char型,且赋初值为'a'
```

3)布尔型

布尔型(boolean)数据的值只有两个:true和false。因此,布尔型变量值也只能取这两个值。

布尔型变量的定义如下:

```
boolean b1=true, b2=false;     //定义布尔型变量b1、b2并分别赋予真值和假值。
```

4)浮点型

Java提供了两种浮点型(实型)数据,即单精度和双精度。

(1)实型常量的表示方法。一般情况下实型常量以如下形式表示:0.123、1.23、123.0等表示双精度数;123.4f、145.67F、0.65431f等表示单精度数。

当表示的数字比较大或比较小时,采用科学计数法的形式表示。例如,1.23e13或123E11均表示$123\times10^{11}$;0.1e−8或1E−9均表示$10^{-9}$。

我们把e或E之前的常数称为尾数部分,把e或E后面的常数称为指数部分。

注意:使用科学计数法表示常数时,指数和尾数部分均不能省略,且指数部分必须为整数。

(2)实型变量的定义。在定义变量时,可以赋予它一个初值。例如:

```
//定义单精度变量x、y并分别赋值123.5、1.23×10⁸
float x=123.5f, y=1.23e8f;
//定义双精度变量d1、d2并分别赋值456.78、1.8×10⁵⁰
double d1=456.78, d2=1.8e50;
```

## 5. 基本数据类型的封装

以上介绍的Java基本数据类型不属于类,在实际应用中,除了需要进行运算外,有时还需要将数值转换为数字字符串或将数字字符串转换为数值等。在面向对象的程序设计语言中,类似这样的处理是由类、对象的方法完成的。在Java中,对每种基本的数据类型都提供了其对应的封装类(称为封装器类 wrapper class),如表2-1-3所示。

表2-1-3 基本数据类型及其对应的封装类

| 数据类型 | 对应的类 | 数据类型 | 对应的类 |
| --- | --- | --- | --- |
| boolean | Boolean | int | Integer |
| byte | Byte | long | Long |
| char | Character | float | Float |
| short | Short | double | Double |

注意：尽管由基本数据类型声明的变量或由其对应类建立的类对象都可以保存同一个值，但在使用上不能互换，因为它们是两个完全不同的概念，一个是基本变量，另一个是类的对象实例。

## 6. 常量

常量是在程序运行过程中保持不变的量，即不能被程序改变的量，也把它称为最终量。常量分为标识常量和直接常量（字面常量）。

### 1）标识常量

标识常量使用一个标识符来替代一个常数值，其定义的一般格式如下：

```
final 数据类型 常量名 = value[,常量名 = value, …];
```

其中 final 是关键字，说明后边定义的是常量，即最终量。

数据类型是常量的数据类型，它可以是基本数据类型之一。

常量名即常量标识符，它表示一个常数值 value，在定义一个常量之后程序中凡是用到 value 值的地方均可用常量标识符替代。例如：

```
final double PI = 3.1415926;        //定义标识常量 PI，其值为 3.1415926
```

注意：在程序中，为了区分常量标识符和变量标识符，常量标识符一般全部使用大写字母。

### 2）直接常量

直接常量就是直接出现在程序语句中的常量值，如 3.1415926。直接常量也有数据类型，系统可以根据字面量进行识别。例如，21、45、789、1254、－254 表示整型量；12L、123l、－145321L 尾部加大写字母 L 或小写字母 l 表示长整型量；456.12、－25.46、987.235 表示双精度浮点型量；4567.2145F、54678.2f 尾部加大写字母 F 或小写字母 f 表示单精度浮点型量。

## 7. 变量

变量是程序中的基本存储单元，在程序运行过程中可以随时改变其存储单元的值。

### 1）变量的定义

变量的定义格式如下：

```
数据类型 变量名[ = value][, 变量名[ = value], …];
```

其中，数据类型表示后边定义变量的数据类型，变量名是定义的变量的名字，也就是变量标识符，在命名时应遵循标识符的命名规则。

在定义变量的同时也可以为变量赋初值。例如：

```
int n1 = 456,n2 = 687;              //定义整型变量 n1、n2 同时赋初值
float f1 = 3654.4f,f2 = 1.325f;     //定义单精度实型变量 f1、f2 同时赋初值
double d1 = 2145.2;                 //定义双精度实型变量 d1 同时赋初值
```

2)变量的作用域

变量的作用域是指变量可以使用的有效范围。在程序中的不同地方定义的变量具有不同的作用域。一般情况下,在本程序块,即以大括号{}括起的程序段内定义的变量只在本程序块内有效。

## 任务描述

某会员顾客购物详情如表 2-1-4 所示,所购商品单价、数量均通过键盘输入,会员享受 8 折优惠。本任务主要利用数据类型、变量和常量的知识将顾客的购物清单打印出来。

表 2-1-4　某会员顾客购物详情表

| 商品名 | 单价 | 数量 |
|---|---|---|
| 衬衣 | ? | ? |
| 运动鞋 | ? | ? |
| 折扣率 | 8 折 | |

## 任务分析

(1)通过变量定义单价、数量,通过常量定义折扣率。

(2)利用 Scanner 输入方法通过键盘输入数据并赋值给相应变量。

(3)使用"System. out. println()"方法输出购物清单。

## 任务实施

(1)打开"SuperMarketManager"项目,在"src"包下面的"view"包中创建一个类,类名为 Pay,选择"public static void main(String[] args)"复选框,单击"完成"按钮,如图 2-1-2 所示。

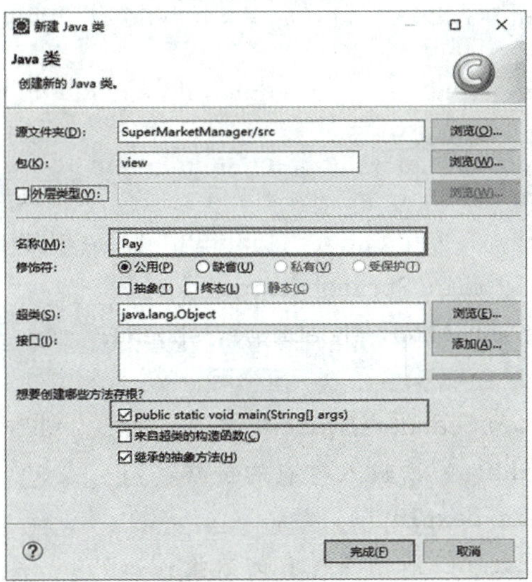


图 2-1-2　创建 Pay 类

(2)在 Pay 类中声明变量和常量。

```
//为衬衣价格、衬衣数量、运动鞋价格、运动鞋数量定义变量
int shirtPrice,shirtNu,shoePrice, shoeNu;
//定义折扣率常量
final double DI = 0.8;
```

(3)在 Pay 类中创建 Scanner 类的实例对象,导入 Scanner 输入类包,利用 Scanner 类实例对象 in 通过键盘接收值并将其赋给相应变量。

```
import java.util.Scanner;                          //导入输入类包
Scanner in = new Scanner(System.in);               //创建 Scanner 类实例对象 in
System.out.println("请输入衬衣的价格:");             //输出提示性语句
shirtPrice = in.nextInt();  //从键盘接收整型数据并赋给变量 shirtPrice
System.out.println("请输入衬衣的数量:");             //输出提示性语句
shirtNu = in.nextInt();  //从键盘接收整型数据并赋给变量 shirtNu
System.out.println("请输入运动鞋的价格:");           //输出提示性语句
shoePrice = in.nextInt();  //从键盘接收整型数据并赋给变量 shoePrice
System.out.println("请输入运动鞋的数量:");           //输出提示性语句
shoeNu = in.nextInt();  //从键盘接收整型数据并赋给变量 shoeNu
```

(4)打印显示购物清单。

```
System.out.println("\n********消费单********\n");
System.out.println("购买物品\t" + "单价\t" + "\t 数量\t");
System.out.println("衬衣\t\t" + "¥" + shirtPrice + "\t" + shirtNu + "\t");
System.out.println("运动鞋\t" + "¥" + shoePrice + "\t" + shoeNu + "\t");
System.out.println("折扣:\t " + DI);
System.out.println("\n**********************\n");
```

(5)整体源代码如下:

```
package view;
import java.util.Scanner;                          //导入输入类包
public class Pay {                                 //创建 Pay 类
  public static void main(String[] args) {
    int shirtPrice, shirtNu, shoePrice, shoeNu;
    final double DI = 0.8;
    Scanner in = new Scanner(System.in);           // 创建 Scanner 类实例对象 in
    System.out.println("请输入衬衣的价格:");
    shirtPrice = in.nextInt();
    System.out.println("请输入衬衣的数量:");
    shirtNu = in.nextInt();
```

```
        System.out.println("请输入运动鞋的价格:");
        shoePrice = in.nextInt();
        System.out.println("请输入运动鞋的数量:");
        shoeNu = in.nextInt();
        System.out.println("\n********消费单********\n");
        System.out.println("购买物品\t" + "单价\t" + "\t数量\t");
        System.out.println("衬衣\t\t" + "¥" + shirtPrice + "\t" + shirtNu + "\t");
        System.out.println("运动鞋\t" + "¥" + shoePrice + "\t" + shoeNu + "\t");
        System.out.println("折扣\t " + DI);
        System.out.println("\n**********************\n");
    }
}
```

(6)测试运行 Pay 类,效果如图 2-1-3 所示。

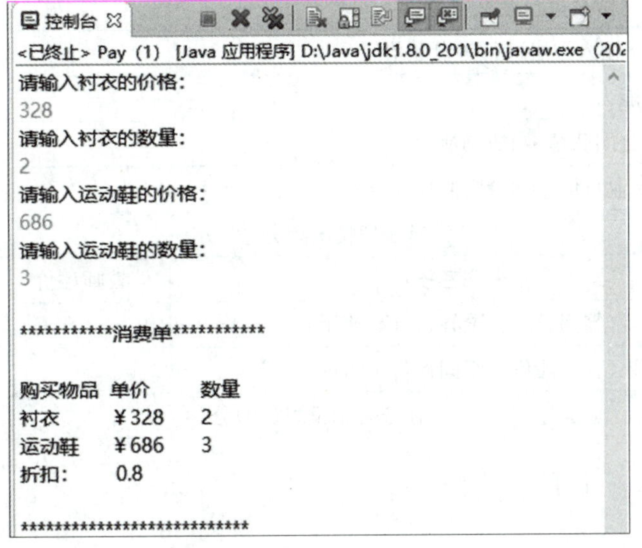


图 2-1-3 任务运行效果

## 任务小结

本任务通过数据类型的学习进行思政的渗透教育,引导学生学会在不同情况下选择不同的方法解决问题,培养学生的职业素养,提高学生的综合职业素养,帮助其树立社会主义职业工匠精神并养成爱岗敬业、遵守行业法则的职业道德,提高沟通表达、自我学习和团队协作能力。

## 自我评价

| 课程名称:Java 程序设计 | | | 授课地点: | | |
|---|---|---|---|---|---|
| 学习任务 1:Java 数据类型 | | | 授课教师: | | 授课学时:2 |
| 课程性质:理实一体课程 | | | 综合评分: | | |
| 知识掌握情况评分(20 分) | | | | | |
| 序号 | 知识考核点 | | 教师评价 | 分数 | 得分 |
| 1 | Java 用户标识符的命名规则 | | | 5 | |
| 2 | Java 数据类型 | | | 5 | |
| 3 | Java 常量与变量 | | | 10 | |
| 工作任务完成情况评分(50 分) | | | | | |
| 序号 | 能力操作考核点 | | 教师评价 | 分数 | 得分 |
| 1 | 创建项目与包、类 | | | 10 | |
| 2 | 能利用变量与常量进行定义赋值 | | | 10 | |
| 3 | 利用 Scanner 输入方法进行键盘赋值 | | | 5 | |
| 4 | 程序排错的能力 | | | 5 | |
| 5 | 与组员的配合团队精神、协调能力 | | | 10 | |
| 6 | 精神面貌、专业自信、工匠精神、职业素养 | | | 10 | |
| 课堂表现情况评分(20 分) | | | | | |
| 序号 | 课堂表现考核点 | | 教师评价 | 分数 | 得分 |
| 1 | 课堂过程表现(签到、互动、抢答、讨论、演示) | | | 10 | |
| 2 | 课堂实训效果(教师评价+组间评价+组内互评) | | | 10 | |
| 任务总结反思(10)分 | | | | | |
| | | | | | |

# 任务二　Java 运算符和表达式

## 知识储备

运算符和表达式是构成程序语句的要素，必须切实掌握并灵活运用。Java 提供了多种

运算符,分别用于不同的运算处理。表达式是由操作数(变量或常量)和运算符按一定的语法形式组成的符号序列。一个常量或一个变量名是最简单的表达式。表达式是可以计算值的运算式,一个表达式有确定类型的值。

## 1. 算术运算符和算术表达式

### 1)算术运算符

算术运算符用于数值量的算术运算,包括 +(加)、-(减)、*(乘)、/(除)、%(求余数)、++(自加 1)、--(自减 1)。

(1)%求两数相除后的余数,如 5%3 余数为 2,5.5%3 余数为 2.5。

(2)++、-- 是一元运算符,参与运算的是单变量,其功能是自身加 1 或减 1。它分为前置运算和后置运算,如++i、i++、--i、i--等。

### 2)算术表达式

按照 Java 语法,把由算术运算符连接数值型操作数组成的运算式称为算术表达式。例如,x+y*z/2、i++、(a+b)%10 等。

## 2. 关系运算符和关系表达式

关系运算符用于两个量的比较运算,包括 >(大于)、<(小于)、>=(大于等于)、<=(小于等于)、==(等于)、!=(不等于)。

关系运算符组成的关系表达式(或称比较表达式)产生一个布尔值。若关系表达式成立,则产生一个 true 值,否则产生一个 false 值。例如,当 x=90, y=78 时,x>y 产生 true 值,x==y 产生 false 值。

## 3. 逻辑运算符和逻辑表达式

逻辑运算符用于布尔量的运算,具体如下所示。

### 1)!

!(逻辑非)是一元运算符,用于单个逻辑或关系表达式的非运算。

! 运算的一般形式为"!A"。

其中,A 是布尔逻辑或关系表达式。若 A 的值为 true,则!A 的值为 false,否则为 true。例如,若 x=90,y=80,则表达式:

```
!(x>y)          //值为 false(x>y 产生 true 值)
!(x==y)         //值为 true(x==y 产生 false 值)
```

### 2)&&

&&(逻辑与)用于两个布尔逻辑或关系表达式的与运算。

&& 运算的一般形式为"A&&B"。

其中,A、B 是布尔逻辑或关系表达式。若 A 和 B 的值均为 true,则表达式 A&&B 的值为 true,否则为 false。例如,若 x=50,y=60,z=70,则表达式:

```
(x>y)&&(y>z)          //值为 false(两个表达式 x>y、y>z 的关系均不成立)
(y>x)&&(z>y)          //值为 true(两个表达式 y>x、z>y 的关系均成立)
(y>x)&&(y>z)          //值为 false(表达式 y>z 的关系不成立)
```

3) ||

||(逻辑或)用于两个布尔逻辑或关系表达式的或运算。

|| 运算的一般形式为“A||B”。

其中,A、B 是布尔逻辑或关系表达式。若 A 和 B 的值有一个为 true,则 A||B 的值为 true;若 A 和 B 的值均为 false,则 A||B 的值为 false。例如,若 x=50,y=60,z=70,则表达式:

```
(x>y)||(y>z)          //值为 false(两个表达式 x>y、y>z 的关系均不成立)
(y>x)||(z>y)          //值为 true(两个表达式 y>x、z>y 的关系均成立)
(y>x)||(y>z)          //值为 true(表达式 y>x 的关系成立)
```

## 4. 赋值运算符和赋值表达式

赋值运算符(=)是最常用的运算符,用于把一个表达式的值赋给一个变量(或对象)。

与 C、C++ 类似,Java 也提供了复合的或称扩展的赋值运算符:

对算术运算有+=、-=、*=、/=、%=。

对位运算有 &=、^=、|=、<<=、>>=、>>>=。

例如:

```
x*=x+y;              //相当于 x=x*(x+y);
x+=y;                //相当于 x=x+y;
y&=z;                //相当于 y=y&z;
y>>=2;               //相当于 y=y>>2;
```

## 5. 条件运算符及条件表达式

条件运算符(?:)是三元运算符,格式如下:

```
条件表达式?表达式 1:表达式 2
```

其功能如下:若条件表达式的值为 true,则取表达式 1 的值,否则取表达式 2 的值,条件运算符及条件表达式常用于简单分支的取值处理。

例如,若定义 a、b 为整型变量且已赋值,求 a、b 两个数中较大者,并赋给另一个量 max,可以用条件运算符来实现:

```
max=(a>b) ? a : b;
```

## 6. 表达式的运算规则

最简单的表达式是一个常量或一个变量,当表达式中含有两个或两个以上的运算符时,就称为复杂表达式。

### 1)Java 运算符的优先级

表达式中运算的先后顺序由运算符的优先级确定，掌握运算的优先次序是非常重要的，它可以确定表达式的表达是否符合题意，表达式的值是否正确。表 2-2-1 列出了 Java 运算符的优先级顺序。

表 2-2-1 Java 运算符的优先级

<table>
<tr><th>序号</th><th>运算符</th><th>序号</th><th>运算符</th></tr>
<tr><td>1</td><td>.、[]、()</td><td>9</td><td>&</td></tr>
<tr><td>2</td><td>+、-、++、--、!、~</td><td>10</td><td>^</td></tr>
<tr><td>3</td><td>new、(类型)</td><td>11</td><td>|</td></tr>
<tr><td>4</td><td>*、/、%</td><td>12</td><td>&&</td></tr>
<tr><td>5</td><td>+、-</td><td>13</td><td>||</td></tr>
<tr><td>6</td><td>>>、>>>、<<</td><td>14</td><td>? :</td></tr>
<tr><td>7</td><td>>、<、>=、<=、instanceof</td><td>15</td><td>=、+=、-=、*=、/=、%=、^=</td></tr>
<tr><td>8</td><td>==、!=</td><td>16</td><td>&=、|=、<<=、>>=、>>>=</td></tr>
</table>

**注意:**在书写表达式时，如果不太熟悉某些优先次序，可使用()运算符改变优先次序。

### 2)类型转换

整型、实型、字符型数据可以进行混合运算。在运算中，不同类型的数据先转化为同一类型，再进行运算。一般情况下，系统自动将两个运算数中低级的运算数转换为和另一个较高级运算数的类型相一致的数，然后进行运算。

类型从低级到高级顺序如下：

```
低————————————————————→高
byte→short, char→int→long→float→double
```

**注意:**将高类型数据转换成低类型数据，需要强制类型转换，这样做有可能会导致数据溢出或精度下降。例如：

```
long num1 = 8;
int num2 = (int)num1;
long num3 = 547892L;
short num4 = (short)num3;    //导致数据溢出
```

## 任务描述

某会员顾客购物详情如表 2-2-2 所示，所购商品单价、数量均通过键盘输入，根据单价和数量计算总额，会员享受 8 折优惠，购物结算时会员支付 1 200 元，需要计算消费总额以及找零情况并打印购物小票，同时根据每 100 元获得 3 积分计算会员本次购物所得积分。

表 2-2-2 购物详情

| 商品名 | 单价 | 数量 | 总额 |
|---|---|---|---|
| 衬衣 | ? | ? | ? |
| 运动鞋 | ? | ? | ? |
| 折扣率 | 8 折 | | |
| 所购商品总价 | 会员支付 | 找零 | 积分 |
| ? | 1 200 元 | ? | ? |

## 任务分析

（1）通过变量定义单价、数量、购物总价、找零和积分，通过常量定义折扣率。

（2）利用 Scanner 输入方法通过键盘输入数据并赋值给相应变量。

（3）使用运算符与表达式计算消费金额、找零以及购物获得的积分，并显示输出购物清单。

## 任务实施

（1）打开“SuperMarketManager”项目，在“src”包下的“view”包中创建一个类，类名为 CustPay，选择“public static void main(String[] args)”复选框，单击“完成”按钮，如图 2-2-1 所示。

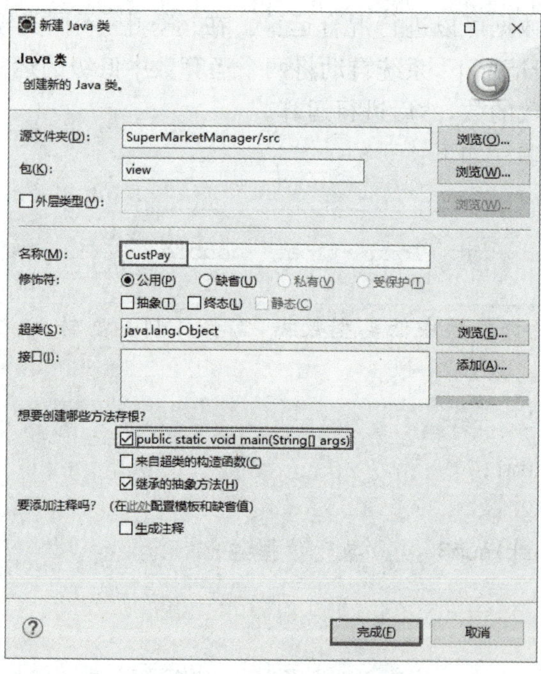


图 2-2-1 新建 CustPay 类

（2）用任务一中的方法在 CustPay 类中定义变量与常量。

（3）用任务一中的方法在 CustPay 类中利用 Scanner 输入方法通过键盘输入数据并赋值给相应变量。

(4)利用运算符和表达式,根据折扣计算商品的总额、找零和会员积分。

```
finalPay = (shirtPrice * shirtNu + shoePrice * shoeNu) * DI; //计算消费总金额
returnMoney = 1200 - finalPay;                                //计算找零
score = (int)finalPay/100 * 3;                                //计算本次购物所获积分
```

(5)利用 Math.round()函数将 double 类型数据保留两位小数输出。

```
//利用 Math.round()函数将 double 类型消费总额保留两位小数输出
System.out.println("金额总计:\t" + "\t ¥ " + (double) Math.round(finalPay *
100) / 100);
//利用 Math.round()函数将 double 类型找零保留两位小数输出
System.out.println("找钱:\t" + "\t ¥ " + (double) Math.round(returnMoney
* 100) / 100);
```

(6)打印显示购物清单。

```
System.out.println("\n* * * * * * * * * * * * * * * * 消费单 * * * * * *
* * * * * * * * * * * *\n");
System.out.println("购买物品\t" + "单价\t" + "\t 数量\t" + "\t 金额\t");
System.out.println("衬衣\t\t" + " ¥ " + shirtPrice +"\t" + shirtNu + "\t\t" + " ¥ "
+ (shirtPrice * shirtNu) + "\t");
System.out.println("运动鞋\t" + " ¥ "+ shoePrice + "\t" + shoeNu + "\t\t" +
" ¥ "+ (shoePrice * shoeNu) + "\t");
System.out.println("折扣:\t\t8 折");
System.out.println("金额总计:\t" + "\t ¥ " + (double) Math.round(finalPay *
100) / 100);
System.out.println("实际付费:\t\t ¥ 1200");
System.out.println("找钱:\t" + "\t ¥ " + (double) Math.round(returnMoney *
100) / 100);
System.out.println("本次购物所获的积分是:" + score);
System.out.println("\n* * * * * * * * * * * * * * * * * * * * * * * * *
* * * * * * * * * * * * * * *\n");
```

(7)整体源代码如下:

```
package view;
import java.util.Scanner; //导入输入类包
public class CustPay {
  public static void main(String[] args) {
    int shirtPrice, shirtNu, shoePrice, shoeNu, score;
    double finalPay, returnMoney;
    final double DI = 0.8;
    Scanner in = new Scanner(System.in); //创建 Scanner 类实例对象 in
```

```
        System.out.println("请输入衬衣的价格:");
        shirtPrice = in.nextInt();
        System.out.println("请输入衬衣的数量:");
        shirtNu = in.nextInt();
        System.out.println("请输入运动鞋的价格:");
        shoePrice = in.nextInt();
        System.out.println("请输入运动鞋的数量:");
        shoeNu = in.nextInt();
        finalPay = (shirtPrice * shirtNu + shoePrice * shoeNu) * DI;
        returnMoney = 1200 - finalPay;
        score = (int) finalPay / 100 * 3;
        System.out.println("\n*****************消费单****
**************\n");
        System.out.println("购买物品\t" + "单价\t" + "\t数量\t" + "\t金额\t");
        System.out.println("衬衣\t\t" + "¥" + shirtPrice + "\t" + shirtNu + "\t\
t" + "¥" + (shirtPrice * shirtNu) + "\t");
        System.out.println("运动鞋\t" + "¥" + shoePrice + "\t" + shoeNu + "\t\t"
+ "¥" + (shoePrice * shoeNu) + "\t");
        System.out.println("折扣:\t\t8折");
        System.out.println("金额总计:\t" + "\t¥" + (double) Math.round(finalPay *
100) / 100);
        System.out.println("实际付费:\t\t¥1200");
        System.out.println("找钱:\t" + "\t¥" + (double) Math.round(returnMoney *
100) / 100);
        System.out.println("本次购物所获的积分是: " + score);
    System.out.println("\n*************************
*****************\n");
    }
  }
```

(8)测试运行 Pay 类,效果如图 2-2-2 所示。

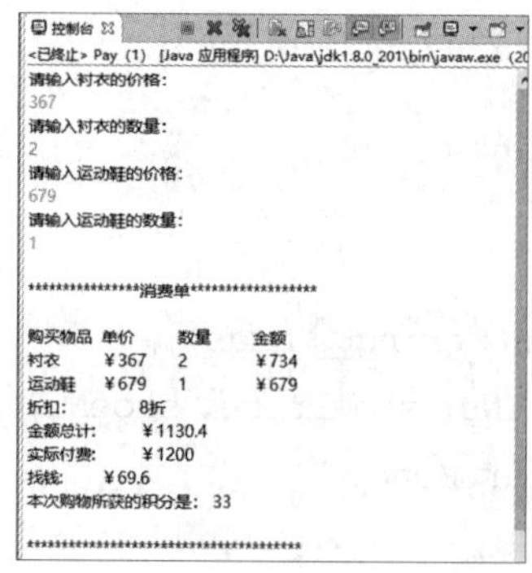


图 2-2-2 运行 Pay 类的效果

## 任务小结

本任务通过学习运算符与表达式，进行思政的渗透教育，使学生懂得在人生历程中做事要有轻重缓急，做人要德在才先；培养学生的职业规范能力，帮助其养成良好的编码习惯，提高逻辑思维能力和编程能力，学习程序员的严谨精神。

## 自我评价

<table>
<tr><td colspan="2">课程名称:Java 程序设计</td><td colspan="3">授课地点:</td></tr>
<tr><td colspan="2">学习任务 2:Java 运算符和表达式</td><td colspan="2">授课教师:</td><td>授课学时:4</td></tr>
<tr><td colspan="2">课程性质:理实一体课程</td><td colspan="3">综合评分:</td></tr>
<tr><td colspan="5">知识掌握情况评分(15 分)</td></tr>
<tr><td>序号</td><td>知识考核点</td><td>教师评价</td><td>分数</td><td>得分</td></tr>
<tr><td>1</td><td>Java 运算符及优先级</td><td></td><td>5</td><td></td></tr>
<tr><td>2</td><td>Java 表达式</td><td></td><td>10</td><td></td></tr>
<tr><td></td><td></td><td></td><td></td><td></td></tr>
<tr><td colspan="5">工作任务完成情况评分(55 分)</td></tr>
<tr><td>序号</td><td>能力操作考核点</td><td>教师评价</td><td>分数</td><td>得分</td></tr>
<tr><td>1</td><td>创建项目与包、类</td><td></td><td>5</td><td></td></tr>
<tr><td>2</td><td>利用 Scanner 输入方法进行键盘赋值</td><td></td><td>10</td><td></td></tr>
<tr><td>3</td><td>能利用运算符与表达式进行购物结算</td><td></td><td>15</td><td></td></tr>
<tr><td>4</td><td>程序排错的能力</td><td></td><td>5</td><td></td></tr>
<tr><td>5</td><td>与组员的配合团队精神、协调能力</td><td></td><td>10</td><td></td></tr>
<tr><td>6</td><td>精神面貌、专业自信、工匠精神、职业素养</td><td></td><td>10</td><td></td></tr>
<tr><td colspan="5">课堂表现情况评分(20 分)</td></tr>
<tr><td>序号</td><td>课堂表现考核点</td><td>教师评价</td><td>分数</td><td>得分</td></tr>
<tr><td>1</td><td>课堂过程表现(签到、互动、抢答、讨论、演示)</td><td></td><td>10</td><td></td></tr>
<tr><td>2</td><td>课堂实训效果(教师评价+组间评价+组内互评)</td><td></td><td>10</td><td></td></tr>
<tr><td colspan="5">任务总结反思(10)分</td></tr>
<tr><td colspan="5"></td></tr>
</table>

## 习 题

### 一、选择题

1. 以下有关标识符的说法正确的是(　　)。

A. 任何字符的组合都可形成一个标识符

B. Java 的保留字也可作为标识符使用

C. 标识符是以字母、下划线或 $ 开头,后跟字母、数字、下划线或 $ 的字符组合

D. 标识符不区分大小写

2. 以下标识符正确的是(　　)。

A. c_name、if、_name　　B. c * name、$ name、mode

C. Result1、somm1、while　　D. $ ast、_mmc、c $ _fe

3. 下列标识符合法的是(　　)。

A. 123　　B. _name

C. class　　D. 1first

4. 有关整数类型说法错误的是(　　)。

A. byte、short、int、long 都属于整数类型,分别占 1、2、4、8 个字节

B. 占据字节少的整数类型能处理较小的整数,占据的字节越多,处理的数据范围就越大

C. 所有整数都是一样的,可任意互换使用

D. 两个整数的算术运算结果还是一个整数

5. 以下赋值表达式正确的是(　　)。

A. a == 5　　B. a+5 = a

C. a++　　D. a++=b

### 二、填空题

1. 3.14156F 表示的是__________。

2. 阅读程序:

```
public class Test1
{
    public static void main(String args[])
    {
        System.out.println(15/2);
    }
}
```

其执行结果是__________。

3. 设 a = 16,则表达式 a >>> 2 的值是__________。

4. 阅读程序：

```
public class Test2
{
    public static void main(String args[])
    {
        int i = 10,j = 5,k = 5;
        System.out.println("i + j + k = " + i + j + k);
    }
}
```

其执行结果是__________。

## 三、编程题

1. 编写一个应用程序，定义两个整型变量 n1、n2，当 n1＝22，n2＝64 时，计算输出 n1＋n2、n1－n2、n1 * n2、n1/n2、n1%n2 的值。

2. 编写一个应用程序，计算圆的周长和面积，设圆的半径为 1.5，输出圆的周长和面积值。

# 项目三
# Java 流程控制设计

程序运行的过程就是执行一条条语句的过程。程序语句执行的顺序称为程序的流程。按照运行流程来划分，程序可分为顺序结构、分支结构和循环结构三种基本结构。本项目主要介绍如何利用这些不同的结构编写程序，让程序的编写更灵活、操控更方便。同时，本项目会进行数组的介绍，结合三种基本结构完成多条会员信息的添加功能。

## 学习目标

◎ 了解结构化程序的三种结构。
◎ 掌握 if 语句与 switch 语句的用法。
◎ 掌握 while 与 do…while 的用法和区别。
◎ 能够用 for 语句实现循环应用。
◎ 理解 break 语句与 continue 语句的区别和使用。
◎ 掌握数组的应用。

## 素质目标

◎ 通过分析、归纳等手段，培养学生的逻辑思维能力和编程能力。
◎ 让学生具备深刻理解、举一反三、灵活运用所学知识的能力。
◎ 培养学生独立完成任务、不怯问题的职业素养及精益求精的质量意识。
◎ 培养学生厚植家国情怀和专业报国的意识。
◎ 通过学习认知规律，引导学生自主探索、动手实操，培养学生发现问题和解决问题的能力。
◎ 培养学生的团队协作能力和工匠精神。

## 项目分析

本项目主要介绍 Java 的流程语句、数组等，并结合小案例，最终完成淘淘乐购管理系统中会员信息管理部分会员信息添加程序的编写与运行。

# 任务一 顺序结构与分支结构

## 知识储备

### 1. 顺序结构

视频 控制结构

顺序结构是指按照语句出现的顺序依次执行的程序结构，程序自上而下逐行执行，一条语句执行完之后继续执行下一条语句，直到程序的末尾。顺序结构如图 3-1-1 所示。

顺序结构在程序设计中是最常使用的结构，在程序中扮演了非常重要的角色，因为大部分程序是依照这种由上而下的顺序来设计的。

Java 程序通过一些控制结构的语句来执行程序流，完成一定的任务。程序流是由若干个语句组成的，语句可以是单个语句，如“c＝a＋b;”，也可以是用大括号{}括起来的复合语句即语句块。

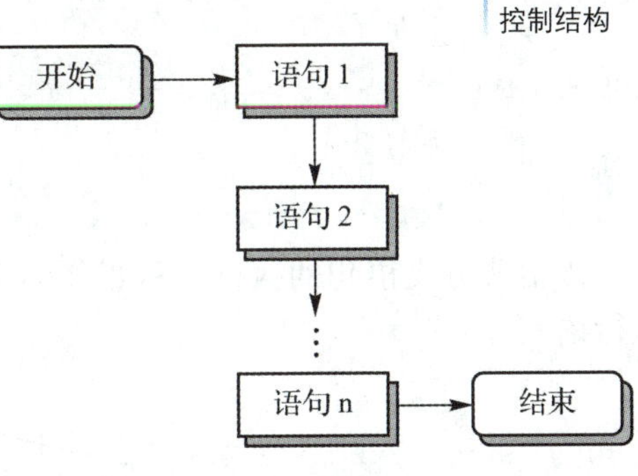


图 3-1-1 顺序结构

### 2. if 条件分支语句

一般情况下，程序是按照语句的先后顺序依次执行的，但在实际应用中，往往会出现一些特殊情况。例如，计算一个数的绝对值，若该数是一个正数（≥0），其绝对值就是本身，否则其绝对值为该数的负值。这就需要根据条件来确定所需要执行的操作。类似这种情况的处理，要使用 if 条件分支语句来实现。

if 条件分支语句主要分为下面三种语句形式。

#### 1) if 单分支语句

if 单分支语句的格式如下：

```
if (条件语句){
  代码块
}
```

条件可以是一个 boolean（布尔）值，也可以是一个 boolean 类型的变量，还可以是一个返回值为 boolean 类型的表达式。若条件为真或其值为真，则执行语句，否则跳过该语句。其中，语句可以是单个语句或语句块（用大括号{}括起来的多个语句）。

if 单分支语句执行流程如图 3-1-2 所示。

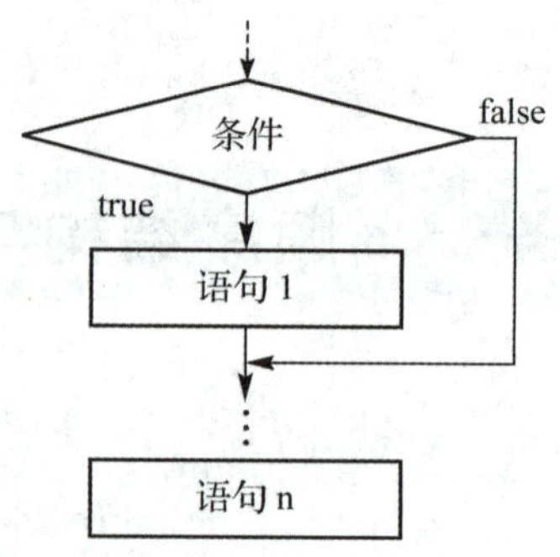


图 3-1-2　if 单分支语句执行流程

### 2)if 双分支语句

if 双分支语句的格式如下：

```
if (条件语句) {
   执行语句 1
} else {
   执行语句 2
}
```

该格式分支语句的执行流程如图 3-1-3 所示。若条件的值为 true，则执行语句 1，否则执行语句 2。

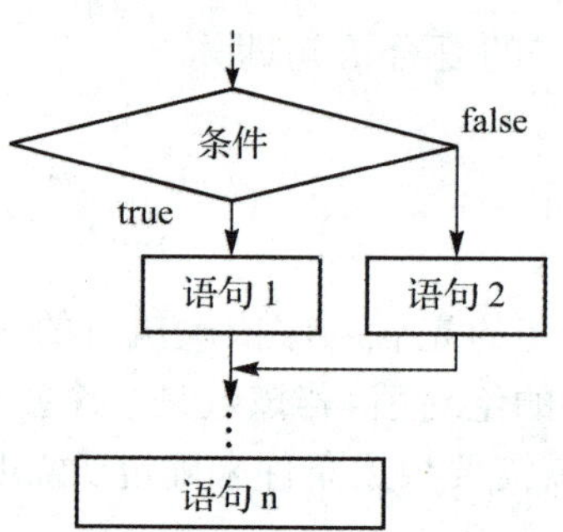


图 3-1-3　if 双分支语句执行流程

### 3)if 多条件判断语句

if 多条件判断语句的格式如下：

```
if (判断条件语句 1){
     执行语句 1
}else if (判断条件语句 2){
     执行语句 2
} else if (判断条件语句 n){
       执行语句 n
} else {
执行语句 n+1
}
```

在上述格式中，判断条件语句的结果是一个布尔值。当判断条件语句 1 为 true 时，执行 if 后面{}中的语句 1，当为 false 时，会继续判断条件语句 2，同样地，若条件语句 2 的结果为 true，则执行语句 2，以此类推。若所有的判断条件语句结果都为 false，则所有条件均未满足，执行 else 后面{}中的语句 n+1。

if 多条件判断语句的执行流程如图 3-1-4 所示。

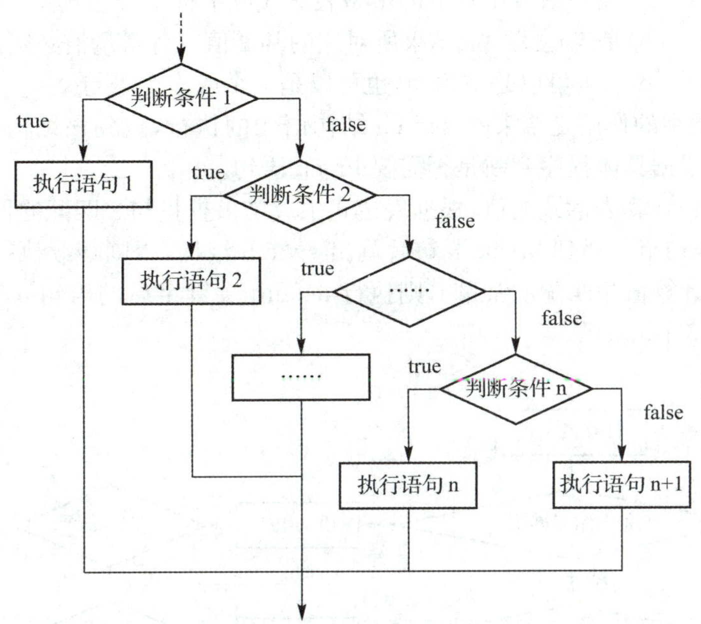


图 3-1-4 if 多条件判断语句的执行流程

## 3. switch 条件语句

如上所述，if…else if…else 是实现多分支的语句，但是当分支较多时，使用这种形式会显得比较麻烦，程序的可读性差且易出错。Java 提供了 switch 语句实现多者择一的功能，switch 语句的基本语法格式如下：

```
switch (表达式){
  case 目标值 1:
      执行语句 1
      [break;]
  case 目标值 2:
      执行语句 2
      [break;]
  …
  case 目标值 n:
      执行语句 n
      [break;]
  default:
```

```
        执行语句 n+1
        [break;]
    }
```

其中：

· 表达式是可以生成整数或字符值的整型表达式或字符型表达式。

· 目标值 i（1～n）是表达式生成结果所对应的常量值。各常量值必须是唯一的。

· 语句组 i（1～n+1）可以是空语句，也可以是一个或多个语句。

· break 关键字的作用是结束本 switch 结构语句的执行，跳到该结构外的下一条语句执行，是可选项，根据具体程序判断是否需要 break 语句。

switch 语句先计算表达式的值，根据表达式生成结果查找与之匹配的目标值 i(常量 i)，若找到，则执行语句组 i，遇到 break 语句后跳出 switch 结构，否则继续执行下边的语句组。若没有查找到与计算值相匹配的常量 i，则执行 default 关键字后的语句 n+1。switch 语句的执行流程如图 3-1-5 所示。

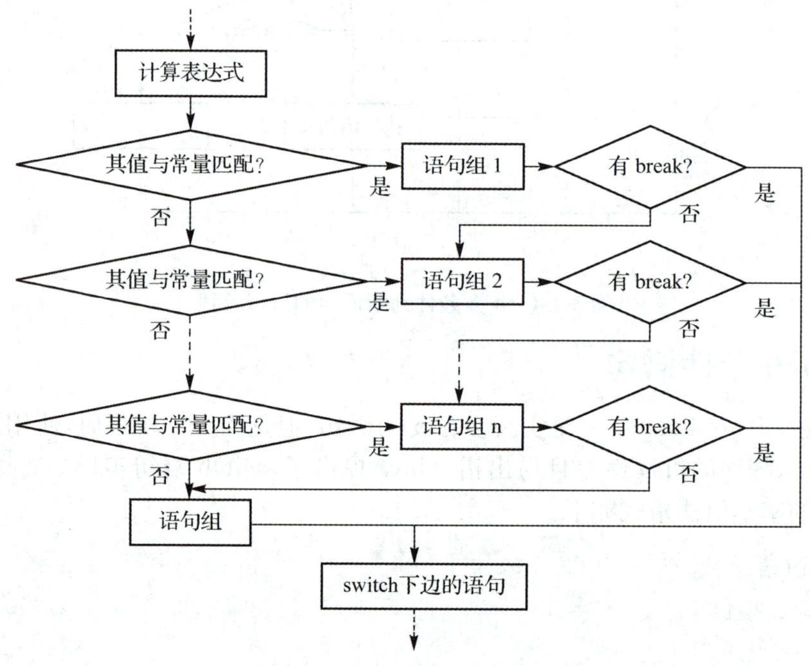


图 3-1-5　switch 语句的执行流程

**明德树人**

> 历史上著名的“孟母三迁”的故事告诉我们选择不同的环境会有不同的结果，人生道路上我们也需要以史为鉴，选择正确的人生道路。

## 4. 返回语句 return

return 语句用于方法中，功能是结束该方法的执行，返回到该方法的调用者或将方法中的计算值返回给方法的调用者。return 语句有以下两种格式：

```
return;                  //格式 1
return 表达式;            //格式 2
```

第一种格式用于无返回值的方法，第二种格式用于需要返回值的方法。

## 任务描述

本任务主要通过运用 Scanner 输入类和分支结构实现淘淘乐购管理系统中登录界面（见图 3-1-6）、系统管理界面（见图 3-1-7）、会员信息管理界面（见图 3-1-8）中分支选择的过程，从而完成淘淘乐购管理系统界面中的选择进入。

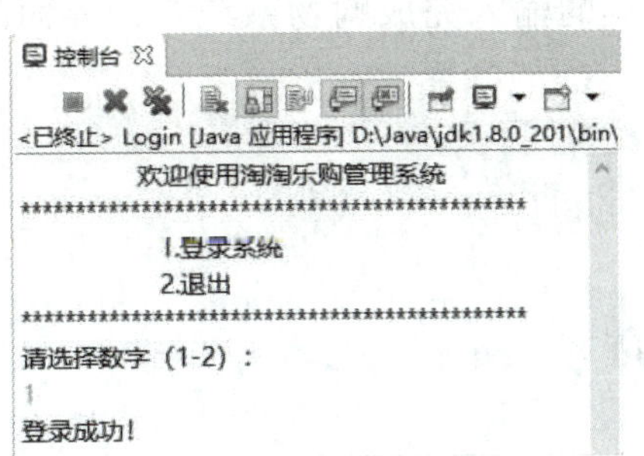


图 3-1-6 登录界面效果

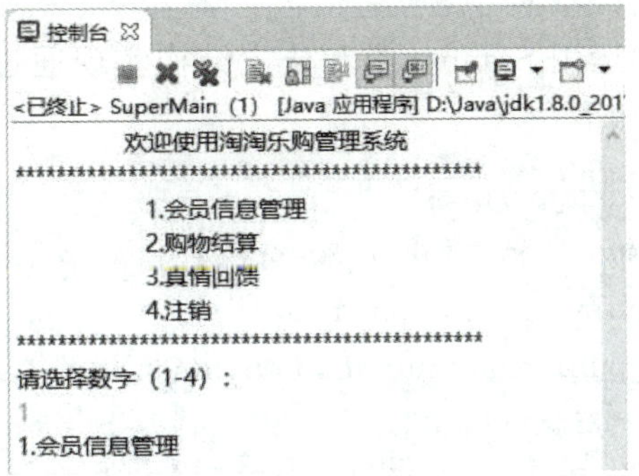


图 3-1-7 系统管理界面效果

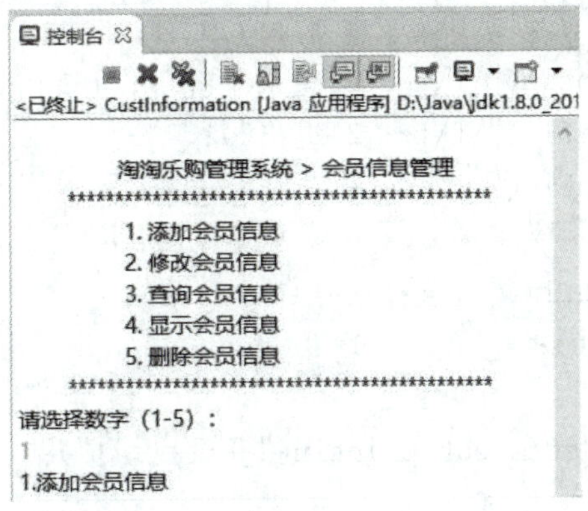


图 3-1-8 会员信息管理界面效果

## 任务分析

（1）根据前期制作的登录界面、系统管理界面、会员信息管理界面进行制作。

（2）利用 Scanner 类选择数字的输入。

（3）利用 nextInt()方法接收键盘输入的整型数据信息。

（4）根据使用 Scanner 类获取的值，选择分支结构语句判断用户所选择的界面，并在控制台打印相应的输出结果。

## 任务实施

(1)打开“SuperMarketManager”项目。

(2)找到“view”包中的 Login 类、SuperMain 类和 CustInformationManager 类。

(3)打开 Login 类,在类中创建 Scanner 类的实例对象,进行 Scanner 输入类包的导入,并利用 Scanner 类实例对象 in 通过键盘接收值并赋给整型变量 i。

```
import java.util.Scanner;                  //导入输入类包
Scanner in = new Scanner(System.in);       //创建 Scanner 类实例对象 in
int i = in.nextInt();                      //从键盘接收整型数据并赋给整型变量 i
```

(4)运用 Scanner 类和分支结构实现通过键盘的输入完成购物系统登录界面的选择。源代码如下:

```
package view;
import java.util.Scanner;
public class Login {
  public static void main(String[] args) {
    int i;
    Scanner in = new Scanner(System.in);
    System.out.println("\t\t 欢迎使用淘淘乐购管理系统");
    System.out.println("**************************
**********************");
    System.out.println("\t\t   1.登录系统");
    System.out.println("\t\t   2.退出");
    System.out.println("**************************
**********************");
    System.out.println("请选择数字(1-2):");
    i = in.nextInt();
    switch (i) {
    case 1:        System.out.println("登录成功!");
      break;
    case 2:
      System.out.println("退出系统!");
      break;
    default:
      System.out.println("输入错误,请输入 1-2 之间的数字!");
      break;
    }
  }
}
```

(5)在 SuperMain 类中用同样的方法,运用 Scanner 类和分支结构实现通过键盘的输入完成系统管理界面的选择。源代码如下:

```
package view;
import java.util.Scanner;
public class SuperMain {
  public static void main(String[] args) {
    Scanner in = new Scanner(System.in);
    System.out.println("\t\t 欢迎使用淘淘乐购管理系统");
    System.out.println("************************************************");
    System.out.println("\t\t  1.会员信息管理");
    System.out.println("\t\t  2.购物结算");
    System.out.println("\t\t  3.真情回馈");
    System.out.println("\t\t  4.注销");
    System.out.println("************************************************");
    System.out.println("请选择数字(1-4):");
    int i = in.nextInt();
    switch (i) {
    case 1:
      System.out.println("1.会员信息管理");
      break;
    case 2:
      System.out.println("2.购物结算");
      break;
    case 3:
      System.out.println("3.真情回馈");
      break;
    case 4:
      System.out.println("4.注销");
      break;
    default:
      System.out.println("输入错误,请输入1-4之间的数字!");
      break;
    }
  }
}
```

(6)在 CustInformationManager 类中用同样的方法,运用 Scanner 类和分支结构实现通过键盘的输入完成会员信息管理界面的选择。源代码如下:

```java
package view;
import java.util.Scanner;
public class CustInformationManager {
  public static void main(String[] args) {
    Scanner in = new Scanner(System.in);
    System.out.print("\n\t\t 淘淘乐购管理系统 > 会员信息管理 \n");
    System.out.println("\t**********************************************");
    System.out.println("\t\t 1.添加会员信息");
    System.out.println("\t\t 2.修改会员信息");
    System.out.println("\t\t 3.查询会员信息");
    System.out.println("\t\t 4.显示会员信息");
    System.out.println("\t\t 5.删除会员信息");
    System.out.println("\t**********************************************");
    System.out.println("请选择数字(1-5):");
    int i = in.nextInt();
    switch (i) {
    case 1:
      System.out.println("1.添加会员信息");
      break;
    case 2:
      System.out.println("2.修改会员信息");
      break;
    case 3:
      System.out.println("3.查询会员信息");
      break;
    case 4:
      System.out.println("4.显示会员信息");
      break;
    case 5:
      System.out.println("5.删除会员信息");
      break;
    default:
      System.out.println("输入错误,请输入1-5之间的数字!");
      break;
    }
  }
}
```

(7)分别运行 Login 类、SuperMain 类和 CustInformationManager 类,效果如图 3-1-9～图 3-1-11 所示。

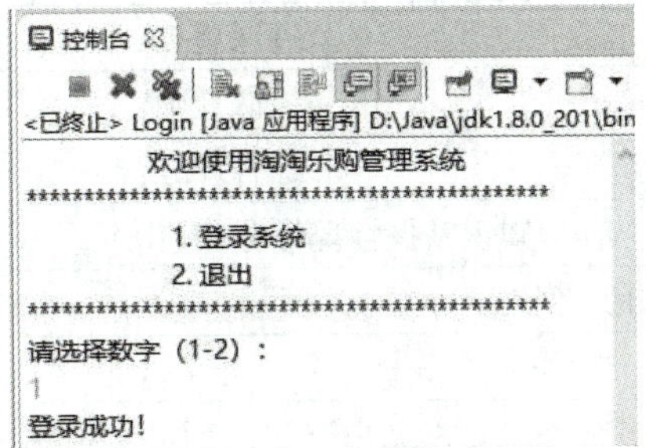


图 3-1-9 Login 类运行效果

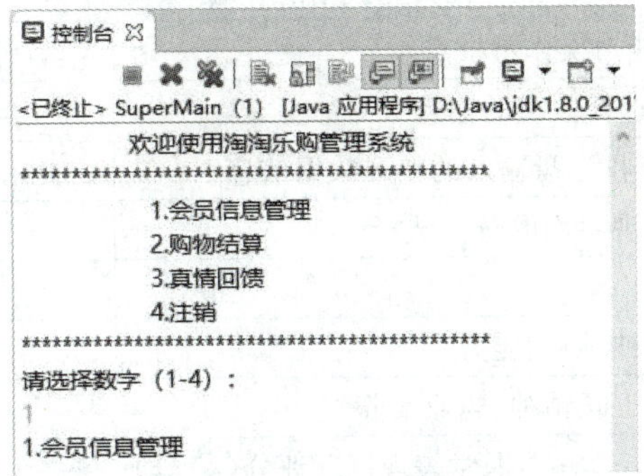


图 3-1-10 SuperMain 类运行效果

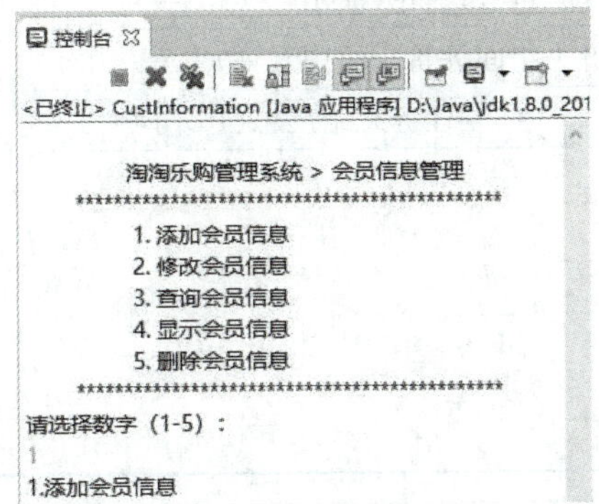


图 3-1-11 CustInformationManager 类运行效果

## 任务小结

本任务通过学习顺序结构和分支结构,进行思政的渗透教育,使学生在人生历程中遇到各种问题时学会正确判断并做出选择;培养学生面临个人利益与国家利益相冲突时,勇于战胜自我,以国家利益为重的素养;在潜移默化中培育学生的社会主义核心价值观,提高其综合职业素养,帮助其养成良好的职业道德。

## 自我评价

| 课程名称:Java 程序设计 | | 授课地点: | | |
|---|---|---|---|---|
| 学习任务 1:顺序与分支结构 | | 授课教师: | | 授课学时:4 |
| 课程性质:理实一体课程 | | 综合评分: | | |
| 知识掌握情况评分(20 分) | | | | |
| 序号 | 知识考核点 | 教师评价 | 分数 | 得分 |
| 1 | if 条件分支语句 | | 5 | |
| 2 | switch 条件语句 | | 5 | |
| 3 | break 与 return 语句 | | 10 | |
| 工作任务完成情况评分(50 分) | | | | |
| 序号 | 能力操作考核点 | 教师评价 | 分数 | 得分 |
| 1 | 利用 Scanner 类完成选择数字的输入 | | 10 | |
| 2 | 利用 nextInt()方法接收键盘输入的整形数据信息 | | 10 | |
| 3 | 利用分支结构语句实现界面的分支选择 | | 5 | |
| 4 | 程序排错的能力 | | 5 | |
| 5 | 与组员的配合团队精神、协调能力 | | 10 | |
| 6 | 精神面貌、专业自信、工匠精神、职业素养 | | 10 | |
| 课堂表现情况评分(20 分) | | | | |
| 序号 | 课堂表现考核点 | 教师评价 | 分数 | 得分 |
| 1 | 课堂过程表现(签到、互动、抢答、讨论、演示) | | 10 | |
| 2 | 课堂实训效果(教师评价+组间评价+组内互评) | | 10 | |
| 任务总结反思(10)分 | | | | |
| | | | | |

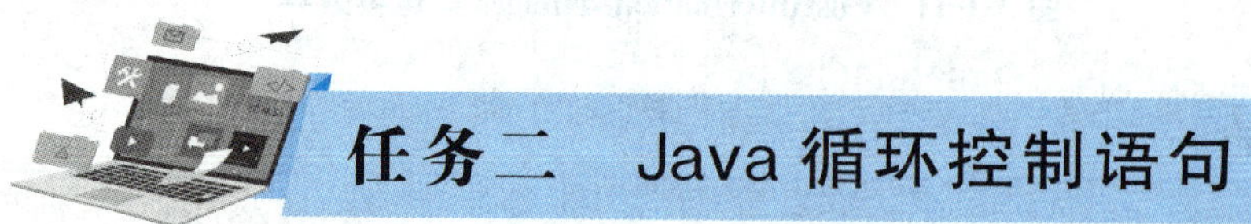

# 任务二 Java 循环控制语句

## 知识储备

在程序运行中,重复执行某段程序代码是很常见的,Java 语言也提供了循环执行代码语句的功能。

## 1. while 循环语句

一般情况下，for 循环用于处理确定次数的循环；while 和 do…while 循环用于处理不确定次数的循环。

**明德树人**

《卖油翁》中“无他，但手熟尔”这句话说明一直重复做一件事，持之以恒，多么难的事也能成功，我们也要每天坚持循环学习，日积月累，锲而不舍地追求目标。

while 循环的一般格式如下：

```
while(布尔表达式)
{
      语句组；   //循环体
}
```

上述语法结构中：

(1)布尔表达式可以是关系表达式或逻辑表达式，它产生一个布尔值。

(2)语句组是循环体，是要重复执行的语句序列。

while 循环的执行流程如图 3-2-1 所示。

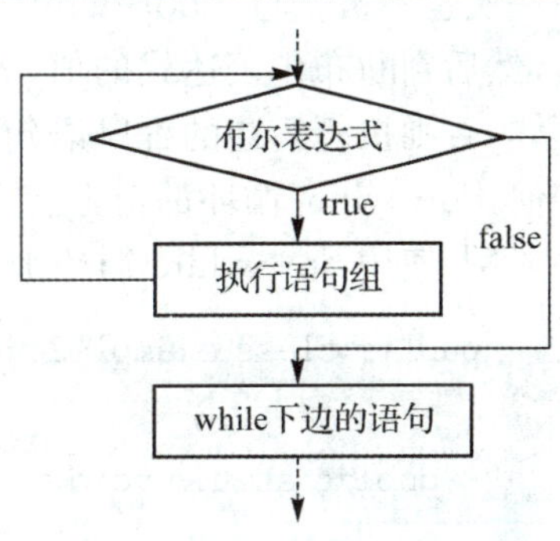


图 3-2-1 while 循环的执行流程

当布尔表达式产生的布尔值是 true 时，重复执行循环体(语句组)，当布尔表达式产生的布尔值是 false 时，结束循环操作，执行 while 循环体下边的程序语句。

例：使用 while 循环来计算每天进步 1%，365 天会进步多少？

```
public class example1                          //创建 example1 类
{
  public static void main(String[] args) {
  int n = 1;                                   // 定义循环控制变量 n
  float s = 1;                                 // 定义变量 s
  while (n <= 365)                             // 利用 while 循环求结果
  {
  s *= (1+0.01);
  n = n + 1;
  }
  System.out.println("每天进步 1%,365 天会进步:" + s);
  }
}
```

程序的运行结果如下：

```
每天进步 1%,365 天会进步:37.783424
```

## 2. do…while 循环语句

do…while 循环的一般格式如下：

```
do{
      语句组;    //循环体
  }while(布尔表达式)
```

需要注意 do…while 循环和 while 循环在格式上的差别，do…while 循环的执行流程如图 3-2-2 所示。

从两种循环的格式和执行流程可以看出它们之间的差别：while 循环先判断布尔表达式的值，如果表达式的值为 true，则执行循环体，否则跳过循环体的执行。因此，如果一开始布尔表达式的值就是 false，那么循环体一次也不被执行。do…while 循环是先执行一遍循环体，然后判断布尔表达式的值，若为 true，则再次执行循环体，否则执行后边的程序语句。无论布尔表达式的值如何，do…while 循环都至少会执行一遍循环体语句。

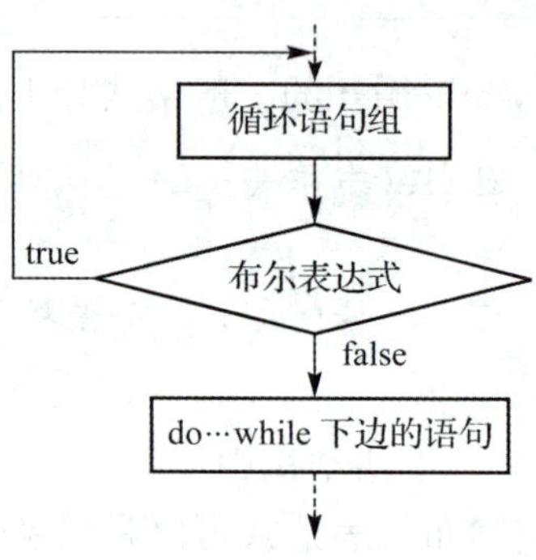


图 3-2-2　do…while 循环的执行流程

例：使用 do…while 循环来计算每天进步 1%，365 天会进步多少？

```
public class example2
{
  public static void main(String[] args) {
                                        // 定义变量和 sum
  int n = 1;                            // 定义循环控制变量 n
  float s = 1;                          // 定义变量 s
  do                                    // 利用 while 循环求结果
{
  s *= (1+0.01);
  n = n + 1;
   }while (n<=365);
  System.out.println("每天进步 1%,365 天会进步:" + s);
  }
}
```

程序的运行结果如下。

```
每天进步 1%,365 天会进步:37.783424
```

## 3. for 循环语句

for 循环语句是最常见的循环语句之一。for 循环的一般格式如下：

```
for (表达式 1; 表达式 2; 表达式 3)
{
  语句组;          //循环体
}
```

其中:

(1)表达式 1 一般用于设置循环控制变量的初始值,如“int i=1”。

(2)表达式 2 一般是关系表达式或逻辑表达式,用于确定是否继续循环体语句的执行,如“i<100”。

(3)表达式 3 一般用于循环控制变量的增减值操作,如“i++;”或“i--”。

(4)语句组是要被重复执行的语句,称为循环体。语句组可以是空语句(什么也不做)、单个语句或多个语句。

for 循环的执行流程如图 3-2-3 所示。先计算表达式 1 的值;再计算表达式 2 的值,若其值为 true,则执行一遍循环体语句;然后计算表达式 3。之后又一次计算表达式 2 的值,若值为 true,则再执行一遍循环体语句;又一次计算表达式 3。再一次计算表达式 2 的值……如此重复,直到表达式 2 的值为 false,结束循环,执行循环体下边的程序语句。

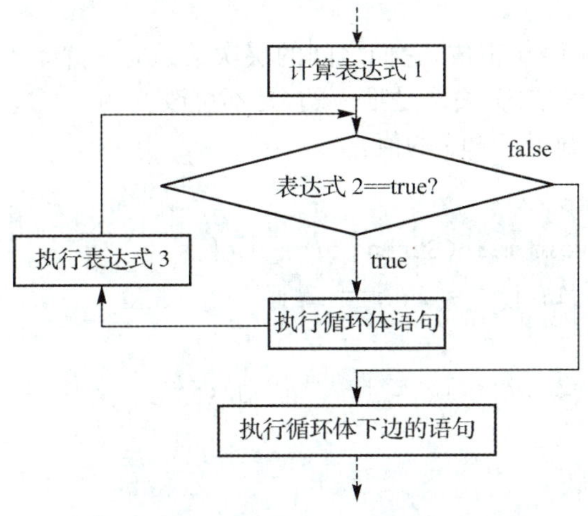


图 3-2-3 for 循环的执行流程

例:使用 for 循环来计算每天进步 1%,365 天会进步多少?

```
public class example3
{
  public static void main(String[] args) {
  int n = 1;                              // 定义循环控制变量 n
  float s = 1;                            // 定义变量 s
  for(int i = 1;i< = 365;i + + )          // 利用 while 循环求结果
  s * = (1 + 0.01);
  System.out.println("每天进步 1 % ,365 天会进步:" + s);
  }
}
```

程序的运行结果如下。

```
每天进步 1％，365 天会进步：37.783424
```

## 4. 循环语句的嵌套

一个循环结构内可以含有另一个循环，称为循环嵌套，又称多重循环。常用的循环嵌套是二重循环，外层循环称为外循环，内层循环称为内循环。

循环与循环之间的嵌套关系，使得数据以二维（行与列）的形式组织在一起。如果外层循环的次数为 n，内层循环的次数为 m，则嵌套循环将执行 n×m 次。

二重循环结构的格式如下：

```
for (循环变量初始化;终止条件表达式;循环变量的增量){
  语句或语句块;
  for(循环变量初始化;终止条件表达式;循环变量的增量){
    语句或语句块;
  }
}
```

上述结构由两个 for 语句组成，它们之间的层次关系是一个套住另一个，我们把这种关系称为嵌套关系，注意这种层次关系是唯一的，是不可改变的。

例如，利用循环嵌套输出 i 和 j 的值。

```
public class Example4 {
  public static void main(String args[]) {
    for (int i = 1; i <= 2; i = i + 1) {                //外循环
      for (int j = 1; j <= 3; j = j + 1) {              //内循环
        System.out.println(i + " " + j);                //循环体
      }
    }
  }
}
```

从结构上看，内循环 for (int j = 1; j <= 3; j = j + 1)是外循环的循环体，它的执行过程仍要遵循循环语句的执行原则。首先执行外层循环，即 i 由 1 至 2 执行 2 次。外层循环每执行 1 次，内层则执行一个完整的循环，即执行 3 次，循环体（输出 i、j 的值）共执行 6 次。

运行结果如下：

```
1 1
1 2
1 3
2 1
2 2
2 3
```

### 5. break 与 continue 语句

(1)break 语句。在 switch 语句结构中,我们已经使用过 break 语句,它用来结束 switch 语句的执行,使程序跳到 switch 语句结构后的下一条语句去执行。

break 语句也可用于循环语句的结构中。同样它也用来结束循环,使程序跳到循环结构后的语句去执行。

break 语句有两种格式:break 和 break 标号。

第一种格式比较常见,它的功能和用途如前所述。

第二种格式即带标号的 break 语句并不常见,它的功能是结束其所在结构体(switch 或循环)的执行,跳到该结构体外由标号指定的语句去执行。该格式一般适用于多层嵌套的循环结构和 switch 结构中,当需要从一组嵌套较深的循环结构或 switch 结构中跳出时,该语句是十分有效的,它大大简化了程序的操作。

在 Java 程序中,每个语句前边都可以加上一个标号,标号是由标识符加一个“:”冒号组成的。

(2)continue 语句。continue 语句只能用于循环结构中,它与 break 语句类似,也有如下两种格式:continue 和 continue 标号。

第一种格式比较常见,它用来结束本轮次循环(跳过循环体中下面尚未执行的语句),直接进入下一轮次的循环。

第二种格式并不常见,它的功能是结束本循环的执行,跳到该循环体外由标号指定的语句去执行。它一般用于多重(嵌套)循环中,当需要从内层循环体跳到外层循环体执行时,使用该格式十分有效,它大大简化了程序的操作。

## 任务描述

本任务主要运用循环结构语句将任务一中的淘淘乐购管理系统中的登录界面、系统管理界面、会员信息管理界面实现多次输入多次选择,从而实现通过键盘多次输入数字选择进入相应界面并输出相应的内容。

## 任务分析

(1)利用 Scanner 类、next()方法从控制台获取键盘输入信息。

(2)使用分支结构进行分支选择,实现通过键盘多次输入数字选择进入相应界面并输出相应的内容。

(3)使用循环结构实现多次循环执行分支选择过程。

## 任务实施

(1)打开“SuperMarketManager”项目。

(2)找到“view”包中的 Login 类、SuperMain 类和 CustInformationManager 类。

(3)在类中创建 Scanner 类的实例对象 in,进行 Scanner 输入类包的导入,利用nextInt()方法通过键盘接收整型变量，利用 next()方法通过键盘接收字符串变量，部分代码如下：

```
import java.util.Scanner;
Scanner in = new Scanner(System.in);
int i = in.nextInt();
String answer = in.next();
```

(4)在类中设置 answer 字符串变量，对 answer 字符串变量通过 equals 函数进行字符串的比较，若为“yes”，则执行循环体，若为“no”，则结束循环，部分代码如下：

```
answer.equals("yes");          //answer 变量值和字符串“yes”比较
System.out.println("你需要重新选择么？ yes 或者 no");
  answer = in.next();          //从键盘接收字符串数据并赋给字符串变量 answer
```

(5)打开 Login 类，在 Login 类中运用循环结构和分支结构实现通过键盘的多次输入完成购物系统登录界面的多次选择。源代码如下：

```
package view;
import java.util.Scanner;
public class Login {
  public static void main(String[] args) {
    int i;
    String answer = "yes";
    Scanner in = new Scanner(System.in);
    while (answer.equals("yes")) {
      System.out.println("\t\t 欢迎使用淘淘乐购管理系统");
      System.out.println("* * * * * * * * * * * * * * * * * * * * * * * * * * * * * * * * * * * * * * * * * * * * * * * *");
      System.out.println("\t\t   1.登录系统");
      System.out.println("\t\t   2.退出");
      System.out.println("* * * * * * * * * * * * * * * * * * * * * * * * * * * * * * * * * * * * * * * * * * * * * * * *");
      System.out.println("请选择数字(1-2):");
      i = in.nextInt();
      switch (i) {
      case 1:
        System.out.println("登录成功!");
        break;
      case 2:
        System.out.println("退出系统!");
        break;
      default:
```

```
            System.out.println("输入错误,请输入 1-2 之间的数字!");
            break;
          }
          System.out.println("你需要重新选择么? yes 或者 no");
          answer = in.next();
        }
        System.out.println("本次操作已经退出,请重新运行系统!");
      }
    }
```

(6)在 SuperMain 类中用同样的方法,选择循环结构和分支结构实现通过键盘的多次输入完成系统管理界面的多次选择。源代码如下:

```
package view;
import java.util.Scanner;
public class SuperMain {
  public static void main(String[] args) {
    Scanner in = new Scanner(System.in);
    String answer = "yes";
    while (answer.equals("yes")) {
      System.out.println("\t\t 欢迎使用淘淘乐购管理系统");
      System.out.println("*************************
*************************");
      System.out.println("\t\t  1.会员信息管理");
      System.out.println("\t\t  2.购物结算");
      System.out.println("\t\t  3.真情回馈");
      System.out.println("\t\t  4.注销");
      System.out.println("*************************
*************************");
      System.out.println("请选择数字(1-4):");
      int i = in.nextInt();
      switch (i) {
      case 1:
        System.out.println("1.会员信息管理");
        break;
      case 2:
        System.out.println("2.购物结算");
        break;
      case 3:
        System.out.println("3.真情回馈");
```

```
                break;
            case 4:
                System.out.println("4.注销");
                break;
            default:
                System.out.println("输入错误,请输入1-4之间的数字!");
                break;
            }
            System.out.println("你需要重新选择么? yes 或者 no");
            answer = in.next();
        }
        System.out.println("本次操作已经退出,请重新运行系统!");
    }
}
```

(7)在 CustInformationManager 类中,同样运用循环结构和分支结构实现通过键盘的多次输入完成会员信息管理界面的多次选择。源代码如下:

```
package view;
import java.util.Scanner;
public class CustInformationManager {
    public static void main(String[] args) {
        String answer = "yes";
        Scanner in = new Scanner(System.in);
        while (answer.equals("yes")) {
            System.out.print("\n\t\t 淘淘乐购管理系统 > 会员信息管理 \n");
            System.out.println("\t**************************************************");
            System.out.println("\t\t 1.添加会员信息");
            System.out.println("\t\t 2.修改会员信息");
            System.out.println("\t\t 3.查询会员信息");
            System.out.println("\t\t 4.显示会员信息");
            System.out.println("\t\t 5.删除会员信息");
            System.out.println("\t**************************************************");
            System.out.println("请选择数字(1-5):");
            int i = in.nextInt();
            switch (i) {
            case 1:
                System.out.println("1.添加会员信息");
```

```
            break;
        case 2:
            System.out.println("2.修改会员信息");
            break;
        case 3:
            System.out.println("3.查询会员信息");
            break;
        case 4:
            System.out.println("4.显示会员信息");
            break;
        case 5:
            System.out.println("5.删除会员信息");
            break;
        default:
            System.out.println("输入错误,请输入1-5之间的数字!");
            break;
        }
        System.out.println("你需要重新选择么? yes 或者 no");
        answer = in.next();
    }
    System.out.println("本次操作已经退出,请重新运行系统!");
  }
}
```

(8)分别运行 Login 类、SuperMain 类和 CustInformationManager 类,运行效果如图 3-2-4～图 3-2-6 所示。

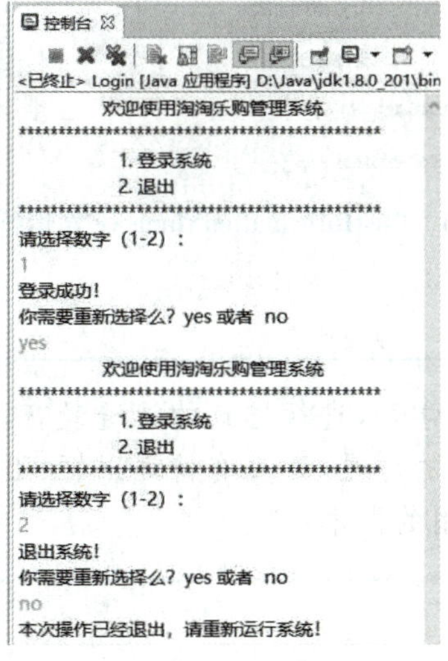


图 3-2-4　Login 类运行效果图

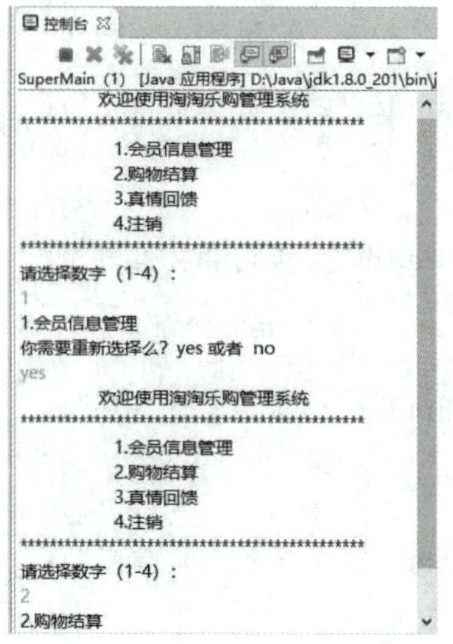


图 3-2-5　SuperMain 类运行效果图

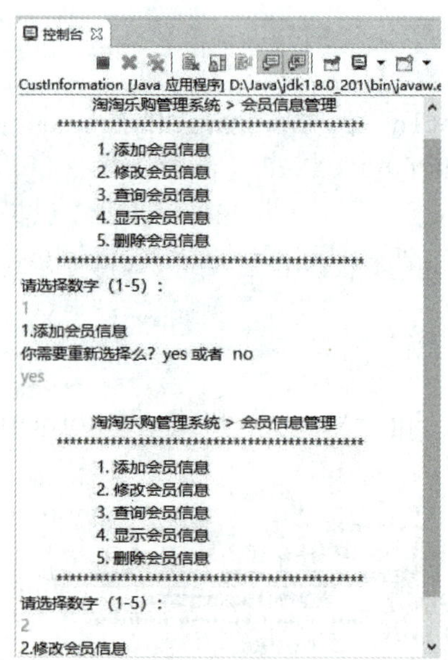


图 3-2-6　CustInformationManager 类运行效果图

## 任务小结

本任务通过循环结构的学习，进行思政的渗透教育，引导学生培养制度自信力，教育学生不要小看积少成多的力量，要具有持之以恒、百折不挠、不断打磨专业能力的品质和工匠精神，成为有用的人才。

## 自我评价

<table>
<tr><td colspan="2">课程名称:Java 程序设计</td><td colspan="3">授课地点:</td></tr>
<tr><td colspan="2">学习任务 2:Java 循环控制语句</td><td colspan="2">授课教师:</td><td>授课学时:4</td></tr>
<tr><td colspan="2">课程性质:理实一体课程</td><td colspan="3">综合评分:</td></tr>
<tr><td colspan="5">知识掌握情况评分(25 分)</td></tr>
<tr><td>序号</td><td>知识考核点</td><td>教师评价</td><td>分数</td><td>得分</td></tr>
<tr><td>1</td><td>while 循环语句</td><td></td><td>5</td><td></td></tr>
<tr><td>2</td><td>do—while 循环语句</td><td></td><td>5</td><td></td></tr>
<tr><td>3</td><td>for 循环语句</td><td></td><td>10</td><td></td></tr>
<tr><td>4</td><td>循环的嵌套</td><td></td><td>5</td><td></td></tr>
<tr><td colspan="5">工作任务完成情况评分(45 分)</td></tr>
<tr><td>序号</td><td>能力操作考核点</td><td>教师评价</td><td>分数</td><td>得分</td></tr>
<tr><td>1</td><td>利用 Scanner 类、next()方法从控制台获取键盘输入信息</td><td></td><td>10</td><td></td></tr>
<tr><td>2</td><td>使用循环结构实现多次循环执行分支选择过程</td><td></td><td>10</td><td></td></tr>
<tr><td>3</td><td>程序排错的能力</td><td></td><td>5</td><td></td></tr>
<tr><td>4</td><td>与组员的配合团队精神、协调能力</td><td></td><td>10</td><td></td></tr>
<tr><td>5</td><td>精神面貌、专业自信、工匠精神、职业素养</td><td></td><td>10</td><td></td></tr>
<tr><td></td><td></td><td></td><td></td><td></td></tr>
<tr><td colspan="5">课堂表现情况评分(20 分)</td></tr>
<tr><td>序号</td><td>课堂表现考核点</td><td>教师评价</td><td>分数</td><td>得分</td></tr>
<tr><td>1</td><td>课堂过程表现(签到、互动、抢答、讨论、演示)</td><td></td><td>10</td><td></td></tr>
<tr><td>2</td><td>课堂实训效果(教师评价+组间评价+组内互评)</td><td></td><td>10</td><td></td></tr>
<tr><td colspan="5">任务总结反思(10)分</td></tr>
<tr><td colspan="5"></td></tr>
</table>

# 任务三　Java 数组

## 知识储备

数组是一种构造型的数据类型，是有序数据的集合，数组中的每个元素具有相同的数据类型，且可以用数组名和下标来唯一地确定。数组中的每一个数据成员称为数组元素。在 Java 语言中，提供了一维数组和多维数组。带一个下标的数组称为一维数组，带多个下标的数组称为多维数组。

视频

一维数组

**明德树人**

"物以类聚，人以群分。"相同类型的人会聚在一起。作为新时代的大学生，我们要向中国大学生计算机编程第一人楼天城学习，追求知行合一、精益求精的工匠精神和良好的职业素养。

### 1. 一维数组

数组的定义包括数组声明和为数组分配空间、初始化、创建数组等内容。通过数组名和一个下标就能访问一维数组中的元素，与其他变量一样，数组必须先声明定义，而后赋值，最后被引用。

(1)一维数组的声明。

一维数组声明的一般格式如下：

```
数据类型 数组名[ ];
```

或

```
数据类型 [] 数组名;
```

其中：

①数据类型是指数组元素的类型，可以是 Java 中的任意数据类型。

②数组名是一个标识符，应遵照标识符的命名规则。

例如，int intArray[]或 int[] intArray 是声明一个整型数组。

一个数组声明语句可同时声明多个数组变量，后一种声明格式写起来简单些。例如，"int[] a,b,c;"相当于"int a[],b[],c[];"。

与其他高级语言不同，Java 在声明数组时只是说明了数组元素的数据类型并不为数组分配存储空间，因此，在声明的[]中不能指出数组中元素的个数。

(2)数组分配内存。声明数组后,要为数组分配存储空间,格式为:

```
数组名 = new 数据类型[个数] ;  // 给数组分配内存
```

其中[]中的“个数”是指所声明的数组要存放多少个元素,而“new”则是命令编译器根据括号里的个数在内存中开辟一块存储空间供该数组使用。

声明并分配内存给数组除了用先声明后分配内存的方式之外,也可以用较为简洁的方式,把两行缩成一行来编写,其格式如下:

```
数据类型 数组名[] = new 数据类型[个数];
```

上述格式是指声明的同时分配一块内存空间供该数组使用。就像“int i=3;”的意义一样。例如,“int[] intArray= new int[10]”或“int intArray[]= new int[10]”是指定义一个元素个数为 10 的整型数组,数组名为 intArray,同时开辟一块内存空间供其使用。

(3)一维数组元素的引用。一维数组元素以数组名和下标引用数组元素,数组元素的引用方式如下:

```
数组名[下标]
```

其中:

①下标可以为整型常数或表达式,下标值从 0 开始。

②数组是作为对象处理的,它具有长度(length)属性,用于指明数组中包含元素的个数。因此,数组的下标从 0 开始到 length−1 结束。如果在引用数组元素时下标超出了此范围,系统将产生数组下标越界的异常(ArrayIndexOutOfBoundsException)。

(4)数组初值的赋值。如果想直接在声明时就给数组赋初值,可以利用大括号完成。只要在数组的声明格式后面再加上初值的赋值即可,格式如下:

```
数据类型 数组名[] = {初值0,初值1,…,初值n};
```

在大括号内的初值会依序指定给数组的第 1、第 2、第 3、…、第 $n+1$ 个元素。此外,在声明时并不需要将数组元素的个数列出,编译器会根据所给出的初值个数来判断数组的长度。

例如,“int day[] = {32,23,45,22,13,45,78,96,43,32};”完成了数组的声明并赋初值。

除了在声明时就赋初值之外,也可以在程序中为某个特定的数组元素赋值。例如,为数组 day 中第 1、2、3 个元素赋初值。

```
int [] day = new int[];
day[0] = 5;
day[1] = 6;
day[2] = 8;
```

(5)举例:通过键盘输入 5 个学生的数学成绩并求平均分。

```
import java.util.Scanner;
public class Average {
  public static void main(String[] args) {
    Scanner in = new Scanner(System.in);
```

```
        float sum = 0;
        float average;
        float[] score = new float[5];            //定义一个数组 score
        for (int i = 0; i < 5; i++) {            //用循环的方式输入 5 个学生的成绩
          System.out.println("请输入成绩:");
          score[i] = in.nextFloat();
          sum = sum + score[i];                  //对输入的成绩求和
        }
        average = sum /5;                        //求平均分
        System.out.println("平均成绩为:"+average);  //输出平均分
    }
}
```

运行结果如图 3-3-1 所示。

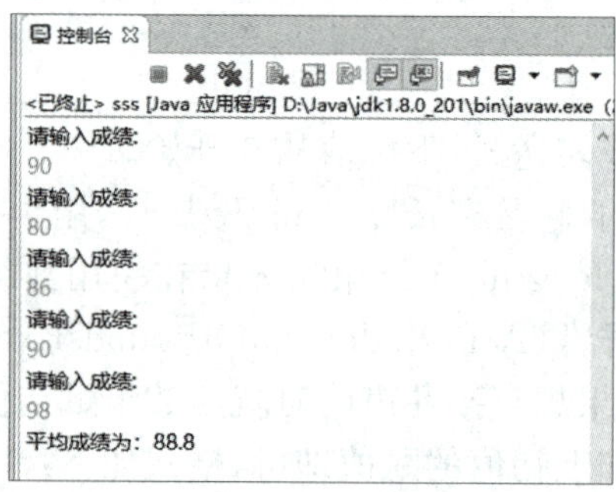


图 3-3-1　平均分运行结果

## 2. 二维及多维数组

视频
二维及多维数组

在 Java 语言中，多维数组是建立在一维数组基础之上的，以二维数组为例，可以把二维数组的每一行看作一个一维数组，因此可以把二维数组看作一维数组的数组。同样可以把三维数组看作二维数组的数组，以此类推。在通常的应用中一维、二维数组最为常见，更多维数组只应用于特殊的场合。下面仅介绍二维数组。

(1)二维数组的声明。声明二维数组的一般格式如下：

```
数据类型 数组名[ ][ ];
```

或

```
数据类型 [ ][ ] 数组名;
```

和一维数组类似，二维数组的声明只是说明了二维数组元素的数据类型并没有为其分配存储空间。

(2)二维数组分配空间。二维数组分配内存的格式如下：

```
数组名[][] = new 数据类型[行的个数][列的个数];
```

与一维数组不同的是，二维数组在分配内存时必须告诉编译器二维数组行与列的个数。因此，“行的个数”是告诉编译器所声明的数组有多少行，“列的个数”则是说明该数组有多少列。例如：

```
int score[][] ;            //声明整型数组 score
//配置一块内存空间，供 4 行 3 列的整型数组 score 使用
score = new int[4][3] ;
```

同样地，可以用较为简洁的方式来声明数组并分配内存，其格式如下：

```
数据类型 数组名[][] = new 数据类型[行的个数][列的个数];
```

同样是指在声明二维数组的同时就开辟了一块内存空间，以供该数组使用。

例如：

```
//声明整型数组 score，同时为其开辟一块内存空间
int score[][] = new int[4][3] ;
```

(3)二维数组赋初值。可以通过如下方式定义二维数组的大小并为其赋初值。

①先声明后定义最后赋值。例如：

```
int score[][];               //声明二维整型数组 score
score = new int[3][3];       //定义 score 中包含 3×3 共 9 个元素
score[0][0] = 1;             //为第 1 个元素赋值
score[0][1] = 2;             //为第 2 个元素赋值
score[0][2] = 3;             //为第 3 个元素赋值
score[1][0] = 4;             //为第 4 个元素赋值
  …
score[2][2] = 9;             //为第 9 个元素赋值
```

②直接定义大小而后赋值。例如：

```
//定义二维整型数组 score 中包含 3×3 共 9 个元素
int[][] score = new int[3][3];
score[0][0] = 1;             //为第 1 个元素赋值
 …
score[2][2] = 9;             //为第 9 个元素赋值
```

③由初始化值的个数确定数组的大小。在元素个数较少且初值已确定时通常采用此种方式。例如：

```
int score [][] = {{1,2,3},{4,5,6},{7,8,9}};//由元素个数确定 3 行 3 列
```

举例：求 2 名学生 2 门课的总成绩。

```
import java.util.Scanner;
public class Score {
  public static void main(String[] args) {
```

```
        Scanner in = new Scanner(System.in);
        //定义求2名学生总成绩的sum数组,默认赋值为0
        int[] sum = new int[2];
        //定义二维数组(2行2列)分别存放2名学生的2门成绩
        int[][] score = new int[2][2];
        //利用循环输入成绩并进行求和
        for (int i = 0; i < 2; i++) {
          System.out.println("请输入第" + (i + 1) + "个学生的成绩:");
          for (int j = 0; j < 2; j++) {
            System.out.println("请输入第" + (j + 1) + "门课的成绩:");
            score[i][j] = in.nextInt();
            sum[i] = sum[i] + score[i][j];
          }
        }
        //利用循环输出2名学生的总成绩
        for (int i = 0; i < 2; i++) {
          System.out.println("第" + (i + 1) + "个学生的总成绩为:");
          System.out.println(sum[i]);
        }
      }
    }
```

运行结果如图 3-3-2 所示。

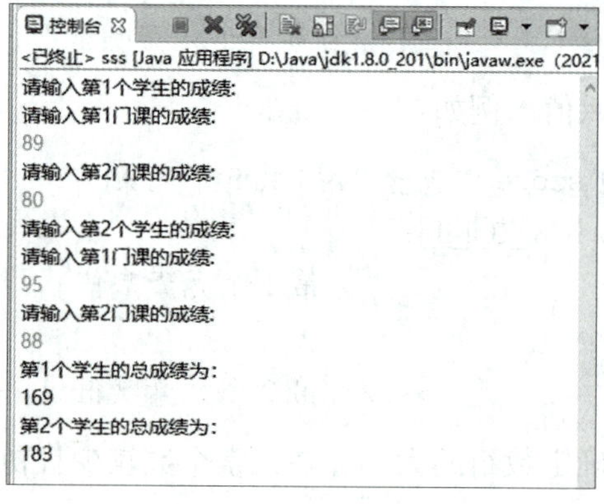


图 3-3-2　学生总成绩运行结果

## 任务描述

淘淘乐购管理系统中需要录入多个会员信息，利用一般的变量只能存取一个会员信息，本任务主要是通过数组来完成系统中多个会员信息的添加与输出。

## 任务分析

(1)利用 Scanner 类及不同的 next()方法从控制台获取键盘输入的会员信息。

(2)通过创建二维数组的方法来实现多个会员信息的存取。

(3)利用循环和二维数组实现多个会员信息的输入与输出。

## 任务实施

(1)打开“SuperMarketManager”项目，在项目“SuperMarketManager”的“src”包中新建一个包，名为“entity”，如图 3-3-3 所示。

(2)在“entity”包中新建一个类，类名为 CustInformation，如图 3-3-4 所示。

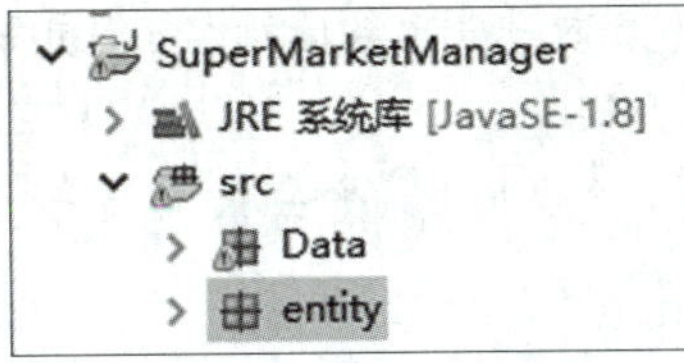


图 3-3-3 创建“entity”包

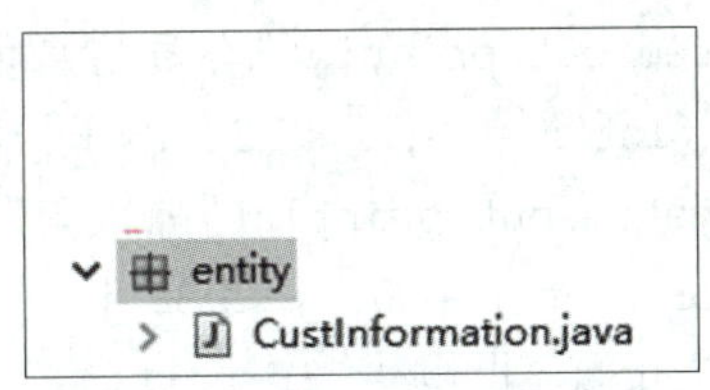


图 3-3-4 新建 CustInformation 类

(3)创建二维数组 cust 来存放会员的信息，假设存放 2 名会员的信息，会员信息包括 3 列，则需要将二维数组定义为 2 行 3 列，表示可以输入 2 名会员的信息。

```
String[][] cust = new String[2][3];
```

(4)利用输入类 Scanner 和 for 循环语句进行数组元素的输入。

```
Scanner in = new Scanner(System.in);
String[][] cust = new String[2][3];
for(int i = 0;i<2;i++)
  {System.out.println("输入第" + (i + 1) + "个会员的信息");
    for(int j = 0;j<3;j++) {
      cust[i][j] = in.next();
    }
}
```

(5)利用 for 循环进行会员信息的输出打印。

```
System.out.println("\t 会员信息");
System.out.println("会员卡号\t\t 会员姓名\t\t 会员积分\t");
for(int i = 0;i<2;i++)
{
  for(int j = 0;j<3;j++) {
    System.out.print(cust[i][j]);
```

```
            System.out.print('\t');
        }
        System.out.println('\n');
    }
```

(6)CustInformation 类中的完整源代码如下：

```
package entity;
import java.util.Scanner;
public class CustInformation {
    public static void main(String[] args) {
        Scanner in = new Scanner(System.in);
        String[][] cust = new String[2][3];
        System.out.println("会员信息依次为会员卡号、会员姓名、会员积分");
        for (int i = 0; i < 2; i++) {
            System.out.println("输入第" + (i + 1) + "个会员的信息");
            for (int j = 0; j < 3; j++) {
                cust[i][j] = in.next();
            }
        }
        System.out.println("\t会员信息");
        System.out.println("会员卡号\t\t会员姓名\t\t会员积分\t");
        for (int i = 0; i < 2; i++) {
            for (int j = 0; j < 3; j++) {
                System.out.print(cust[i][j]);
                System.out.print('\t');
            }
            System.out.println('\n');
        }
    }
}
```

(7)运行测试 CustInformation 类，结果如图 3-3-5 所示。

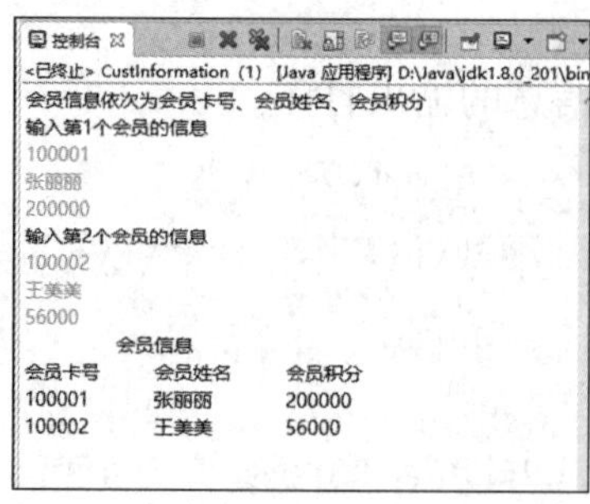


图 3-3-5　会员信息输出结果

## 任务小结

本任务通过数组的学习，进行思政的渗透教育，在数组定义中通过具有相同数据类型的数的集合，告诫学生物以类聚，人以群分，近朱者赤，近墨者黑，交友慎重能很大程度上影响一个人的发展轨迹。在数组的应用上要求学生注重有序、知行合一、精益求精的工匠精神，在潜移默化中培育社会主义核心价值观，提高综合职业素养，发扬社会主义职业精神。

## 自我评价

<table>
<tr><td colspan="2">课程名称:Java 程序设计</td><td colspan="3">授课地点:</td></tr>
<tr><td colspan="2">学习任务 3：Java 数组</td><td colspan="2">授课教师:</td><td>授课学时:4</td></tr>
<tr><td colspan="2">课程性质:理实一体课程</td><td colspan="3">综合评分:</td></tr>
<tr><td colspan="5">知识掌握情况评分(20 分)</td></tr>
<tr><td>序号</td><td>知识考核点</td><td>教师评价</td><td>分数</td><td>得分</td></tr>
<tr><td>1</td><td>一维数组的定义与应用</td><td></td><td>10</td><td></td></tr>
<tr><td>2</td><td>二维数组的定义与应用</td><td></td><td>10</td><td></td></tr>
<tr><td colspan="5">工作任务完成情况评分(50 分)</td></tr>
<tr><td>序号</td><td>能力操作考核点</td><td>教师评价</td><td>分数</td><td>得分</td></tr>
<tr><td>1</td><td>利用 Scanner 类以及不同的 next()方法从控制台获取键盘输入的会员信息</td><td></td><td>5</td><td></td></tr>
<tr><td>2</td><td>通过创建二维数组的方法来实现多个会员信息的存取</td><td></td><td>10</td><td></td></tr>
<tr><td>3</td><td>利用循环和二维数组实现多个会员信息的输入与输出。</td><td></td><td>10</td><td></td></tr>
<tr><td>4</td><td>程序排错的能力</td><td></td><td>10</td><td></td></tr>
<tr><td>5</td><td>与组员的配合团队精神、协调能力</td><td></td><td>10</td><td></td></tr>
<tr><td>6</td><td>精神面貌、专业自信、工匠精神、职业素养</td><td></td><td>5</td><td></td></tr>
<tr><td colspan="5">课堂表现情况评分(20 分)</td></tr>
<tr><td>序号</td><td>课堂表现考核点</td><td>教师评价</td><td>分数</td><td>得分</td></tr>
<tr><td>1</td><td>课堂过程表现(签到、互动、抢答、讨论、演示)</td><td></td><td>10</td><td></td></tr>
<tr><td>2</td><td>课堂实训效果(教师评价＋组间评价＋组内互评)</td><td></td><td>10</td><td></td></tr>
<tr><td colspan="5">任务总结反思(10)分</td></tr>
<tr><td colspan="5"></td></tr>
</table>

## 习 题

### 一、选择题

1. 下列语句执行后，i 的值是(　　)。

```
for(int i = 0, j = 1; j < 5; j + = 3)
i = i + j;
```

A. 4　　B. 5　　C. 6　　D. 7

2. 设 int 型变量 a、b，float 型变量 x、y，char 型变量 ch 均已正确定义并赋值，下面 switch 语句正确的是(　　)。

A. switch (x+y)　　B. switch (ch+1)
C. switch ch　　D. switch (a+x);

3. 能从循环语句的循环体中跳出的语句是(　　)。

A. for 语句　　B. break 语句　　C. while 语句　　D. continue 语句

4. 以下(　　)代码能够对数组进行正确的初始化。

A. int[] a;
B. a = {1, 2, 3, 4, 5};
C. int[] a = new int[5]{1, 2, 3, 4, 5};
D. int[] a = new int[5];

5. 数组 a 的第三个元素表示为(　　)。

A. a(3)　　B. a[3]　　C. a(2)　　D. a[2]

### 二、填空题

1. 结构化程序设计的三种基本流程控制结构是________、________和________。

2. 数组的元素通过________来访问，数组 Array 的长度为________。

3. 数组初始化包括________。

4. 下列语句序列执行后，i 的值是________。

```
int i = 10;
do {
  i/ = 2; } while(i>1);
```

5. 设有整型数组的定义“int a[]=new int[8];”，则 a. length 的值为________。

### 三、问答编程题

1. 什么是循环结构？Java 有哪几种循环语句？

2. 编写应用程序，求 1!+2!+……+10! 的和。

3. 求 s=a+aa+aaa+aaaa+aa…a 的值，其中 a 是一个数字。例如，2+22+222+2222+22222(此时共有 5 个数相加)，具体几个数相加由键盘控制。

4. 通过键盘输入 10 个整数，并按照从小到大的顺序排列输出。

# 项目四 Java类与对象

面向对象编程基本思想是从现实世界中客观存在的事物(对象)出发来构造软件系统,并在系统构造中尽可能地运用人类的思维方式。而Java语言是一种纯面向对象的编程语言,面向对象的程序设计是以类为基础的。本项目将从类与对象入手,详细介绍面向对象程序设计的基本思想和方法,主要包括面向对象的基本概念、类、构造方法、方法调用等。

## 学习目标

◎ 理解面向对象的概念。
◎ 掌握类与对象之间的关系、定义及使用。
◎ 掌握构造方法的定义格式、调用格式及重载过程。
◎ 掌握类的修饰符及作用。

## 素质目标

◎ 让学生具备深刻理解、分析与归纳的能力,追求程序员精益求精、严谨的精神。
◎ 引导学生自主探索学习、动手实操,耻于抄袭,培养学生的诚信原则。
◎ 引导学生学习高效沟通的能力,培养学生团队合作、大局与协作意识。
◎ 引导学生在学习生活中做好分类计划,合理规划时间。

## 项目分析

在学习面向对象过程中,需要用到很多具体的对象,而很多对象有相似或相同的属性和方法,所以模板的使用显得尤为重要。模板在面向对象中实际上就是类,而对象是由这个模板产生的一个实例。本项目主要通过类、对象和方法的调用实现淘淘乐购管理系统会员信息的添加、删除、修改、查询和显示功能。

# 任务一 类与对象

## 知识储备

### 1. 面向对象概述

视频
类与对象

随着计算机应用的深入，软件的需求量越来越大，另一方面计算机硬件的飞速发展也使得软件的规模越来越大，导致软件的生产、调试、维护越来越困难，因而发生软件危机。人们期待着一种效率高、简单、易理解且更加符合人们思维习惯的程序设计语言，以加快软件的开发进度，缩短软件开发生命周期，因此，面向对象应运而生。

#### 1）面向对象的概念

面向对象的方法将系统看作现实世界对象的集合，在现实世界中包含被归类的对象。面向对象系统是以类为基础的，把一系列具有共同属性和行为的对象划归为一类。

属性代表类的特性，行为代表由类完成的操作。例如，汽车类中定义了汽车的属性为车轮个数、颜色、型号、发动机的能量等；类的行为为起动、行驶、加速、停止等。

对象是类的一个实例，它展示了类的属性和行为。例如，红旗牌轿车就是汽车类的一个对象。

#### 2）面向对象的特性

Java 面向对象的三大特征如下：

（1）封装性。封装是面向对象的核心思想，它有两层含义，一层是指把对象的属性和行为看成一个密不可分的整体，将这两者封装在一起（封装在对象中）；另外一层含义指信息隐藏，将不想让外界知道的信息隐藏起来。例如，驾校的学员学开车，只需要知道如何操作汽车，无需知道汽车内部是如何工作的。

（2）继承性。继承性主要描述的是类与类之间的关系，通过继承，可以在无需重新编写原有类的情况下对原有类的功能进行扩展。例如，有一个汽车类，该类描述了汽车的普通特性和功能。进一步产生轿车类，而轿车类中不仅应该包含汽车的普通特性和功能，还应该增加轿车特有的功能，这时，可以让轿车类继承汽车类，在轿车类中单独添加轿车特性和方法就可以了。继承不仅增强了代码的复用性，提高了开发效率，还降低了程序产生错误的可能性，为程序的维护及扩展提供了便利。

（3）多态性。多态性是指在一个类中定义的属性和方法被其他类继承后，它们可以具有不同的数据类型或表现出不同的行为，这使得同一个属性和方法在不同的类中具有不同的语义。例如，汽车和飞机同样为交通工具，汽车在陆地上行驶，而飞机在天空中飞行，所以不同的对象所表现的行为是不一样的。多态的特性使程序更抽象、更便捷，有助于开发人员设

计程序时分组协同开发。

**3)面向对象的优点**

(1)现实的模型。我们生活在一个充满对象的现实世界中,从逻辑理念上讲,用面向对象的方法来描述现实世界的模型比传统的过程和方法更符合人的思维习惯。

(2)重用性。在面向对象的程序设计过程中创建了类,这些类可以被其他应用程序重用,从而节省程序的开发时间和费用,也有利于程序的维护。

(3)可扩展性。面向对象的程序设计方法有利于应用系统的更新换代。当对一个应用系统进行某项修改或增加某项功能时,不需要完全丢弃旧的系统,只需对要修改的部分进行调整或增加功能即可。可扩展性是面向对象程序设计的主要优点之一。

## 2. 面向对象 Java 的实现

Java 是一门面向对象的语言,其一个重要的思想就是万物皆对象。而类是 Java 的核心内容,它是一种逻辑结构,定义了对象的结构,可以由一个类得到众多相似的对象。从某种意义上说,类是 Java 面向对象的基础。Java 与 C++不同,它是一门完全的面向对象语言,它的任何工作都要在类中进行。

可以把客观世界中的每一个实体都看作一个对象,如一个人、一辆汽车、一个按钮、一只鸟等。因此,对象可以简单定义为:展示一些定义好行为的、有形的实体。当然在程序开发中,对象的定义并不局限于看得见摸得着的实体。例如,一个贸易公司,它作为一个机构,并没有物理上的形状,但具有概念上的形状,它有明确的经营目的和业务活动。根据面向对象的倡导者 Grady Booch 的理论,对象具有如下特性:

(1)它具有一种状态;

(2)它可以展示一种行为;

(3)它具有唯一的标识。

对象的状态通过一系列属性及其属性值来表示;对象的行为是指在一定期间内属性的改变;标识是用来识别对象的,每一个对象都有唯一的标识。例如,每个人都有唯一的特征,在社会活动中,使用身份证号码来识别。

我们生活在一个充满对象的世界中,放眼望去,能看到不同形状、不同大小和颜色各异的对象,静止的和移动的对象。借鉴于动物学家将动物分成纲、科、属、种等的方法,我们也可以把这些对象按照它们所拥有的共同属性进行分类。例如,麻雀、鸽子、燕子等都是鸟,它们具有一些共同的特性:有羽毛、有飞翔能力、下蛋孵化下一代等。因此可以把它们归属为鸟类。

所以可以简单地把类定义为具有共同属性和行为的一系列对象。

**明德树人**

时间管理又称时间分类,是通过事先规划、采用一定的方法与工具实现对时间的灵活及有效运用,从而实现个人或组织的既定目标的过程。我们在工作中也要学会对项目进行整理归类,并根据项目的轻重缓急来进行安排和处理,有效地提高工作效率。

## 3. 类

面向对象的程序设计是以类为基础的，Java 的重要思想是万物皆对象，也就是说在 Java 中把所有现实中的一切人和物都看作对象，而类就是它们的一般形式。Java 程序是由类构成的。一个 Java 程序至少包含一个或一个以上的类。

类实际上是定义一个模板，而对象是由这个模板产生的一个实例。程序编写就是抽象出这些事物的共同点，用程序语言的形式表达出来。实际上前面的程序中也是在类中实现的，不过全在类中的 main 方法中演示程序的使用，没有体现面向对象编程的思想。本项目主要讲解 Java 类的相关知识，包括类的形式、类包含的内容属性和方法。

### 1)类的定义

类是对现实世界中实体的抽象，类是一组具有共同特征和行为的对象的抽象描述。因此，一个类的定义包括如下两个方面：定义属于该类对象共有的属性（属性的类型和名称）；定义属于该类对象共有的行为（所能执行的操作即方法）。

类包含类的声明和类体两部分，定义类的一般格式如下：

```
[访问限定符][修饰符] class 类名 [extends 父类名][implements 接口名列表]
                        //类的声明
{                       //类体开始标志
类型 实例变量名；        //属性说明(类的成员变量说明)
类型 实例变量名；        //属性说明
…
类型 方法名(参数){       //行为定义(类的成员方法定义)
…                       //方法内容
}
…
}                       //类体结束标志
```

对类声明的格式说明如下：

(1)方括号[]中的内容为可选项，在下边的格式说明中意义相同，不再重述。

(2)访问限定符的作用是确定该定义类可以被哪些类使用。可用的访问限定符如下：

①public 表明是公有的。可以在任何 Java 程序中的任何对象里使用的公有的类。该限定符也用于限定成员变量和方法。如果定义类时使用 public 进行限定，则类所在的文件名必须与此类名相同（包括大小写）。

②private 表明是私有的。该限定符可用于定义内部类，也可用于限定成员变量和方法。

③protected 表明是保护的。只能为其子类所访问。

④默认访问。若没有访问限定符，则系统默认是友元的 (friendly)类。友元的类可以被本类包中的所有类访问。

(3)修饰符的作用是确定该定义类如何被其他类使用。可用的类修饰符如下：

①abstract 说明该类是抽象类。抽象类不能直接生成对象。

②final 说明该类是最终类，最终类是不能被继承的。

(4)class 是关键字,定义类的标志(注意全是小写)。

(5)类名是该类的名字,是一个 Java 标识符,含义应该明确。一般情况下单词首字母大写。

(6)父类名跟在关键字 extends 后,说明所定义的类是该父类的子类,它将继承该父类的属性和行为。父类可以是 Java 类库中的类,也可以是本程序或其他程序中定义的类。

(7)接口名列表是接口名的一个列表,跟在关键字 implements 后,说明所定义的类要实现列表中的所有接口。一个类可以实现多个接口,接口名之间以逗号分隔。如前所述,Java 不支持多重继承,类似多重继承的功能是靠接口实现的。

**2)成员变量**

成员变量用来表明类的特征(属性)。声明或定义成员变量的一般格式如下:

```
[访问限定符][修饰符] 数据类型 成员变量名[=初始值];
```

其中:

(1)访问限定符用于限定成员变量被其他类中的对象访问的权限,与类访问限定符类似。

(2)修饰符用来确定成员变量如何在其他类中使用。可用的修饰符如下:

①static 表明声明的成员变量为静态的。静态成员变量的值可以由该类所有的对象共享,它属于类,而不属于该类的某个对象。即使不创建对象,使用“类名.静态成员变量”也可访问静态成员变量。

②final 表明声明的成员变量是一个最终变量,即常量。

③transient 表明声明的成员变量是一个暂时性成员变量。一般来说,成员变量是类对象的一部分,与对象一起被存档(保存),但暂时性成员变量不被保存。

④volatile 表明声明的成员变量在多线程环境下的并发线程中将保持变量的一致性。

(3)数据类型可以是简单的数据类型,也可以是类、字符串等类型,它表明成员变量的数据类型。

**3)成员方法**

成员方法用来实现类的行为。方法也包含两部分:方法声明和方法体(操作代码)。

定义方法的格式如下:

```
[访问限定符][修饰符]返回值类型 方法名([形式参数表]){
[变量声明]                    //方法体内的变量,局部变量
[程序代码]                    //方法的主体代码
[return[表达式]]              //返回语句
}
```

在方法声明中:

(1)访问限定符如前所述。

(2)修饰符用于表明方法的使用方式。可用于方法的修饰符如下:

①abstract 说明该方法是抽象方法,即没有方法体,只有由{}引起的空体方法。

②final 说明该方法是最终方法,即不能被重写。

③static 说明该方法是静态方法,可通过类名直接调用。

④native 说明该方法是本地化方法,它集成了其他语言的代码。

⑤synchronized 说明该方法用于多线程中的同步处理。

(3)返回值类型应是合法的 Java 数据类型。方法可以返回值,也可以不返回值,视具体需要而定。如果方法没有返回值,可用 void(空值)指定,则 return 语句可以省略。

(4)方法名是合法 Java 标识符,声明了方法的名字。

(5)形式参数表说明方法所需要的参数,有两个以上参数时,用","分隔各参数,说明参数时,应声明它的数据类型。

(6)throws 异常表定义在执行方法的过程中可能抛出的异常对象的列表。

方法体内是完成类行为的操作代码。根据具体需要,有时会修改或获取对象的某个属性值,也会访问列出对象的相关属性值。

**4)举例**

定义一个 Person 类,具有姓名、性别、年龄的属性,具有吃饭、睡觉的成员方法,代码如下:

```
public class Person {                //定义一个 Person 类
  public String name;                //定义成员变量姓名 name
  public String sex;                 //定义成员变量性别 sex
  public int age;                    //定义成员变量年龄 age
  public void eat() {                //定义成员方法 eat()
    System.out.println("她在吃饭");
  }
  public void sleep() {              //定义成员方法 sleep()
    System.out.println("她在睡觉");
  }
}
```

这是一个 Person 类的定义,包括类的声明、成员变量的声明和成员方法的定义。

## 4. 对象

我们已经定义了人(Person)类,但它只是从人类中抽象出来的模板,要处理一个具体对象的具体信息,必须按这个模板构造出一个具体的人来,也就是 Person 类的一个实例,称为对象。

**1)对象的创建和使用**

使用一个对象,首先需要创建对象。创建对象首先要声明一个该类类型的变量,这个变量并不是对象本身,而是通过它可以引用一个实际的对象,然后获得类的一个实例对象把它赋值给该变量,这个过程是通过 new 运算符完成的,new 运算符完成的实际工作是为对象分配内存。

(1)声明对象。声明对象的一般格式如下:

```
类名 对象名;
```

例如:

```
Person p1,p2;      //声明两个 Person 类的对象
Float f1,f2;       //声明两个 Float 类的对象
```

声明对象后，系统还没有为对象分配存储空间，只是建立了空的引用，通常称之为空对象(null)，因此对象还不能使用。

(2)创建对象。对象只有在创建后才能使用，创建对象的一般格式如下：

```
对象名 = new 类构造方法名([实参表]);
```

其中，类构造方法名就是类名，new 运算符用于为对象分配存储空间，它调用构造方法，获得对象的引用(对象在内存中的地址)。

例如：

```
//创建一个 Person 类对象 p1 并赋值为“张英，女，23”
p1 = new Person("张英","女","23");
f1 = new Float(30f); //创建一个 Float 类对象 f1 并赋值为“30f”
```

声明对象和创建对象也可以合并为一条语句，其一般格式如下：

```
类名 对象名 = new 类构造方法名([实参表]);
```

例如：

```
Person p1 = new Person("张英","女","23");
Float f1 = new Float(30f);
```

(3)引用对象。在创建对象之后，就可以引用对象了。引用对象的成员变量或成员方法需要使用对象运算符“.”。

引用成员变量的一般格式如下：

```
对象名.成员变量名;
```

引用成员方法的一般格式如下：

```
对象名.成员方法名([实参列表]);
```

在创建对象时，某些属性没有确定的值，后面可以修改这些属性值。

例如：

```
Person p2 = new Person("丽丽","女","");
```

对象 p2 的年龄给了空值，可以通过下面的语句修正：

```
p2.age = "20";
```

如果名字中出现错误，那么也可以通过调用方法更正名字：

```
p2.setName("李丽");
```

**2)举例**

根据 Person 类创建一个 Person 类对象，并显示其对象的属性和方法，代码如下：

```
import java.util.Scanner;            //导入输入类包
public class Person {                //声明类 Person
  public String name;                //定义成员变量
```

```
    public String sex;
    public int age;
    public void eat() {                         // 定义成员方法 eat()
        System.out.println("\t 她在吃饭!");
    }
    public void sleep() {                       // 定义成员方法 sleep()
        System.out.println("\t 她在睡觉!");
    }
    public static void main(String[] args) {    //main 方法
    Scanner in = new Scanner(System.in);        //创建输入类对象 in
    Person p1 = new Person();                   //声明并创建一个对象 p1
    System.out.println("*********Person 类对象测试*********");
    System.out.println("请输入 Person 类对象的姓名:");
    p1.name = in.next();                        //通过键盘输入对象姓名
    System.out.println("请输入 Person 对象的性别:");
    p1.sex = in.next();                         //通过键盘输入对象性别
    System.out.println("请输入 Person 对象的年龄:");
    p1.age = in.nextInt();                      //通过键盘输入对象年龄
    System.out.println("Person 类对象信息如下:");
    System.out.println("\t 姓名\t\t 性别\t\t 年龄");
    System.out.println("\t" + p1.name + "\t\t" + p1.sex + "\t\t" + p1.age);
                                                //输出对象的所有属性
    System.out.println("Person 对象的行为如下:");
    p1.sleep();                                 //输出对象的 sleep 方法行为
    p1.eat();                                   //输出对象的 eat 方法行为
    }
}
```

运行测试效果如图 4-1-1 所示。

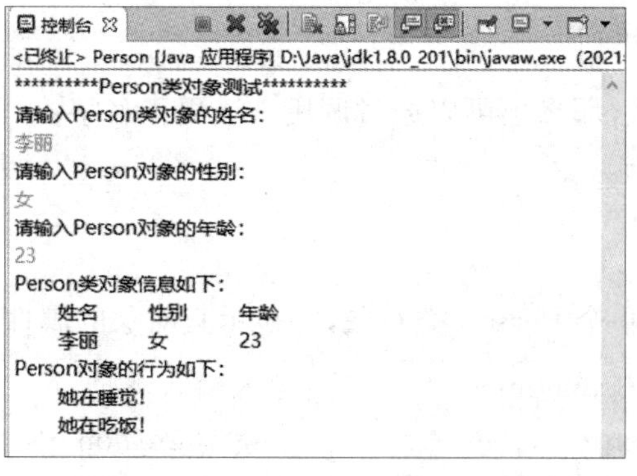


图 4-1-1　创建类对象运行结果

> **注意：**对象的创建和使用必须在方法中应用，类的内部只有变量的声明和方法的定义，此例中只有主方法，没有其他成员变量和成员方法，所有的操作都在 main() 方法中完成。

## 任务描述

淘淘乐购管理系统后台需要对会员信息进行管理，需要设计会员信息类，会员信息中主要包括会员卡号、会员姓名、会员生日、会员积分。本任务主要利用类与对象的知识输出系统中的会员信息。

## 任务分析

(1)利用 Scanner 类实现会员信息的键盘输入。

(2)利用类的定义创建会员类 CustTest，声明类的属性和方法。

(3)利用对象的声明创建对象并能进行会员对象的引用。

(4)输出并打印会员的详细信息。

## 任务实施

(1)打开“SuperMarketManager”项目，在项目“SuperMarketManager”的“src”包中新建一个包，名为“data”，如图 4-1-2 所示。

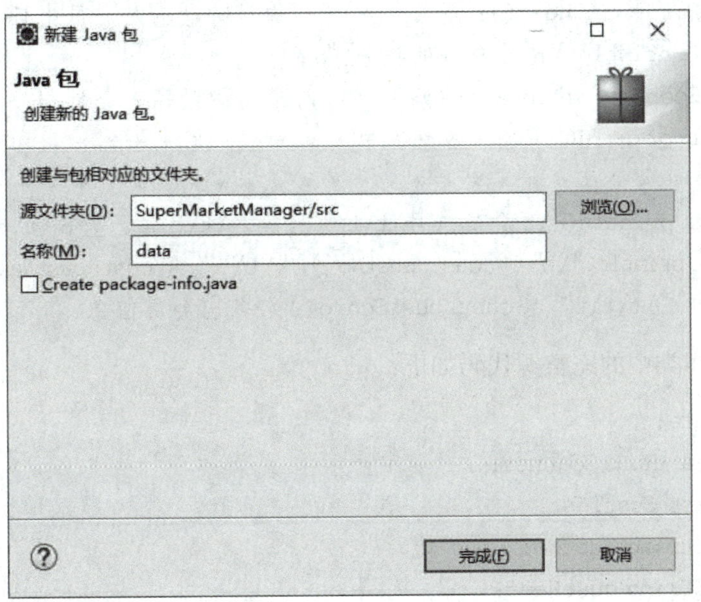


图 4-1-2　创建“data”包

(2)在包“data”中新建一个类，名为 CustTest，此类主要是进行会员信息测试，如图 4-1-3 所示。

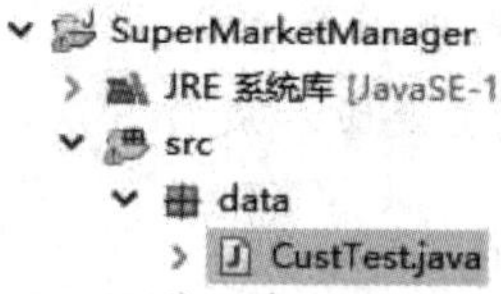

SuperMarketManager
JRE 系统库 [JavaSE-1.8]
src
data
CustTest.java

图 4-1-3　新建 CustTest 类

(3)在 CustTest 类中进行类的属性和方法的声明定义。

```
public String custNo;           //声明会员类的属性会员卡号
public String custName;         //声明会员类的属性会员姓名
public String custBir;          //声明会员类的属性会员生日
public int custScore;           //声明会员类的属性会员积分
```

(4)在主方法中创建一个会员类对象 cust,通过键盘输入会员信息并进行输出。

```
CustTest cust = new CustTest();       //创建会员类对象 cust
System.out.println("********************会员信息测试****************************");
System.out.println("请输会员的卡号:");
cust.custNo = in.next();              //通过键盘输入会员卡号
System.out.println("请输会员的姓名:");
cust.custName = in.next();            //通过键盘输入会员姓名
System.out.println("请输会员的生日:");
cust.custBir = in.next();             //通过键盘输入会员生日
System.out.println("请输会员的积分:");
cust.custScore = in.nextInt();        //通过键盘输入会员积分
System.out.println("*************************会员信息*******************************");
System.out.println("\t会员卡号\t\t会员姓名\t\t会员生日\t\t会员积分");
System.out.println("\t" + cust.custNo + "\t\t" + cust.custName + "\t\t" + cust.custBir + "\t\t\t" + cust.custScore); //输出会员信息
```

(5)CustTest 类中的完整源代码如下:

```
package data;
import java.util.Scanner;
public class CustTest {
  public String custNo;
  public String custName;
  public String custBir;
  public int custScore;
  public static void main(String[] args) {
```

```
        Scanner in = new Scanner(System.in);
        CustTest cust = new CustTest();
        System.out.println("************************
**会员信息测试**************************");
        System.out.println("请输会员的卡号:");
        cust.custNo = in.next();
        System.out.println("请输会员的姓名:");
        cust.custName = in.next();
        System.out.println("请输会员的生日:");
        cust.custBir = in.next();
        System.out.println("请输会员的积分:");
        cust.custScore = in.nextInt();
        System.out.println("*************************
****会员信息****************************");
        System.out.println("\t会员卡号\t\t会员姓名\t\t会员生日\t\t会员积分");
        System.out.println("\t" + cust.custNo + "\t\t" + cust.custName + "\t\t"
+ cust.custBir + "\t\t\t" + cust.custScore);
    }
}
```

(6)运行测试效果如图 4-1-4 所示。

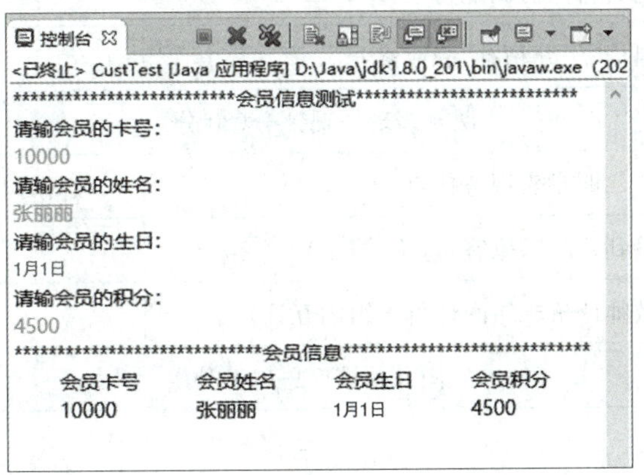


图 4-1-4 CustTest 类运行结果

## 任务小结

本任务通过 Java 类与对象的学习,进行思政的渗透教育,培养学生在学习生活中做好分类计划、合理规划时间、有效进行时间管理的习惯,使学生在潜移默化中培育社会主义核心价值观,提高综合职业素养,发扬工匠精神,建立技术专业自豪感。

## 自我评价

| 课程名称:Java 程序设计 | | 授课地点: | | |
|---|---|---|---|---|
| 学习任务 1:类与对象 | | 授课教师: | | 授课学时:4 |
| 课程性质:理实一体课程 | | 综合评分: | | |
| 知识掌握情况评分(20 分) | | | | |
| 序号 | 知识考核点 | 教师评价 | 分数 | 得分 |
| 1 | 面向对象特征 | | 5 | |
| 2 | 类的定义、类的属性和方法定义 | | 10 | |
| 3 | 对象的创建和使用 | | 5 | |
| 工作任务完成情况评分(50 分) | | | | |
| 序号 | 能力操作考核点 | 教师评价 | 分数 | 得分 |
| 1 | 利用 Scanner 类实现会员信息的键盘输入 | | 5 | |
| 2 | 利用类的定义创建会员类 Cust，声明类的属性和方法 | | 10 | |
| 3 | 利用对象的声明创建对象并能进行会员对象的引用 | | 10 | |
| 4 | 程序排错的能力 | | 5 | |
| 5 | 与组员的配合团队精神、协调能力 | | 10 | |
| 6 | 精神面貌、专业自信、工匠精神、职业素养 | | 10 | |
| 课堂表现情况评分(20 分) | | | | |
| 序号 | 课堂表现考核点 | 教师评价 | 分数 | 得分 |
| 1 | 课堂过程表现(签到、互动、抢答、讨论、演示) | | 10 | |
| 2 | 课堂实训效果(教师评价+组间评价+组内互评) | | 10 | |
| 任务总结反思(10)分 | | | | |
| | | | | |

# 任务二 方 法

## 知识储备

方法可以简化程序的结构，也可以节省编写相同程序代码的时间，达到程序模块化的目的。其实在每一个类中出现的 main()就是一个方法。使用方法来编写程序代码有相当多的好处，它可简化程序代码、精简程序流程，并把具有特定功能的程序代码独立出来，使程序的维护成本降低。

视频
方法

### 1. 一般方法

#### 1)方法的定义

方法定义的格式如下：

```
返回值类型 方法名称(类型 参数 1,类型 参数 2,…)
{
程序语句;        } 方法主体
return 表达式;   }
}
```

**注意：**如果不需要传递参数到方法中，只需将括号写出，不必填入任何内容。此外，如果方法没有返回值，则 return 语句可以省略。

#### 2)方法举例

在“SuperMarketManager”项目的“view”包中创建一个类，名为 SuperMarket，将“view”包中制作的 Login、SuperMain、CustInformationManager 三个界面的类内容放到 SuperMarket 类中，作为类的三种方法，方法名分别为 loginshow()、supermainshow()、custinformationmanagershow()。代码如下：

```
package view;
import java.util.Scanner;                //导入输入类包
public class SuperMarket {               //创建 SuperMarket 类
//定义方法 loginshow()
public void loginshow() {
  int i;
  String answer = "yes";
  Scanner in = new Scanner(System.in);
```

```
        while (answer.equals("yes")) {
        System.out.println("\t\t 欢迎使用淘淘乐购管理系统");
        System.out.println("*****************************
************************");
         System.out.println("\t\t   1.登录系统");
         System.out.println("\t\t   2.退出");
         System.out.println("*****************************
************************");
         System.out.println("请选择数字(1-2):");
         i = in.nextInt();
         switch (i) {
           case 1:
             System.out.println("登录成功!");
             break;
           case 2:
             System.out.println("退出系统!");
             break;
           default:
             System.out.println("输入错误,请输入1-2之间的数字!");
             break;
           }
           System.out.println("你需要重新选择么? yes 或者 no");
           answer = in.next();
         }
        System.out.println("本次操作已经退出,请重新运行系统!");
    }
    //定义方法 supermainshow()
    public void supermainshow() {
        Scanner in = new Scanner(System.in);
        String answer = "yes";
        while (answer.equals("yes")) {
        System.out.println("\t\t 欢迎使用淘淘乐购管理系统");
        System.out.println("*****************************
************************");
         System.out.println("\t\t   1.会员信息管理");
         System.out.println("\t\t   2.购物结算");
         System.out.println("\t\t   3.真情回馈");
         System.out.println("\t\t   4.注销");
```

```
    System.out.println("**************************
***************************");
    System.out.println("请选择数字(1-4):");
    int i = in.nextInt();
    switch (i) {
     case 1:
       System.out.println("1.会员信息管理");
       break;
     case 2:
       System.out.println("2.购物结算");
       break;
     case 3:
       System.out.println("3.真情回馈");
       break;
     case 4:
       System.out.println("4.注销");
       break;
     default:
       System.out.println("输入错误,请输入1-4之间的数字!");
       break;
     }
     System.out.println("你需要重新选择么? yes 或者 no");
     answer = in.next();
   }
   System.out.println("本次操作已经退出,请重新运行系统!");
 }
 //定义方法 custinformationmanagershow()
 public void custinformationmanagershow() {
   String answer = "yes";
   Scanner in = new Scanner(System.in);
   while (answer.equals("yes")) {
     System.out.print("\n\t\t 淘淘乐购管理系统 > 会员信息管理 \n");
     System.out.println("\t**************************
***************************");
     System.out.println("\t\t 1.添加会员信息");
     System.out.println("\t\t 2.修改会员信息");
     System.out.println("\t\t 3.查询会员信息");
     System.out.println("\t\t 4.显示会员信息");
```

```
        System.out.println("\t\t 5.删除会员信息");
        System.out.println("\t***************************
*************************");
        System.out.println("请选择数字(1-5):");
        int i = in.nextInt();
        switch (i) {
         case 1:
           System.out.println("1.添加会员信息");
           break;
         case 2:
           System.out.println("2.修改会员信息");
           break;
         case 3:
           System.out.println("3.查询会员信息");
           break;
         case 4:
           System.out.println("4.显示会员信息");
           break;
         case 5:
           System.out.println("5.删除会员信息");
           break;
         default:
           System.out.println("输入错误,请输入 1-5 之间的数字!");
           break;
         }
         System.out.println("你需要重新选择么? yes 或者 no");
         answer = in.next();
       }
      System.out.println("本次操作已经退出,请重新运行系统!");
    }
  }
```

## 2. 构造方法

在前面讲解对象内容时,创建对象使用的语句"Person p1=new Person();"实际上是调用了一个方法,不过这个方法是系统自带的,因为这个方法被用来构造对象,所以把它称为构造方法。

构造方法的作用是生成对象,并对对象的实例变量进行初始化。

### 1)构造方法的定义

构造方法的定义如下：

```
[public] 类名([形式参数列表])
{
[方法体]
}
```

**明德树人**

党的二十大报告提出，我们对新时代党和国家事业发展作出科学完整的战略部署，提出实现中华民族伟大复兴的中国梦，以中国式现代化推进中华民族伟大复兴，统揽伟大斗争、伟大工程、伟大事业、伟大梦想，明确“五位一体”总体布局和“四个全面”战略布局。在工作和生活中我们也应该确定总基调，进行统筹发展，学会科学管理与调度。

### 2)默认构造方法

如果在类中没有构造方法，那么在创建对象时，系统使用默认的构造方法。系统自带的默认构造方法把所有的数字变量设为 0，把所有的 boolean 型变量设为 false，把所有的对象变量设为 null。例如，Person 类的默认构造方法为 public Person(){}，实现的实际效果如下：

```
public Person()
{ name = null;
  sex = null;
  age = 0;
}
```

### 3)带参构造方法

构造方法的主要作用是用来对对象的变量进行初始化。如果不想把它们都初始化为默认值，就需要自己编写构造方法，通过有参数的构造方法可以把值传递给对象的变量。例如，为定义的 Person 类中添加带有参数的构造方法如下：

```
public Person(String name, String sex, String age) {
   this.name = name;
   this.sex = sex;
   this.age = age;
   }
```

构造方法除了没有返回值，且名称必须与类的名称相同之外，它的调用时机也与一般的方法不同。一般的方法是在需要时才调用，而构造方法则是在创建对象时便自动调用，并执行构造方法的内容。因此，构造方法无需在程序中直接调用，而是在对象产生时自动执行。基于构造方法的上述特性，可利用它对对象的数据成员进行初始化赋值。所谓初始化就是为对象赋初值。如果定义了带有参数的构造方法,再使用默认的构造方法,即“Person p1= new Person();”编译时会报错,只能使用程序中提供的构造方法来创建对象。要想再使用默认的构造方法,则需要再写一个无参数的构造方法。

**4)构造方法举例**

对 Person 类进行构造方法定义,代码如下:

```
//定义 Person 类
public class Person {
    public String name;
    public String sex;
    public int age;
/* 无参构造方法定义,输出“无参构造方法”语句(此构造方法不是默认构造方法)*/
    public Person(){
        System.out.println("无参构造方法");
    }
//有参构造方法定义,输出传递的参数值
public Person(String name, String sex, int age) {
        this.name = name;
        this.sex = sex;
        this.age = age;
        System.out.println("有参构造方法");
        System.out.println("姓名为:" + name + "\n 性别为:" + sex + "\n 年龄为:" + age);
    }
    public static void main(String args[])    {
        System.out.println("* * * * * * * * Person 类构造方法测试 * * * * * * * *");
        //创建 Person 类对象 p1,自动调用 Person 中的无参构造方法
        Person p1 = new Person();
        /* 创建 Person 类对象 p2,自动调用 Person 中的有参构造方法,并进行参数传递 */
        Person p2 = new Person("张丽","女",20);
    }

}
```

运行测试结果如图 4-2-1 所示。

在此例中,由于已经定义了自己的无参构造方法 public Person(),Java 不再执行默认的构造方法 public Person()。

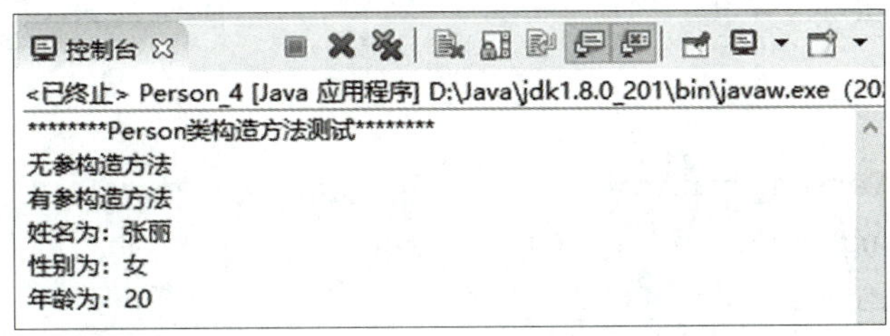
控制台
<已终止> Person_4 [Java 应用程序] D:\Java\jdk1.8.0_201\bin\javaw.exe (20
********Person类构造方法测试********
无参构造方法
有参构造方法
姓名为：张丽
性别为：女
年龄为：20

图 4-2-1 构造方法测试运行结果

**注意**：把构造方法的格式和成员方法的格式进行比较可以看出，构造方法是一个特殊的方法。应该严格按照构造方法的格式来编写构造方法，否则构造方法将不起作用。有关构造方法的格式强调如下：

(1)构造方法的命名必须和类名完全相同，在Java中普通方法可以和构造方法同名，但是必须带有返回值。

(2)访问限定符只能使用public或选择默认。一般声明为public，如果选择默认，则只能在同一个包中创建该类的对象。

(3)构造方法的功能主要用于在类的对象创建时定义初始化的状态。它没有返回值，也不能用void来修饰。这就保证了它不仅什么也不用自动返回，而且根本不能有任何选择。而其他方法都有返回值，即使是void返回值。尽管方法体本身不会自动返回什么，但仍然可以让它返回一些东西，而这些东西可能是不安全的。

(4)构造方法不能被直接调用，必须通过new运算符在创建对象时才会自动调用；而一般的方法是在程序执行到它时被调用。

(5)当定义一个类时，通常情况下会显示该类的构造方法，且在方法中指定初始化的工作也可省略，不过Java编译器会提供一个默认的构造方法。此默认构造方法是不带参数的。而一般的方法不存在这一特点。

(6)当一个类只定义了私有的构造方法时，将无法通过new关键字来创建其对象；当一个类没有定义任何构造方法时，编译器会为其自动生成一个默认的无参构造方法。类似于代码“public Person() {}”。

## 3. 方法的调用

在很多语言中有函数的定义，而在Java中函数被称为方法，需要说明的是，在设置名字方法setName()中使用了关键字this。this代表当前对象，其实在方法体中引用成员变量或其他成员方法时，引用前都隐含着“this.”。一般情况下会默认它，但当成员变量与方法中的局部变量同名时，为了区分且正确引用，成员变量前必须加“this.”。

### 1) 静态方法调用

所谓静态方法，就是以static修饰符声明的方法。一般把静态方法称为类方法，在不创建对象的前提下，可以直接引用静态方法，其引用的一般格式如下：

```
类名.静态方法名([实参表])
```

或

```
静态方法名([实参表])
```

例如：

```
public class Person_static {
    public String name;
    public String sex;
    public int age;
    public static void eat(){                          //在类中创建静态方法 eat()
        System.out.println("她在吃饭");                //输出语句
    }
  public static void main(String args[])    {          //main 方法,作为类的主入口
        System.out.println("*****Person 类静态方法测试*****");
        eat();                                          //直接用"方法名()"调用方法
        Person_static.eat();                            //直接用"类名.方法"调用方法
    }
}
```

运行测试结果如图 4-2-2 所示。

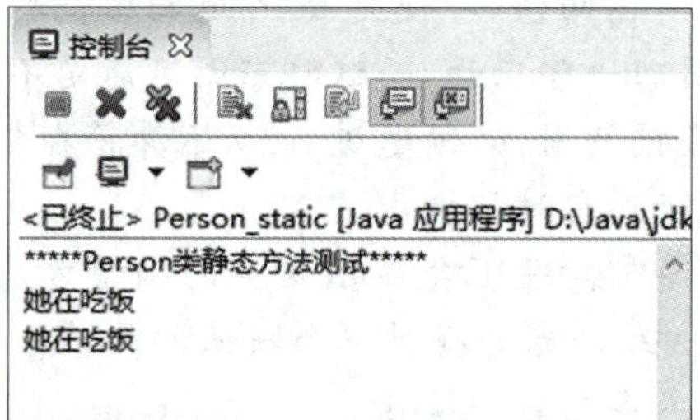


图 4-2-2　静态方法测试运行结果

> **注意:** 此程序中声明了 main()和 eat()两个方法。因为 main()方法是程序进入的起点,所以把调用 eat()的程序代码写在 main()中。在 main()方法中调用 eat() 方法,此时程序的运行流程便会进入 eat()方法中执行。执行完毕后,程序返回 main()方法,继续运行直到结束程序。在程序中,eat()方法并没有任何返回值,所以 eat()方法前面加上了一个关键字 void。在 eat() 方法之前如果加上关键字 static,则 eat()方法就成为静态方法,可以在类中直接用"类名.方法名"或"方法名"调用。

#### 2)非静态方法调用

非静态方法称为类的实例方法,它在使用时必须实例化一个该类的对象,然后通过对象访问。其引用的一般格式如下：

```
类名 对象名 = new 类构造方法名([实参表]);
对象名.非静态方法名([实参表]);
```

例如：

```
package view;
public class Person_nonstatic {
    public String name;
    public String sex;
    public int age;
    public void eat() {                         //在类中创建非静态方法 eat()
        System.out.println("她在吃饭");      //输出语句
    }
    public static void main(String args[]) {
        System.out.println("*****Person 类非静态方法测试*****");
        //调用 Person 类的非静态方法 eat(),必须先创建实例对象
        Person_nonstatic  p1 = new Person_nonstatic();   //创建对象 p1
        p1.eat();                             //利用对象"p1.eat();"进行方法调用
    }
}
```

运行测试效果如图 4-2-3 所示。

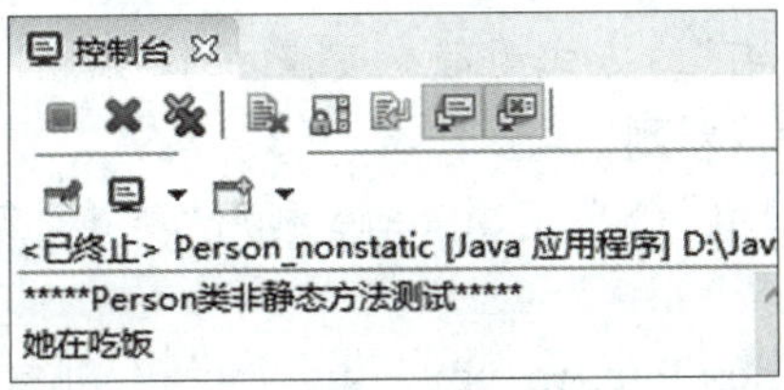


图 4-2-3　非静态方法测试运行结果

**注意:** 在使用类方法和实例方法时,应该注意以下几点:

(1)当类被加载到内存之后,类方法就获得了相应的入口地址,该地址在类中是共享的,不仅可以直接通过类名引用它,也可以通过创建类的对象引用它。只有在创建类的对象之后,实例方法才会获得入口地址,它只能被对象所引用。

(2)无论是类方法还是实例方法,当其被引用时,方法中的局部变量才被分配内存空间,方法执行完毕,局部变量立刻释放所占内存。

(3)在类方法中只能引用类中其他静态的成员(静态变量和静态方法),而不能直接访问类中的非静态成员。这是因为,对于非静态的变量和方法,需要创建类的对象后才能使用;而类方法在使用前不需要创建任何对象。在非静态的实例方法中,所有的成员均可以使用。

(4)不能使用 this 和 super 关键字的任何形式引用类方法。因为 this 是针对对象而言的,类方法在使用前不需创建任何对象,当类方法被调用时,this 所引用的对象根本没有产生。

## 4. 变量的进一步讨论

在面向对象中，以修饰符 static 说明的变量称为静态变量，其他为非静态变量，一般把静态变量称为类变量，而把非静态变量称为实例变量。静态变量在类被装入后即分配了存储空间，它是类成员，不属于一个具体的对象，而是所有对象所共享的。和静态方法类似，它可以由类直接引用，也可由对象引用。由类直接引用的格式是“类名.变量名”，非静态变量在对象被创建时分配存储空间，它是实例成员，属于本对象，只能由本对象引用。

例如：

```
package view;
public class Person_var {
    public static String name;          //定义静态变量 name
    public String sex;                  //定义非静态变量 sex
    public int age;                     //定义非静态变量 age
    public static void main(String args[]) {
        System.out.println("*****Person 类变量测试*****");
        name = "李丽";                   //利用变量名的方式为静态变量 name 赋值
        System.out.println("静态变量 name 利用变量名赋值为:" + name);
        //利用“类名.变量名”的方式为静态变量 name 赋值
        Person_var.name = "刘刚";
        System.out.println("静态变量 name 利用“类名.变量名”赋值为:" + Person_
var.name);
        Person_var p1 = new Person_var();          //创建 Person_var 类实例对象 p1
        //利用“对象名.变量名”的方式为静态变量 name 赋值
        p1.name = "张杨";
        //利用“对象名.变量名”的方式为非静态变量 sex 赋值
        p1.sex = "男";
        //利用“对象名.变量名”的方式为非静态变量 age 赋值
        p1.age = 20;
        System.out.println("静态变量 name 利用“对象名.变量名”赋值为:" + p1.
name + "\n 非静态变量 sex 实例赋值为:" + p1.sex + "\n 非静态变量 age 实例赋值
为:" + p1.age);
    }
}
```

运行测试效果如图 4-2-4 所示。

> **注意：**在此程序中，定义的成员变量 name 是静态的，sex 和 age 都是非静态的，所以在 main 方法中引用变量 name 可以直接用变量名或“类名.变量名”的方式进行，而 sex 和 age 是非静态变量，它们的引用就只能先创建对象，然后用“对象名.变量名”的方式来进行。

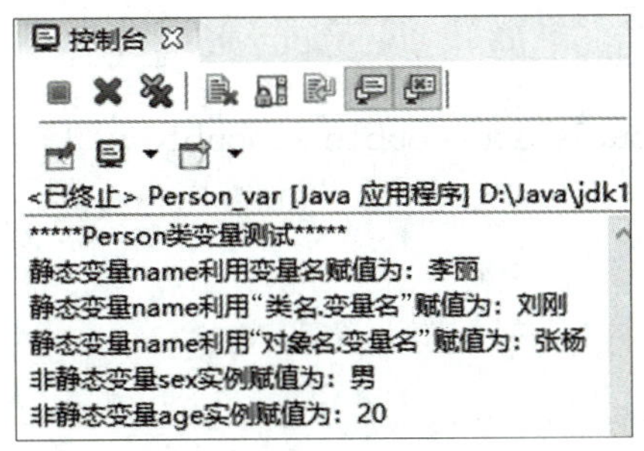


图 4-2-4 变量测试运行结果

## 5. 方法的重载

重载(overloading)就是指在一个类中定义了多个相同名字的方法，但是每个方法具有不同的参数、类型和代码，从而能实现不同的功能。重载是 Java 实现多态的方式之一。

但是方法的名字一样，在对象引用时，系统如何确定引用的是哪一个方法呢？

当调用这些同名的方法时，Java 根据参数类型和数目来确定调用的方法，Java 也提供了构造函数的重载，可以根据不同的需要利用不同的构造函数进行对象的创建。

### 1)一般方法的重载

例如，以下程序说明了一般方法的重载操作：

```
public class java_override{
    public static void main(String[] args)
    {
        int int_sum ;
        double double_sum ;
        int_sum = add(3,5) ;        //调用有两个参数的 add 方法
        System.out.println("int_sum = add(3,5)的值是:" + int_sum);
        int_sum = add(3,5,6) ;      //调用有三个参数的 add 方法
        System.out.println("int_sum = add(3,5,6)的值是:" + int_sum);
        double_sum = add(3.2,6.5);  //传入的数值为 double 类型
        System.out.println("double_sum = add(3.2,6.5)的值是:" + double_sum);
    }
    public static int add(int x,int y)
    {
        return x + y ;
    }
    public static int add(int x,int y,int z)
    {
```

```
        return x + y + z ;
    }
    public static double add(double x,double y)
    {
  return x + y ;
    }
}
```

运行测试结果如图 4-2-5 所示。

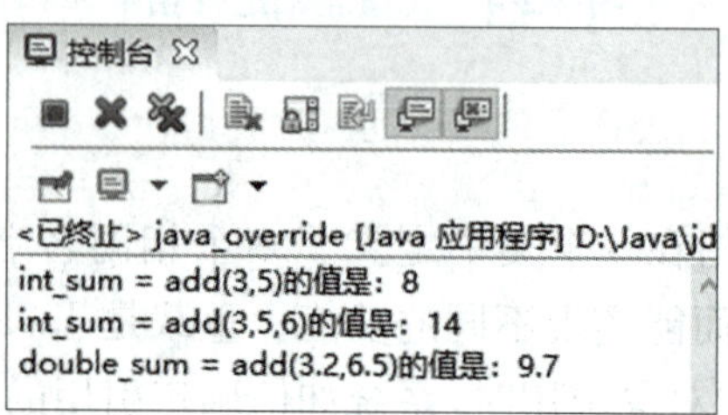


图 4-2-5　一般方法的重载运行结果

> **注意：**在本程序中 add 方法被重载了三次，但每个重载的方法所能接收参数的个数和类型不同，结果也不同。

**2)构造方法的重载**

例如，以下程序说明了构造方法的重载操作：

```
package view;
public class Animal {
  public String name;
  public String food;
  //创建无参构造函数
  public Animal() {
    System.out.println("本次调用了无参构造函数");
  }
  //创建有参构造函数
  public Animal(String name) {
    this.name = name;
    System.out.println("本次调用了有参构造函数,参数 name 为" + name);
  }
  //创建无参函数
  public void eat() {
    System.out.println("它在吃哦!" );
  }
  //创建有参函数
```

```
    public void eat(String food) {
        this.food = food;
        System.out.println(name + "在吃" + food);
    }
    public static void main(String[] args) {
    /*通过无参构造函数创建实例对象，构造函数不能直接调用，必须通过 new 创建实例对象*/
        Animal tiger = new Animal();
    /*通过有参构造函数创建实例对象，构造函数不能直接调用，必须通过 new 创建实例对象*/
        Animal lion = new Animal("lion");
        tiger.eat();                  //利用实例对象调用无参函数
        tiger.eat("meat");            //利用实例对象调用有参函数
        lion.eat();                   //利用实例对象调用无参函数
        lion.eat("meat");             //利用实例对象调用有参函数
    }
}
```

运行测试结果如图 4-2-6 所示。

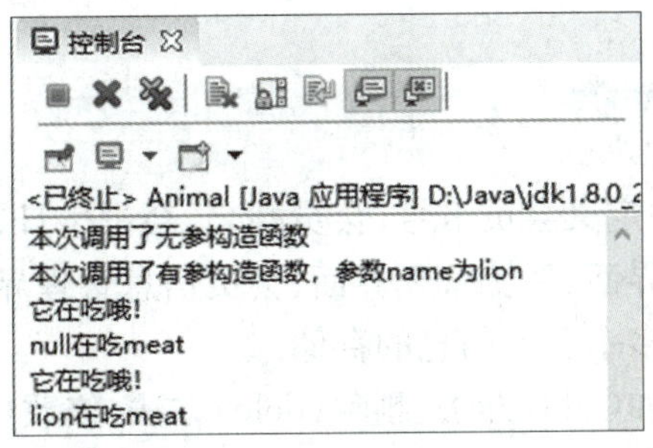


图 4-2-6　构造方法的重载运行结果

**注意:**在本程序中创建了两个构造函数，一个无参，一个有参，所以在创建对象时，“Animal tiger = new Animal();”语句就输出无参构造函数的内容，“Animal lion = new Animal("lion");”就输出有参构造函数的内容，同时进行参数传递。一旦创建了有参函数，则创建对象时需要一一对应去找相应的构造函数。

## 任务描述

淘淘乐购管理系统在制作过程中必须完成各个界面的调用，并在会员信息管理中完成会员信息的添加、删除、修改和查询功能。本任务主要通过对象数组和方法的实现与调用来完成整个系统功能的制作，效果如图 4-2-7 所示。

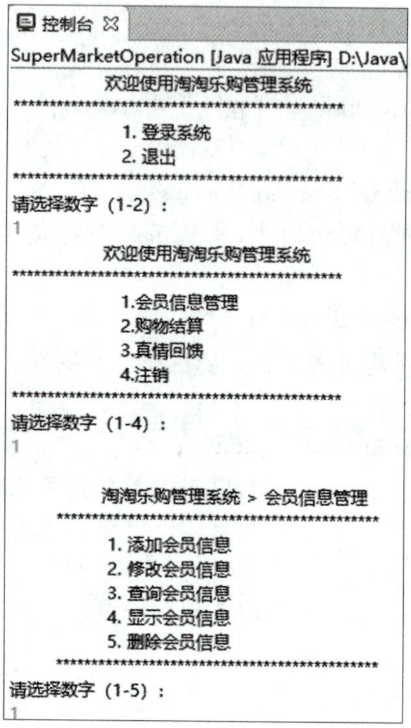

```
控制台 ☒
SuperMarketOperation [Java 应用程序] D:\Java\
            欢迎使用淘淘乐购管理系统
*********************************************
                1. 登录系统
                2. 退出
*********************************************
请选择数字（1-2）：
1
            欢迎使用淘淘乐购管理系统
*********************************************
                1.会员信息管理
                2.购物结算
                3.真情回馈
                4.注销
*********************************************
请选择数字（1-4）：
1

            淘淘乐购管理系统 > 会员信息管理
      *********************************************
                1. 添加会员信息
                2. 修改会员信息
                3. 查询会员信息
                4. 显示会员信息
                5. 删除会员信息
      *********************************************
请选择数字（1-5）：
1
```

图 4-2-7　各界面的调用

## 任务分析

(1)创建会员类，在类中定义会员卡号、会员姓名、会员生日、会员积分四个属性。

(2)通过方法进行登录界面、系统管理界面、会员信息管理界面的调用。

(3)利用对象数组实现多个会员信息的存储。

(4)制作会员信息的增加(add)方法、删除(dele)方法、修改(modify)方法、查询(search)方法和显示(custshow)方法。

## 任务实施

(1)打开“SuperMarketManager”项目，在项目“SuperMarketManager”的“data”包中新建一个类，名为 Cust，属性为会员卡号、会员姓名、会员生日、会员积分，代码如下：

```
package data;
public class Cust {
   public String custNo;
   public String custName;
   public String custBir;
   public int custScore;
}
```

(2)定义一个对象数组并进行初始化,代码如下:

```
Cust cust[] = new Cust[3];
  public void init() {
    for (int j = 0; j < 3; j++)
      cust[j] = new Cust();
  }
```

(3)在项目的"view"包中新建一个 SuperMarketOperation 类,实现对整个系统的登录界面、系统管理界面、会员信息管理界面的调用,同时编写 add()、dele()、modify()、search()、custshow()方法,实现会员信息的增加、删除、修改、查询和显示功能,在 main 方法中实现主入口方法的调用。

①定义编写 SuperMarketOperation 类的 add()方法,代码如下:

```
public void add() {              //定义 add()方法
  String answer = "yes";
  int i = 0;
  int index = -1;                  //定义变量 index 作为对象数组下标
  while (answer.equals("yes")) {
    /*通过循环查看会员卡号是否为空,若为空,则记录下标,同时进行会员信息的
输入*/
    for (int k = 0; k < 3; k++)
    {
      if (cust[k].custNo == null) {
      index = k;
      break;
      }
      else
      index = -1;
    }
   if (index != -1) {
    cust[index] = new Cust();                //对会员卡号为空的对象进行初始化
    System.out.println("请输入第" + (index + 1) + "个会员的会员卡号:");
    cust[index].custNo = in.next();         //输入会员卡号
    System.out.println("请输入第" + (index + 1) + "个会员的会员姓名:");
    cust[index].custName = in.next();      //输入会员姓名
    System.out.println("请输入第" + (index + 1) + "个会员的会员生日:");
    cust[index].custBir = in.next();       //输入会员生日
```

```
        System.out.println("请输入第" + (index + 1) + "个会员的会员积分:");
        cust[index].custScore = in.nextInt();//输入会员积分
        }
        else
            System.out.println("对不起,会员已满!");
        System.out.println("你还需要继续输入么? yes 或 no");
        answer = in.next();
          }
          if(answer.equals("no")) {
            custinformationmanagershow();
            }
          }
```

②定义编写 SuperMarketOperation 类的 dele()方法,代码如下:

```
public void dele() {
    String answer = "yes";
      while(answer.equals("yes")) {
        System.out.println("请输入你想删除的会员的卡号:");
        String no = in.next();
        for(int i = 0;i<cust.length;i ++ ) {
          if(cust[i].custNo.equals(no)) {
            cust[i] = new Cust();
            break;
          }
        }
        System.out.println("你想继续删除么? yes 或 no");
        answer = in.next();
      }
      if(answer.equals("no")) {
        custinformationmanagershow();
      }
    }
```

③定义编写 SuperMarketOperation 类的 modify ()方法,代码如下:

```
public void modify() {
    System.out.println("请输入你想修改的会员卡号:");
    String no = in.next();
```

```
int index = -1;
String answer = "yes";
while(answer.equals("yes")) {
  for(int i = 0;i<cust.length;i++) {
    if(cust[i].custNo.equals(no))
    {
      index = i;
      break;
    }
  }
  if(index! = -1)
  {
    System.out.println("请输入修改后的会员姓名:");
    String name = in.next();
    cust[index].custName = name;
    System.out.println("请输入修改后的会员生日:");
    String Bir = in.next();
    cust[index].custBir = Bir;
    System.out.println("请输入修改后的会员积分:");
    int score = in.nextInt();
    cust[index].custScore = score;
  }
  System.out.println("你还需要继续修改么? yes 或 no");
  answer = in.next();
}
if(answer.equals("no")) {
  custinformationmanagershow();
}
}
```

④定义编写 SuperMarketOperation 类的 search ()方法,代码如下:

```
public void search() {
  System.out.println("请输入你想查询的会员卡号:");
  String no = in.next();
  int index = -1;
  String answer = "yes";
```

```
while(answer.equals("yes")) {
    for(int i = 0;i<cust.length;i++) {
        if(cust[i].custNo.equals(no))
            {index = i;
            break;}
    }
    if(index! = -1) {
    System.out.println("你查询的会员信息为:");
    System.out.println("会员卡号\t会员姓名\t会员生日\t会员积分");
    System.out.println(
    cust[index].custNo + "\t" + cust[index].custName + "\t" + cust[index].
custBir + "\t" + cust[index].custScore);
    }
    System.out.println("你还想继续查询么? yes 或 no");
    answer = in.next();
    }
}
```

⑤定义编写 SuperMarketOperation 类的 custshow()方法,代码如下:

```
public void custshow() {
    System.out.println("你输入的会员信息为:");
    System.out.println("会员卡号\t会员姓名\t会员生日\t会员积分");
    for (int i = 0; i < 3; i++) {
        if (cust[i].custNo! = null)
        System.out.println(cust[i].custNo + "\t" + cust[i].custName + "\t" +
cust[i].custBir + "\t" + cust[i].custScore);
    }
        System.out.println("你还想继续操作么? yes 或 no");
        String answer = in.next();
        if(answer.equals("yes")) {
            custinformationmanagershow();
        }
        else
        {
            supermainshow();
        }
    }
```

⑥定义编写 SuperMarketOperation 类的 main()方法，代码如下：

```
public static void main(String[] args) {
    SuperMarketOperation s = new SuperMarketOperation();
    s.init();
    s.loginshow();
}
```

⑦创建 loginshow()方法，在 loginshow()方法中，当通过键盘输入 1 时，则通过 supermainshow()方法调用系统管理界面。代码如下：

```
public void loginshow() {                //定义一个 loginshow()方法
    int i;
    String answer = "yes";
    Scanner in = new Scanner(System.in);
    while (answer.equals("yes")) {
        System.out.println("\t\t 欢迎使用淘淘乐购管理系统");
        System.out.println("**************************
************************");
        System.out.println("\t\t   1.登录系统");
        System.out.println("\t\t   2.退出");
        System.out.println("**************************
************************");
        System.out.println("请选择数字(1-2):");
        i = in.nextInt();
        switch (i) {
        case 1:
            //通过 supermainshow()方法调用系统管理界面
            supermainshow();
            break;
        case 2:
            System.out.println("退出系统!");
            break;
        default:
            System.out.println("输入错误，请输入 1-2 之间的数字!");
            break;
        }
        System.out.println("你需要重新选择么? yes 或者 no");
```

```
        answer = in.next();
    }
    System.out.println("本次操作已经退出,请重新运行系统!");
}
```

⑧创建 supermainshow()方法,在 supermainshow()方法中,当通过键盘输入 1 时,则通过 custinformationmanagershow()方法调用会员信息管理界面。代码如下:

```
public void supermainshow() {      //定义一个 supermainshow()方法
    Scanner in = new Scanner(System.in);
    String answer = "yes";
    while (answer.equals("yes")) {
        System.out.println("\t\t欢迎使用淘淘乐购管理系统");
        System.out.println("**************************
**************************");
        System.out.println("\t\t   1.会员信息管理");
        System.out.println("\t\t   2.购物结算");
        System.out.println("\t\t   3.真情回馈");
        System.out.println("\t\t   4.注销");
        System.out.println("**************************
**************************");
        System.out.println("请选择数字(1-4):");
        int i = in.nextInt();
        switch (i) {
        case 1:
            //通过 custinformationmanagershow()方法调用会员信息管理界面
            custinformationmanagershow();
            break;
        case 2:
            System.out.println("2.购物结算");
            break;
        case 3:
            System.out.println("3.真情回馈");
            break;
        case 4:
            System.out.println("4.注销");
```

```
            break;
          default:
            System.out.println("输入错误,请输入1-4之间的数字!");
            break;
          }
        System.out.println("你需要重新选择么? yes 或者 no");
        answer = in.next();
      }
    System.out.println("本次操作已经退出,请重新运行系统!");
  }
```

⑨创建 custinformationmanagershow()方法,在 custinformationmanagershow()方法中利用 switch 分支语句根据键盘输入的数字调用所对应的 add()、dele()、modify()、search()或 custshow()方法。代码如下:

```
    //定义一个 custinformationmanagershow()方法
  public void custinformationmanagershow() {
    String answer = "yes";
    Scanner in = new Scanner(System.in);
    while (answer.equals("yes")) {
      System.out.print("\n\t\t 淘淘乐购管理系统 > 会员信息管理 \n");
      System.out.println("\t * * * * * * * * * * * * * * * * * * * * * * * * * * * * * * * * * * * * * * * * * * * * * * * * * * ");
      System.out.println("\t\t 1.添加会员信息");
      System.out.println("\t\t 2.修改会员信息");
      System.out.println("\t\t 3.查询会员信息");
      System.out.println("\t\t 4.显示会员信息");
      System.out.println("\t\t 5.删除会员信息");
      System.out.println("\t * * * * * * * * * * * * * * * * * * * * * * * * * * * * * * * * * * * * * * * * * * * * * * * * * * ");
      System.out.println("请选择数字(1-5):");
      int i = in.nextInt();
      switch (i) {
        case 1:
          add();      //调用 add()方法
          break;
        case 2:
          modify();  //调用 modify()方法
          break;
```

```
            case 3:
                search();   //调用 search()方法
                break;
            case 4:
                custshow();//调用 custshow()方法
                break;
            case 5:
                dele();     //调用 dele()方法
                break;
            default:
                System.out.println("输入错误,请输入 1-5 之间的数字!");
                break;
            }
            System.out.println("你需要重新选择么? yes 或者 no");
            answer = in.next();
        }
        System.out.println("本次操作已经退出,请重新运行系统!");
    }
```

(4)运行测试结果如图 4-2-8 所示。

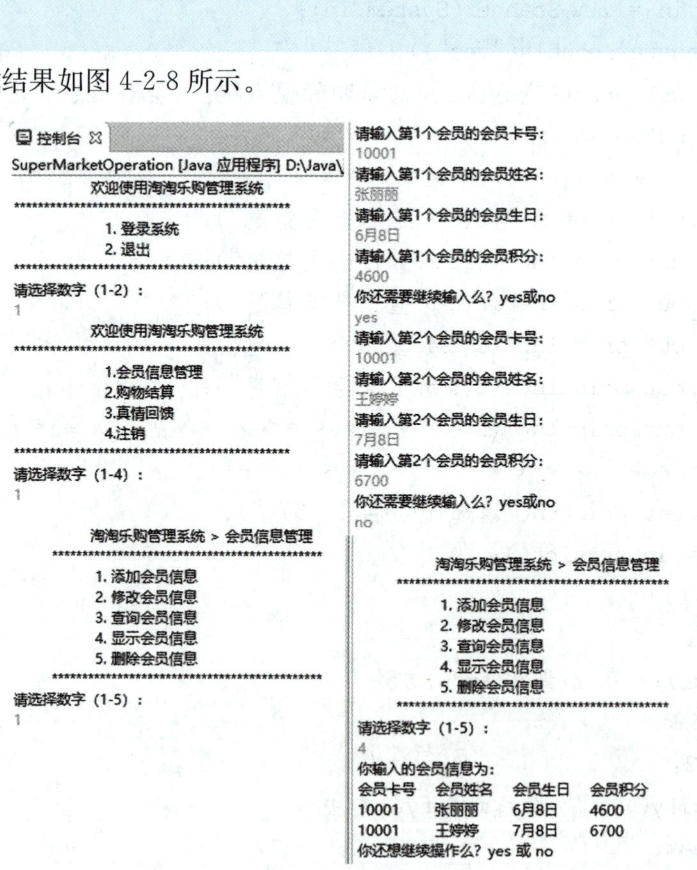


图 4-2-8 运行测试结果

## 任务小结

本任务通过方法的学习，进行思政的渗透教育，引导学生自主探索学习，动手实操，耻于抄袭，坚持诚信原则；引导学生重视软件开发规范，遵循道德规范，解析软件行业规划；培养学生专注、敬业和勇担责任的工匠精神。

## 自我评价

| 课程名称:Java 程序设计 | | 授课地点: | | |
|---|---|---|---|---|
| 学习任务 2:方法 | | 授课教师: | | 授课学时:4 |
| 课程性质:理实一体课程 | | 综合评分: | | |
| 知识掌握情况评分(20 分) | | | | |
| 序号 | 知识考核点 | 教师评价 | 分数 | 得分 |
| 1 | 构造方法的定义 | | 5 | |
| 2 | 无参构造方法和有参构造方法的区别 | | 10 | |
| 3 | 静态方法、非静态方法的调用 | | 5 | |
| 工作任务完成情况评分(50 分) | | | | |
| 序号 | 能力操作考核点 | 教师评价 | 分数 | 得分 |
| 1 | 利用构造方法创建会员类对象 | | 5 | |
| 2 | 制作登录、系统管理、会员信息管理界面的方法 | | 10 | |
| 3 | 利用方法的调用进行登录界面、系统管理界面、会员信息管理界面界面的调用 | | 10 | |
| 4 | 程序排错的能力 | | 5 | |
| 5 | 与组员的配合团队精神、协调能力 | | 10 | |
| 6 | 精神面貌、专业自信、工匠精神、职业素养 | | 10 | |
| 课堂表现情况评分(20 分) | | | | |
| 序号 | 课堂表现考核点 | 教师评价 | 分数 | 得分 |
| 1 | 课堂过程表现(签到、互动、抢答、讨论、演示) | | 10 | |
| 2 | 课堂实训效果(教师评价+组间评价+组内互评) | | 10 | |
| 任务总结反思(10)分 | | | | |
| | | | | |

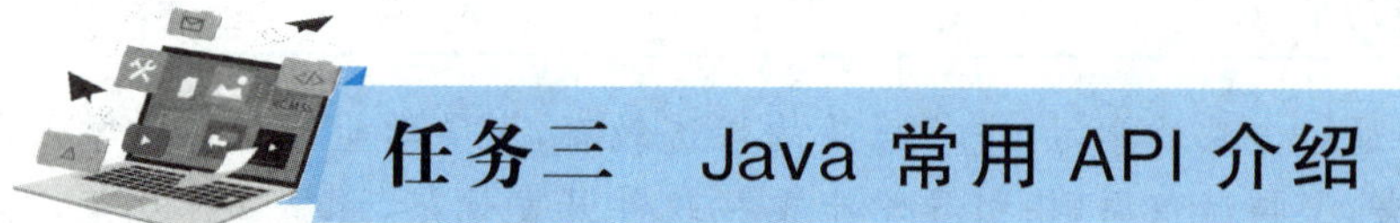

# 任务三　Java 常用 API 介绍

## 知识储备

Java 语言的内核非常小，其强大功能主要体现在完备、丰富的应用程序接口(application programming interface, API)上。Java API 是 Java 语言提供的组织成包结构的许多类和接口的集合。Java API 包含在 JDK 中，因此只要安装了 JDK 运行环境就可以使用。本任务讲解 Java 常用的一些 API 类。

### 1. String 类

String 类是最常用的一个类，它用于生成字符串对象，对字符串进行相关处理。

#### 1)构造字符串对象

在前边我们使用字符串时，是直接把字符串常量赋给了字符串对象。其实 String 类提供了以下一些常用的构造函数来构造字符串对象：

(1)String()构造一个空的字符串对象。

(2)String(char chars[ ])以字符数组 chars 的内容构造一个字符串对象。

(3)String(char chars[ ], int startIndex, int numChars) 以字符数组 chars 中从 startIndex 位置开始的 numChars 个字符构造一个字符串对象。

(4)String(byte [] bytes)以字节数组 bytes 的内容构造一个字符串对象。

(5)String(byte[] bytes, int offset, int length)以字节数组 bytes 中从 offset 位置开始的 length 个字节构造一个字符串对象。

例如，生成字符串对象的多种方式如下：

```
String s = new String() ;                   //生成一个空字符串对象
char chars1[] = {'a','b','c'};              //定义字符数组 chars1
char chars2[] = {'a','b','c','d','e'};      //定义字符数组 chars2
String s1 = new String(chars1);             //用字符数组 chars1 构造对象 s1
String s2 = new String(chars2,0,3);         //用 chars2 前 3 个字符构造对象 s2
byte asc1[] = {97,98,99};                   //定义字节数组 asc1
byte asc2[] = {97,98,99,100,101};           //定义字节数组 asc2
String s3 = new String(asc1);               //用字节数组 asc1 构造对象 s3
String s4 = new String(asc2,0,3);           //用字节数组 asc2 前 3 个字节构造对象 s4
```

#### 2)String 类对象的常用方法

String 类也提供了众多方法用于操作字符串，常用的方法如表 4-3-1 所示。

表 4-3-1 String 类的常用方法

| 方法声明 | 功能描述 |
|---|---|
| public int length() | 返回字符串的字符个数 |
| public char charAt(int index) | 返回字符串中 index 位置上的字符，其中 index 值的范围是 0～length－1 |
| public int indexOf(char ch) | 返回字符 ch 在字符串中第一次出现的位置 |
| public int lastIndexOf(char ch) | 返回字符 ch 在字符串中最后一次出现的位置 |
| public int indexOf(String str) | 返回子串 str 在字符串中第一次出现的位置 |
| public int lastIndexOf(String str) | 返回子串 str 在字符串中最后一次出现的位置 |
| public int indexOf(int ch,int fromIndex) | 返回字符 ch 在字符串中 fromIndex 位置以后第一次出现的位置 |
| public int lastIndexOf(int ch,int fromIndex) | 返回字符 ch 在字符串中 fromIndex 位置以后最后一次出现的位置 |
| public int indexOf(String str,int fromIndex) | 返回子串 str 在字符串中 fromIndex 位置后第一次出现的位置 |
| public int lastIndexOf(String str,int fromIndex) | 返回子串 str 在字符串中 fromIndex 位置后最后一次出现的位置 |
| public String substring(int beginIndex) | 返回字符串中从 beginIndex 位置开始的字符子串 |
| public String substring(int beginIndex, int endIndex) | 返回字符串中从 beginIndex 位置开始到 endIndex 位置(不包括该位置)结束的字符子串 |
| public String contact(String str) | 用来将当前字符串与给定字符串 str 连接起来 |
| public String toLowerCase() | 把串中所有的字符变成小写并返回新串 |
| public String toUpperCase() | 把串中所有的字符变成大写并返回新串 |
| public String trim() | 去掉串中前导空格和拖尾空格并返回新串 |

### 3)举例

生成一班 20 位同学的学号并按每行 5 个输出。代码如下：

```
public class StringOp {
    public static void main(String [] args)   {
        int num = 101;
        String str = "20190320";
        String[] studentNum = new String[20];              //存放学号
        for(int i = 0; i<20; i++) {
            studentNum[i] = str + num;                     //生成各学号
            num++;
        }
        for(int i = 0; i<20; i++) {
            System.out.print(studentNum[i] + " ");
            if((i + 1) % 5 == 0) System.out.println(" ");  //输出 5 个后换行
```

```
            }
        }
    }
```

运行测试结果如图 4-3-1 所示。

```
控制台
<已终止> StringOp [Java 应用程序] D:\Java\jdk1.8.0_201\bin\javaw.exe (2021年8月6日
20190320102 20190320103 20190320104 20190320105 20190320106
20190320107 20190320108 20190320109 20190320110 20190320111
20190320112 20190320113 20190320114 20190320115 20190320116
20190320117 20190320118 20190320119 20190320120 20190320121
```

图 4-3-1　生成字号效果

**注意：**由于字符串的连接运算符“+”使用简便，很少使用 contact()方法进行字符串连接操作。当一个字符串与其他类型的数据进行“+”运算时，系统自动将其他类型的数据转换成字符串。例如：

```
int a = 10,b = 5;
String s1 = a + " + " + b + " = " + a + b;
String s2 = a + " + " + b + " = " + (a + b);
System.out.println(s1);    // 输出结果：10 + 5 = 105
System.out.println(s2);    // 输出结果：10 + 5 = 15
```

## 2. StringBuffer 类

在字符串处理中，String 类生成的对象是不变的，即 String 中对字符串的运算操作不是在源字符串对象本身上进行的，而是使用源字符串对象的复制去生成一个新的字符串对象，其操作的结果不影响源字符串。

StringBuffer 中对字符串的运算操作是在源字符串上进行的，运算操作之后源字符串的值发生了变化。StringBuffer 类采用缓冲区存放字符串的方式提供了对字符串内容进行动态修改的功能，即可以在字符串中添加、插入和替换字符。StringBuffer 类放置在 java.lang 类包中。

### 1)创建 StringBuffer 类对象

使用 StringBuffer 类创建 StringBuffer 对象，StringBuffer 类常用的构造方法如下：

```
StringBuffer()              //用于创建一个空的 StringBuffer 对象
StringBuffer(int length)    //以 length 指定的长度创建 StringBuffer 对象
StringBuffer(String str)    //用指定的字符串初始化创建 StringBuffer 对象
```

**注意：**与 String 类不同，必须使用 StringBuffer 类的构造函数创建对象，不能直接定义 StringBuffer 类型的变量。例如，“StringBuffer sb = "This is string object!";”是不允许的。必须使用“StringBuffer sb= new StringBuffer("This is string object!");”。由于 StringBuffer 对象是可以修改的字符串，在创建 StringBuffer 类对象时，并不一定都进行初始化工作。

2)常用方法

(1)插入字符串方法 insert()。insert()方法是一个重载方法,用于在字符串缓冲区中指定的位置插入给定的字符串。它有如下形式:

①insert(int index, 类型 参量)。可以在字符串缓冲区中 index 指定的位置处插入各种数据类型的数据,如 int、double、boolean、char、float、long、String、Object 等。

②insert(int index, char[] str, int offset, int len)。可以在字符串缓冲区中 index 指定的位置处插入字符数组中从下标 offset 处开始的 len 个字符。

例如:

```
StringBuffer Name = new StringBuffer("李青青");
Name.insert(1,"杨");
System.out.println(Name.toString());
```

输出结果:李杨青青。

(2)删除字符串方法 delete()。StringBuffer 类提供了如下常用的删除方法:

①delete(int start,int end)。用于删除字符串缓冲区中位置在 start～end 之间的字符。

②deleteCharAt(int index)。用于删除字符串缓冲区中 index 位置处的字符。

例如:

```
StringBuffer Name = new StringBuffer("李杨青青");
Name.delete(1,3);
System.out.println(Name.toString());
```

输出结果:李青。

(3)添加字符串方法 append()。append()方法是一个重载方法,用于将一个字符串添加到一个字符串缓冲区的后面,如果添加字符串的长度超过字符串缓冲区的容量,那么字符串缓冲区将自动扩充。它有如下形式:

①append(数据类型 参量名)。可以向字符串缓冲区中添加各种数据类型的数据(int、double、boolean、char、float、long、String、Object 等)。

②append(char[] str,int offset,int len)。将字符数组 str 中从 offset 指定的下标位置开始的 len 个字符添加到字符串缓冲区中。

例如:

```
StringBuffer Name = new StringBuffer("李");
Name.append("杨青青");
System.out.println(Name.toString());
```

输出结果:李杨青青。

(4)字符串替换方法 replace()。replace()方法用于用一个新的字符串去替换字符串缓冲区中指定的字符。它的形式如下:

```
replace(int start,int end,String str)
```

用字符串 str 替换字符串缓冲区中从位置 start 到 end 之间的字符。例如:

```
StringBuffer Name = new StringBuffer("李杨青青");
Name.replace(1,3,"");
System.out.println(Name.toString());
```

输出结果:李青。

(5)获取字符方法。StringBuffer 提供了如下从字符串缓冲区中获取字符的方法:

①charAt(int index)。取字符串缓冲区中由 index 指定位置处的字符;

②getChars(int start, int end, char[] dst, int dstStart)。取字符串缓冲区中 start～end 之间的字符,并放到字符数组 dst 中以 dstStart 下标开始的数组元素中。

例如:

```
StringBuffer str = new StringBuffer("三年级一班学生是李军");
char[] ch  = new char[10];
str.getChars(0, 7, ch, 3);
str.getChars(8, 10, ch, 0);
chr[2] = str.charAt(7);
System.out.println(ch);
```

输出结果:李军是三年级一班学生。

(6)toString()方法将字符串缓冲区中的字符转换为字符串。

### 3)举例

建立一个学生类,包括学号、姓名、备注的基本信息。代码如下:

```
import java.lang.StringBuffer;
public class Student{                                           //定义 Student 类
public String studentid;                                        //定义属性学号
public String studentname;                                      //定义属性姓名
public StringBuffer remarks;                                    //定义属性备注
public Student(String id,String name,String remarks) {          //定义构造方法
    studentid = id;
    studentname = name;
    this.remarks = new StringBuffer(remarks);
  }
  public void display(Student obj) {                            //定义显示方法
    System.out.print(obj.studentid + "   " + obj.studentname);
    System.out.println(obj.remarks.toString());
  }
}
public class CreateStudent {
  public static void main(String args[]) {
   Student[] students  =  new Student[3];
```

```
        students[0] = new Student("20190120005", "张强", "");
        students[1] = new Student("20190120402", "李莉莉", "");
        students[2] = new Student("20190120035", "王美丽", "");
        students[1].remarks.append("  2019 年秋季运动会 800 米第一名");
        students[2].remarks.insert(0, "  2019 第一学期数学课代表");
        for (int i = 0; i < students.length; i++) {
          students[i].display(students[i]);
        }
    }
}
```

运行测试输出结果如图 4-3-2 所示。

```
控制台
<已终止> CreateStudent [Java 应用程序] D:\Java\jdk1.8.0_201\bin\jav
20190120005 张强
20190120402 李莉莉 2019年秋季运动会800米第一名
20190120035 王美丽 2019第一学期数学课代表
```

图 4-3-2 学生类基本信息

## 3. 日期类

### 1)Date 类

Date 类用来操作系统的日期和时间。

(1)Date 类常用的构造器。

①Date()。用系统当前的日期和时间构建对象。

②Date(long date)。以长整型数 date 构建对象,date 是从 1970 年 1 月 1 日零时算起所经过的毫秒数。

(2)Date 类常用的方法。

①boolean after(Date when)。测试日期对象是否在 when 之后。

②boolean before(Date when)。测试日期对象是否在 when 之前。

③int compareTo(Date anotherDate)。日期对象与 anotherDate 比较,如果相等,就返回 0 值;如果日期对象在 anotherDate 之后,就返回 1,否则(在 anotherDate 之前)返回−1。

④long getTime()。返回自 1970 年 1 月 1 日 0 时以来经过的时间(毫秒数)。

⑤void setTime(long time)。以 time(毫秒数)设置时间。

### 2)Calendar 类

Calendar 类能够支持不同的日历系统,它提供了多数日历系统所具有的一般功能,是抽象类,这些功能对子类可用。

(1)Calendar 类常数。该类提供了如下一些日常使用的静态数据成员:AM(上午)、PM(下午)、AM_PM(上午或下午)、MONDAY-SUNDAY(星期一~星期天)、JANUARY-DECENBER(一月~十二月)、ERA(公元或公元前)、YEAR(年)、MONTH(月)、DATE

(日)、HOUR(时)、MINUTE(分)、SECOND(秒)、MILLISECOND(毫秒)、WEEK_OF_MONTH(月中的第几周)、WEEK_OF_YEAR(年中的第几周)、DAY_OF_MONTH(当月的第几天)、DAY_OF_WEEK(星期几)、DAY_OD_YEAR(一年中的第几天)等。

(2)Calendar 类构造器。

①protected Calendar()。以系统默认的时区构建 Calendar。

②protected Calendar(TimeZone zone, Locale aLocale)。以指定的时区构建 Calendar。

(3)Calendar 类常用方法。

①boolean after(Object when)。测试日期对象是否在对象 when 表示的日期之后。

②boolean before(Object when)。测试日期对象是否在对象 when 表示的日期之前。

③final void set(int year,int month,int date)。设置年、月、日。

④final void set(int year,int month,int date,int hour,int minute,int second)。设置年、月、日、时、分、秒。

⑤final void setTime(Date date)。以给出的日期设置时间。

⑥public int get(int field)。返回给定日历字段的值。

**3)举例**

使用 Calendar 类的功能显示日期和时间。代码如下：

```
import java.util.Calendar;
public class DateTest {
  String[] am_pm = { "上午", "下午" };
  public void display(Calendar cal) {
    System.out.print(cal.get(Calendar.YEAR) + ".");
    System.out.print((cal.get(Calendar.MONTH) + 1) + ".");
    System.out.print(cal.get(Calendar.DATE) + " ");
    System.out.print(am_pm[cal.get(Calendar.AM_PM)] + " ");
    System.out.print(cal.get(Calendar.HOUR) + ":");
    System.out.print(cal.get(Calendar.MINUTE) + ":");
    System.out.println(cal.get(Calendar.SECOND));
  }
  public static void main(String args[]) {
    Calendar calendar = Calendar.getInstance();     //用默认时区得到对象
    DateTest testCalendar = new DateTest();
    System.out.print("当前的日期时间:");
    testCalendar.display(calendar);                 //调用方法显示日期时间
    calendar.set(2021, 0, 30, 20, 10, 5);           //设置日期时间
    System.out.print("新设置日期时间:");
    testCalendar.display(calendar);
  }
}
```

运行测试结果如图 4-3-3 所示。

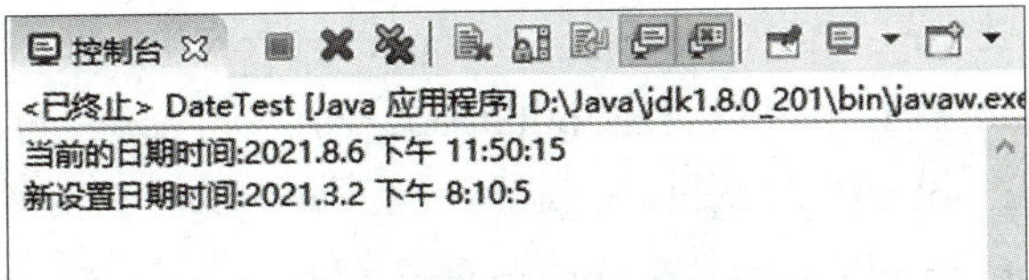


图 4-3-3 日期运行结果

**注意：** MONTH 常数是以 0～11 计算的，即第 1 个月为 0，第 12 个月为 11。

## 4. System 类

System 类是最基础的类，它提供了标准的输入/输出、运行时系统(runtime)信息。

### 1) System 类的常用属性

(1) final static PrintStream out 用于标准输出(屏幕)；

(2) final static InputStream in 用于标准输入(键盘)；

(3) final static PrintStream err 用于标准错误输出(屏幕)。

这三个属性同时又是对象。

### 2) System 类的常用方法

(1) static long currentTimeMillis()。用来获取 1970 年 1 月 1 日 0 时到当前时间的毫秒数。

(2) static void exit(int status)。退出当前 Java 程序。status 为 0 时表示正常退出，非 0 时表示因出现某种形式的错误而退出。

(3) static void gc()。回收无用的内存空间以重新利用。

(4) static void arraycopy(Object src, int srcPos, Object dest, int destPos, int length)。将数组 src 中以 srcPos 位置开始的 length 个元素复制到 dest 数组中以 destPos 位置开始的单元中。

(5) static String setProperty(String key, String value)。设置由 key 指定的属性值为 value。

(6) static String getProperties(String properties)。返回 properties 属性的值。

### 3) 举例

获取系统相关信息。代码如下：

```
public class SystemTest {
  public static void main(String args[]) // main()方法
  {
      //显示相关的属性信息
      System.out.println(System.getProperty("java.version"));
      System.out.println(System.getProperty("file.separator"));
```

```
        System.out.println(System.getProperty("java.vm.version"));
        System.out.println(System.getProperty("os.version"));
        System.out.println(System.getProperty("os.name"));
        System.out.println(System.getProperty("java.class.path"));
        System.out.println(System.getProperty("java.specification.vendor"));
    }
}
```

运行测试结果如图 4-3-4 所示。

```
控制台
<已终止> SystemTest [Java 应用程序] D:\Java\jdk1.8.0_201\bin\javaw.exe (2021年8月6日 下午11:58:37)
1.8.0_201
\
25.201-b09
10.0
Windows 10
D:\Java\jdk1.8.0_201\jre\lib\resources.jar;D:\Java\jdk1.8.0_201\jre\lib\rt.jar;D:\Java\jdk1.8.0_201\jre\lib\jsse.jar;D:\Java\jdk1.8.0_201\jre\lib\jce.jar;D:\Java\jdk1.8.0_201\j
Oracle Corporation
```

图 4-3-4　获取系统相关属性信息

## 任务描述

会员在淘淘乐购购物中心进行购物后结算，根据项目二中的会员结算内容，在结算中利用 StringBuffer 类输出“××××会员你好，感谢你来到淘淘乐购购物中心！”，并在打印清单中使用 Calendar 类的功能显示日期和时间。

## 任务分析

（1）利用“data”包中的 Cust 类来直接创建 Cust 对象。

（2）修改“view”包中的 CustPay 类，创建 pay()、display()方法进行购物结算和日期时间显示。

（3）利用 StringBuffer 类进行内容的插入。

（4）利用 Calendar 类实现日期时间。

## 任务实施

（1）打开“SuperMarketManager”项目，在项目“SuperMarketManager”的“view”包中打开 CustPay 类并进行修改。

（2）在 CustPay 类中创建 pay()方法，进行会员结算，代码如下：

```
public void pay() {
    int shirtPrice, shirtNu, shoePrice, shoeNu, score;
    double finalPay, returnMoney;
```

```
    final double DI = 0.8;
    Scanner in = new Scanner(System.in);
    System.out.println("请输入衬衣的价格:");
    shirtPrice = in.nextInt();
    System.out.println("请输入衬衣的数量:");
    shirtNu = in.nextInt();
    System.out.println("请输入运动鞋的价格:");
    shoePrice = in.nextInt();
    System.out.println("请输入运动鞋的数量:");
    shoeNu = in.nextInt();
    //计算消费总金额
    finalPay = (shirtPrice * shirtNu + shoePrice * shoeNu) * DI;
    //计算找零
    returnMoney = 1200 - finalPay;
    //计算本次购物所获积分
    score = (int) finalPay / 100 * 3;
    System.out.println("\n************************消费
单***********************\n");
    System.out.println("购买物品\t" + "单价\t" + "\t数量\t" + "\t金额\t");
    System.out.println("衬衣\t\t" + "¥" + shirtPrice + "\t" + shirtNu +
"\t\t" + "¥" + (shirtPrice * shirtNu) + "\t");
    System.out.println("运动鞋\t" + "¥" + shoePrice + "\t" + shoeNu +
"\t\t" + "¥" + (shoePrice * shoeNu) + "\t");
    System.out.println("折扣:\t\t8折");
    System.out.println("金额总计:\t" + "\t¥" + (double) Math.round
(finalPay * 100) / 100);
    System.out.println("实际付费:\t\t¥1200");
    System.out.println("找钱:\t" + "\t¥" + (double) Math.round(returnMoney *
100) / 100);
    System.out.println("本次购物所获的积分是:" + score);
    System.out.println("\n*************************
*****************************");
    }
```

(3)在 CustPay 类中创建 Calendar 的 display()方法,显示日期与时间的格式,代码如下:

```
  public void display(Calendar cal) {
    String[] am_pm = {"上午", "下午"};
    System.out.print(cal.get(Calendar.YEAR) + ".");
```

```
    System.out.print((cal.get(Calendar.MONTH) + 1) + ".");
    System.out.print(cal.get(Calendar.DATE) + " ");
    System.out.print(am_pm[cal.get(Calendar.AM_PM)] + " ");
    System.out.print(cal.get(Calendar.HOUR) + ":");
    System.out.print(cal.get(Calendar.MINUTE) + ":");
    System.out.println(cal.get(Calendar.SECOND));
}
```

(4)在 CustPay 类中创建 main()方法,进行方法的调用,实现最终的效果。代码如下:

```
public static void main(String[] args) {
    Scanner in = new Scanner(System.in);
    Cust cust = new Cust();
    System.out.println("请输入需要结算的会员卡号:");
    cust.custNo = in.next();
    //创建 StringBuffer 类对象 str
    StringBuffer str = new StringBuffer(cust.custNo);
    //利用 append()方法进行文本的插入
    System.out.println(str.append("会员你好,感谢你来到淘淘乐购购物
中心!"));
    CustPay custPay = new CustPay();
    custPay.pay();
    //创建 Calendar 对象 calendar 并用默认时区得到对象
    Calendar calendar = Calendar.getInstance();
    //创建 CustPay 类对象 testCalendar
    CustPay testCalendar = new CustPay();
    System.out.print("当前的日期时间:");
    //testCalendar 对象调用 display()方法显示日期时间
    testCalendar.display(calendar);
}
```

(5)完整代码如下:

①Cust 类。

```
public class Cust {
    public String custNo;
    public String custName;
    public String custBir;
    public int custScore;
}
```

②CustPay 类。

```
import java.util.Calendar;
import java.util.Scanner;
import data.Cust;
public class CustPay {
  public static void main(String[] args) {
    Scanner in = new Scanner(System.in);
    Cust cust = new Cust();
    System.out.println("请输入需要结算的会员卡号:");
    cust.custNo = in.next();
    StringBuffer str = new StringBuffer(cust.custNo);
    System.out.println(str.append("会员你好,感谢你来到淘淘乐购购物中心!"));
    CustPay custPay = new CustPay();
    custPay.pay();
    Calendar calendar = Calendar.getInstance();     //用默认时区得到对象
    CustPay testCalendar = new CustPay();
    System.out.print("当前的日期时间:");
    testCalendar.display(calendar);
  }
  public void pay() {
    int shirtPrice, shirtNu, shoePrice, shoeNu, score;
    double finalPay, returnMoney;
    final double DI = 0.8;
    Scanner in = new Scanner(System.in);
    System.out.println("请输入衬衣的价格:");
    shirtPrice = in.nextInt();
    System.out.println("请输入衬衣的数量:");
    shirtNu = in.nextInt();
    System.out.println("请输入运动鞋的价格:");
    shoePrice = in.nextInt();
    System.out.println("请输入运动鞋的数量:");
    shoeNu = in.nextInt();
    /* 计算消费总金额 */
    finalPay = (shirtPrice * shirtNu + shoePrice * shoeNu) * DI;
    /* 计算找零 */
    returnMoney = 1200 - finalPay;
    /* 计算本次购物所获积分 */
    score = (int) finalPay / 100 * 3;
    System.out.println("\n**********************消费单***********************\n");
```

```
        System.out.println("购买物品\t" + "单价\t" + "\t 数量\t" + "\t 金额\t");
        System.out.println("衬衣\t\t" + "¥" + shirtPrice + "\t" + shirtNu +
"\t\t" + "¥" + (shirtPrice * shirtNu) + "\t");
        System.out.println("运动鞋\t" + "¥" + shoePrice + "\t" + shoeNu +
"\t\t" + "¥" + (shoePrice * shoeNu) + "\t");
        System.out.println("折扣:\t\t8 折");
        System.out.println("金额总计:\t" + "\t¥" + (double) Math.round(finalPay *
100) / 100);
        System.out.println("实际付费:\t\t¥1200");
        System.out.println("找钱:\t" + "\t¥" + (double) Math.round(returnMoney *
100) / 100);
        System.out.println("本次购物所获的积分是: " + score);
    System.out.println("\n************************
**************************");
    }
    public void display(Calendar cal) {
        String[] am_pm = { "上午", "下午"};
        System.out.print(cal.get(Calendar.YEAR) + ".");
        System.out.print((cal.get(Calendar.MONTH) + 1) + ".");
        System.out.print(cal.get(Calendar.DATE) + " ");
        System.out.print(am_pm[cal.get(Calendar.AM_PM)] + " ");
        System.out.print(cal.get(Calendar.HOUR) + ":");
        System.out.print(cal.get(Calendar.MINUTE) + ":");
        System.out.println(cal.get(Calendar.SECOND));
    }
}
```

(6)运行测试结果如图 4-3-5 所示。

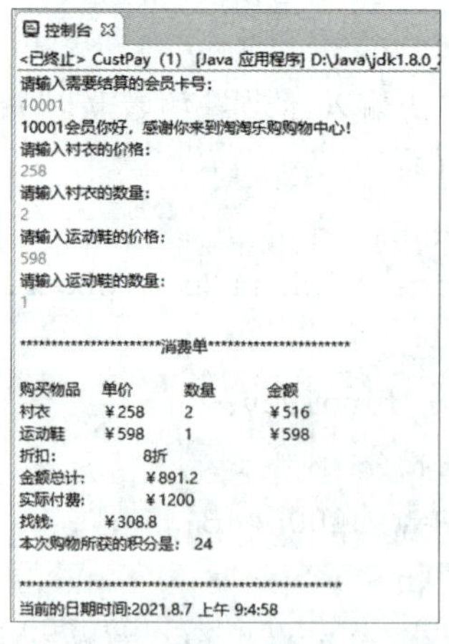


图 4-3-5 购物结算运行结果

## 任务小结

本任务通过对 Java 常用 API 的介绍，进行思政的渗透教育，引导学生独立思考、主动探究、高效沟通，培养学生的职业素质和道德规范，渗透共享理念，树立团队协作与大局意识。

## 自我评价

<table>
<tr><td colspan="3">课程名称:Java 程序设计</td><td colspan="2">授课地点:</td></tr>
<tr><td colspan="3">学习任务 3:Java 常用 API 介绍</td><td colspan="1">授课教师:</td><td>授课学时:4</td></tr>
<tr><td colspan="3">课程性质:理实一体课程</td><td colspan="2">综合评分:</td></tr>
<tr><td colspan="5">知识掌握情况评分(20 分)</td></tr>
<tr><td>序号</td><td>知识考核点</td><td>教师评价</td><td>分数</td><td>得分</td></tr>
<tr><td>1</td><td>String 类</td><td></td><td>5</td><td></td></tr>
<tr><td>2</td><td>StringBuffer 类</td><td></td><td>5</td><td></td></tr>
<tr><td>3</td><td>日期类与 System 类</td><td></td><td>10</td><td></td></tr>
<tr><td colspan="5">工作任务完成情况评分(50 分)</td></tr>
<tr><td>序号</td><td>能力操作考核点</td><td>教师评价</td><td>分数</td><td>得分</td></tr>
<tr><td>1</td><td>利用日期类进行日期时间显示</td><td></td><td>5</td><td></td></tr>
<tr><td>2</td><td>利用 StringBuffer 类来进行内容的插入</td><td></td><td>10</td><td></td></tr>
<tr><td>3</td><td>利用 Calendar 类来进行日期时间的实现</td><td></td><td>10</td><td></td></tr>
<tr><td>4</td><td>程序排错的能力</td><td></td><td>5</td><td></td></tr>
<tr><td>5</td><td>与组员的配合团队精神、协调能力</td><td></td><td>10</td><td></td></tr>
<tr><td>6</td><td>精神面貌、专业自信、工匠精神、职业素养</td><td></td><td>10</td><td></td></tr>
<tr><td colspan="5">课堂表现情况评分(20 分)</td></tr>
<tr><td>序号</td><td>课堂表现考核点</td><td>教师评价</td><td>分数</td><td>得分</td></tr>
<tr><td>1</td><td>课堂过程表现(签到、互动、抢答、讨论、演示)</td><td></td><td>10</td><td></td></tr>
<tr><td>2</td><td>课堂实训效果(教师评价+组间评价+组内互评)</td><td></td><td>10</td><td></td></tr>
<tr><td colspan="5">任务总结反思(10)分</td></tr>
<tr><td colspan="5"></td></tr>
</table>

# 习 题

## 一、选择题

1. 下列有关类的说法中不正确的是（　　）。

A. 对象是类的一个实例

B. 任何一个对象只能属于一个具体的类

C. 一个类只能有一个对象

D. 类与对象的关系和数据类型与变量的关系相似

2.（　　）的功能是对对象进行初始化。

A. 析构函数　　B. 数据成员　　C. 构造函数　　D. 静态成员函数

3. 下列关于静态成员的描述中错误的是（　　）。

A. 静态成员可分为静态数据成员和静态成员函数

B. 静态数据成员定义后必须在类体内进行初始化

C. 静态数据成员初始化不使用其构造函数

D. 静态数据成员函数中不能直接引用非静态成员

4. 为了使类中的某个成员不能被类的对象通过成员操作符访问，则不能把该成员的访问权限定义为（　　）。

A. public　　B. protected　　C. private　　D. static

5. 下列关于 new 运算符的描述中错误的是（　　）。

A. 可以使用它来动态创建对象和对象数组

B. 使用它创建的对象或对象数组可以使用运算符 delete 删除

C. 使用它创建对象时要调用构造函数

D. 使用它创建对象数组时必须指定初始值

## 二、填空题

1. ________是 Java 语言中定义类时必须使用的关键字。方法声明包括________和________两部分。

2. Java 中类成员的访问限定符有：________。其中，________限定的范围最大。

3. 在 Java 程序定义的类中包括________和________两种成员，定义在类中方法之外的变量称为________。

4. 通常用关键字________来新建对象，通过类创建对象的基本格式为________。

5. ________是类中的一种特殊方法，它用来________。

## 三、思考与编程题

1. 面向对象的特性是什么？

2. 成员访问权限有哪些？其特点是什么？

3. 举例说明静态方法与非静态方法的区别。

4. 设计一个动物类，它包含动物的基本属性，如名称、大小、重量等，并设计相应的动作，如吃、跳等。

5. 设计员工类 Employee，其属性包括员工号、姓名、性别、所属部门、基本工资、月工资等，定义求月工资的方法(月工资＝基本工资＋600)，并进行员工信息与月工资的输出。

# 项目五

# 类的封装、继承与多态

封装、继承与多态是面向对象程序设计的三个核心特性。封装是面向对象技术中的一个重要概念，是一种信息隐藏技术，它体现了面向对象程序设计的思想。继承是面向对象程序设计方法的一个重要手段，通过继承可以更有效地组织程序结构，明确类间的关系，充分利用已有的类来完成更复杂、更深入的程序开发。而多态允许以一种统一的风格处理已存在的变量和相关的类，多态性使得向系统增加功能变得容易。

## 学习目标

◎ 掌握类的封装的概念与实现。
◎ 掌握类的继承的概念与实现。
◎ 掌握类的多态的概念与实现。
◎ 在应用程序的开发中能够利用这些思想简化程序的开发。

## 素质目标

◎ 通过分析、归纳等手段，培养学生的逻辑思维能力和编程能力。
◎ 培养学生科技创新、自立自强的思维，加强学生的信息安全意识。
◎ 培养学生独立完成任务、不怯问题的职业素养和精益求精的质量意识。
◎ 培养学生的爱国情感和民族自豪感。
◎ 培养学生的发散思维能力，使其学会用多种方法解决问题。
◎ 通过讲解中华民族传统美德映射对中华民族传统美德的继承和弘扬。
◎ 提高学生自我学习和持续学习的意识和能力。

## 项目分析

在制作购物系统的过程中，员工分为一般员工、部门经理和销售人员三类，需要为其分别计算工资，所以利用封装进行属性的私有化，让三类人员都继承自员工类，在计算工资时利用多态进行设计。

# 任务一　Java 封装

## 1. 封装的概念

视频
封装

封装(encapsulation)是面向对象的一个重要特征,指利用抽象数据类型将数据和基于数据的操作封装在一起,使其构成一个不可分割的独立实体,数据被保护在抽象数据类型的内部,尽可能地隐藏内部的细节,同时提供一些可以被外界访问的属性的方法,只保留一些对外接口使之与外部发生联系。也就是说封装把一个对象的属性私有化,用户无需知道对象内部的细节(当然也无从知道),但可以通过该对象对外提供的接口来访问该对象。

封装有两个含义:一是指把对象的属性和行为看成一个密不可分的整体,将这两者封装在一个不可分割的独立单位(对象)中;二是指信息隐蔽,把不需要让外界知道的信息隐藏起来,有些对象的属性及行为允许外界用户知道或使用,但不允许更改,而另一些属性或行为,则不允许外界知晓,或只允许使用对象的功能,而尽可能隐蔽对象的功能实现细节。

## 2. 封装的优势

(1)良好的封装能够减少耦合。

(2)类内部的结构可以自由修改。

(3)可以对成员进行更精确的控制。

(4)隐藏信息,实现细节。

**明德树人**

对中国实施技术封锁是历届美国政府一以贯之的做法与外交政策。同时美国强化主导权,将高端芯片制造产能带回美国本土,组建半导体产业联盟,对中国实施封锁隔离。然而中国具备了一定的科技研发、制造与应用的内循环实力,美国越是对中国封锁制裁,中国发展得就越快。我们要增强社会责任感、家国情怀和担当意识。

## 3. 封装举例

### 1)未封装类举例

(1)创建一个 Person 类,类中有 name、age 两个属性,还有一个 talk()方法用于输出信息。

```
public class Person{                       //定义类 Person
public String name;                        //定义属性 name
public int age;                            //定义属性 age
void talk()                                //定义 talk()方法
  {
    System.out.println("我是:" + name + ",今年:" + age + "岁");
  }
}
```

(2)定义一个测试类,实例化对象后进行赋值并将信息输出。

```
public class Test{                         //定义测试类 Test
  public static void main(String[] args)
    {
    Person p = new Person();               //声明并实例化 Person 对象 p
    p.name = "张三";                       //给对象 p 中的属性 name 赋值
    p.age = -25;                           //给对象 p 中的属性 age 赋值
    p.talk();                              //调用 Person 类中的 talk()方法
  }
}
```

(3)运行测试结果如图 5-1-1 所示。

图 5-1-1 未封装类

**2)封装类举例**

上述未封装类程序中声明且实例化 Person 的对象 p,并分别为 p 对象中的属性赋值,调用 talk()方法。在上述程序中可以发现,将年龄(age)赋值为−25,这明显是一个不合法的数据,所以最终程序在调用 talk()方法时会打印出错误的信息。这种用对象直接访问类中属性的操作在面向对象法则中是不允许的。为了避免程序中这种错误情况的发生,在一般的程序开发中往往要将类中的属性封装。

(1)封装的步骤。

①修改属性的可见性,将其设置为 private 类型。

②创建公有的 get(set)方法,用于属性的读(写)。

③在 get(set)方法中加入属性控制语句,用来对属性值的合法性进行判断。

(2)将 Person 类进行封装。

①利用 private 私有化类中的属性,代码如下:

```
private String name;            //利用 private 将属性 name 私有化
private int age;                //利用 private 将属性 age 私有化
```

②为所有的属性创建 get()/set()方法，并修改其中的 setAge()方法。

```
public String getName() {                    //为属性 name 创建 get()方法
    return name;
}
public void setName(String name) {           //为属性 name 创建 set()方法
    this.name = name;
}
public int getAge() {                          //为属性 age 创建 get()方法
    return age;
}
public void setAge(int age) {                  //为属性 age 创建 set()方法
/*为 age 赋值并进行判断，如果传入的数值大于 0，则将值赋给 age 属性，否则输出
语句“你输入的年龄不正确，请重新输入!”，age 初值为 0*/
    if (age > 0)
        this.age = age;
    else
        System.out.println("你输入的年龄不正确，请重新输入!");
}
```

(3)定义 talk()方法。

```
public void talk() {
    System.out.println("我是：" + name + "，今年：" + age + "岁");
}
```

(4)定义测试类 Test，进行属性赋值和信息输出。

```
public class Test {
    public static void main(String[] args) {
        Person p = new Person();        //声明并实例化 Person 类对象 p
        p.setName("张三");              //给对象 p 中的 name 属性赋值为“张三”
        p.setAge(-25);                  //给对象 p 中的 age 属性赋值为-25
        p.talk();                       //调用 Person 类中的 talk()方法
    }
}
```

(5)完整代码如下：

```
public class Person {
    private String name;
    private int age;
    public String getName() {
        return name;
    }
    public void setName(String name) {
        this.name = name;
    }
    public int getAge() {
        return age;
    }
    public void setAge(int age) {
        if (age > 0)
            this.age = age;
        else
            System.out.println("你输入的年龄不正确,请重新输入!");
    }
    public void talk() {
        System.out.println("我是:" + name + ",今年:" + age + "岁");
    }
}
public class Test {
    public static void main(String[] args) {
        Person p = new Person();
        p.setName("张三");
        p.setAge(-25);
        p.talk();
    }
}
```

(6)运行测试结果如图 5-1-2 所示。

图 5-1-2　封　装　类

**注意：** 在测试类中调用了 Person 类中的 setName()方法，并赋值为“张三”，调用了 setAge()方法，同时传进了一个不合理年龄“－25”。可以发现，在本程序中传进了一个不合理的数值－25，在设置 Person 中属性时因为不满足条件而不能被设置成功，所以 age 的值依然为自己的默认值 0。由输出可知，那些错误的数据并没有被赋到属性上去，而只输出了默认值。可以发现，用 private 可以将属性封装起来，当然 private 也可以封装方法，但是私有化的方法不能被类的外部调用。用 private 声明的属性或方法只能在其类的内部被调用，而不能在类的外部被调用，即在类的外部不能用对象去调用用 private 声明的属性或方法。

## 任务描述

创建一个会员类 Cust，会员类的属性包括会员卡号、会员姓名、会员生日、会员积分等，用封装的方式将该类的属性进行私有化并为外部创建接口以访问属性，创建测试类进行会员信息的输出。

## 任务分析

(1)利用 private 进行属性的私有化。

(2)为属性创建 set()和 get()方法，设置和获取属性值。

(3)创建测试类输出会员信息。

## 任务实施

(1)创建 Cust 会员类，利用封装的方法进行私有化会员卡号、会员姓名、会员生日、会员积分 4 个属性并定义 set()/get()方法，代码如下：

```
  //创建 4 个私有属性
public class Cust {
  private String custNo;
  private String custName;
  private String custBir;
  private int custScore;
  //为 4 个私有属性定义 set()/get()方法
  public String getCustNo() {
    return custNo;
  }
  public void setCustNo(String custNo) {
    this.custNo = custNo;
  }
```

```
    public String getCustName() {
        return custName;
    }
    public void setCustName(String custName) {
        this.custName = custName;
    }
    public String getCustBir() {
        return custBir;
    }
    public void setCustBir(String custBir) {
        this.custBir = custBir;
    }
    public int getCustScore() {
        return custScore;
    }
    public void setCustScore(int custScore) {
        this.custScore = custScore;
    }
}
```

(2)创建 Cust 会员封装测试类,在测试类中定义 main()方法,利用输入类的方法为会员的 4 个私有属性赋值并输出会员信息。代码如下:

```
import java.util.Scanner;                       //导入输入类
public class CustTest {                          //创建 CustTest 会员封装测试类
    public static void main(String[] args) {
        Scanner in = new Scanner(System.in);  //创建输入类对象 in
        Cust cust = new Cust();                 //创建 Cust 类对象 cust
        System.out.println("****************会员封装*****
*************");
        System.out.println("请输入会员卡号:");
        cust.setCustNo(in.next());              //用 set()方法为属性 custNo 赋值
        System.out.println("请输入会员姓名:");
        cust.setCustName(in.next());           //用 set()方法为属性 custName 赋值
        System.out.println("请输入会员生日:");
        cust.setCustBir(in.next());             //用 set()方法为属性 custBir 赋值
        System.out.println("请输入会员积分:");
        cust.setCustScore(in.nextInt());        //用 set()方法为属性 custScore 赋值
        System.out.println("你输入的会员信息是:");
```

```
        System.out.println("会员卡号" + "\t" + "会员姓名" + "\t" + "会员生
日" + "\t" + "会员积分" + "\t");
            //用 get()方法获取属性值并输出
        System.out.println(cust.getCustNo() + "\t" + cust.getCustName() +
"\t" + cust.getCustBir() + "\t"+ cust.getCustScore() + "\t");
    }
}
```

(3)运行测试结果如图 5-1-3 所示。

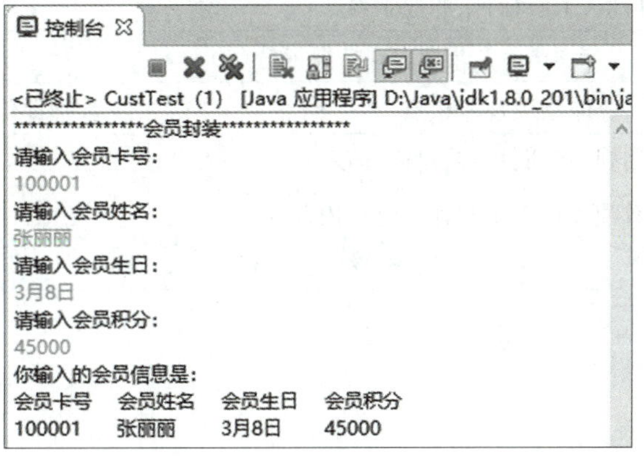


图 5-1-3　Cust 类运行结果

## 任务小结

本任务通过对封装的介绍，进行思政的渗透教育，引导学生树立工匠精神，同时遵循编程规范，编码时注重安全性，避免黑客攻击，安全使用网络数据；引导学生建立科技创新、自立自强的思维模式。

## 自我评价

<table>
<tr><td colspan="2">课程名称:Java 程序设计</td><td colspan="3">授课地点:</td></tr>
<tr><td colspan="2">学习任务 1:Java 封装</td><td colspan="2">授课教师:</td><td>授课学时:4</td></tr>
<tr><td colspan="2">课程性质:理实一体课程</td><td colspan="3">综合评分:</td></tr>
<tr><td colspan="5">知识掌握情况评分(20 分)</td></tr>
<tr><td>序号</td><td>知识考核点</td><td>教师评价</td><td>分数</td><td>得分</td></tr>
<tr><td>1</td><td>封装的概念</td><td></td><td>5</td><td></td></tr>
<tr><td>2</td><td>封装的属性设置</td><td></td><td>10</td><td></td></tr>
<tr><td>3</td><td>封装的 get/set 方法</td><td></td><td>5</td><td></td></tr>
</table>

（续表）

| 工作任务完成情况评分(50 分) | | | | |
|---|---|---|---|---|
| 序号 | 能力操作考核点 | 教师评价 | 分数 | 得分 |
| 1 | 利用 private 进行属性的私有化 | | 5 | |
| 2 | 为属性创建 set 和 get 方法，设置和获取属性值 | | 10 | |
| 3 | 利用 get/set 方法中加入属性控制语句 | | 10 | |
| 4 | 程序排错的能力 | | 5 | |
| 5 | 与组员的配合团队精神、协调能力 | | 10 | |
| 6 | 精神面貌、专业自信、工匠精神、职业素养 | | 10 | |
| 课堂表现情况评分(20 分) | | | | |
| 序号 | 课堂表现考核点 | 教师评价 | 分数 | 得分 |
| 1 | 课堂过程表现(签到、互动、抢答、讨论、演示) | | 10 | |
| 2 | 课堂实训效果(教师评价＋组间评价＋组内互评) | | 10 | |
| 任务总结反思(10)分 | | | | |
| | | | | |

# 任务二 继 承

## 知识储备

继承是面向对象程序设计方法中实现软件重用的一种重要手段，通过继承可以更有效地组织程序结构，明确类之间的关系，并以已有的类为基础派生出新的类，而不需要编写相同的程序代码，从而通过代码的复用，完成更复杂的程序设计和开发。

### 1. 继承的概念

视频
继承

在现实生活中的继承，可以理解为儿子继承了父亲的财产，即财产重用；在面向对象中，狮子与羊都属于动物，只是一个是食肉动物，另一个是食草动物，则羊与狮子都继承动物的一般属性与方法。总地来说，面向对象程序设计中的继承是利用现有的类创建新类的过程，现有的类称为基类(或父类)，创建的新类称为派生类(或子类)，如图 5-2-1 所示。

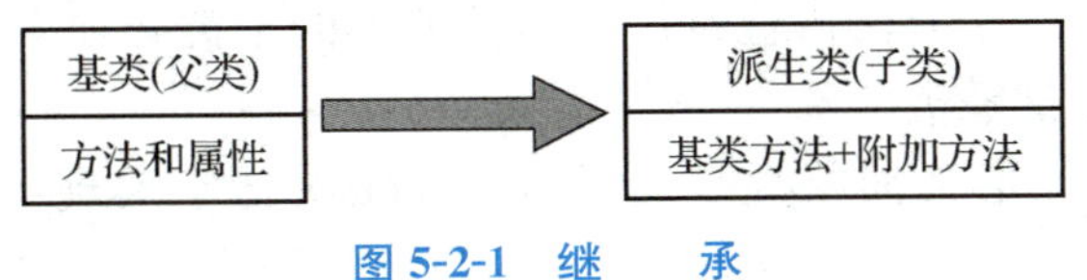


图 5-2-1　继　承

由图 5-2-1 可知，由继承得到的类称为子类，被继承的类称为父类(超类)。派生类继承基类的状态和行为，并根据需要增加其新的状态和行为。

**明德树人**

> 国家是个人的父类，个人是国家的子类。国家要求每一个人遵守道德与法律，践行社会主义核心价值观，因此个人就要遵守国家的法律和道德规范，践行社会主义核心价值观。我们既要继承国家和社会核心的道德法律观念、价值观念，又要提升社会责任感和文化素质。

## 2. 抽象类与 Object 类

### 1)类的树形结构

Java 的类按继承关系形成树形结构。在这个树形结构中，根节点是 Object 类(Object 是 java. lang 包中的类)，即 Object 是所有类的祖先类。一个类可以有多个子类，也可以没有子类，但它必定有一个父类(Object 除外)，换句话说，除了 Object 类，每个类都有且仅有一个父类，一个类可以有多个或零个子类。类的树形结构如图 5-2-2 所示。

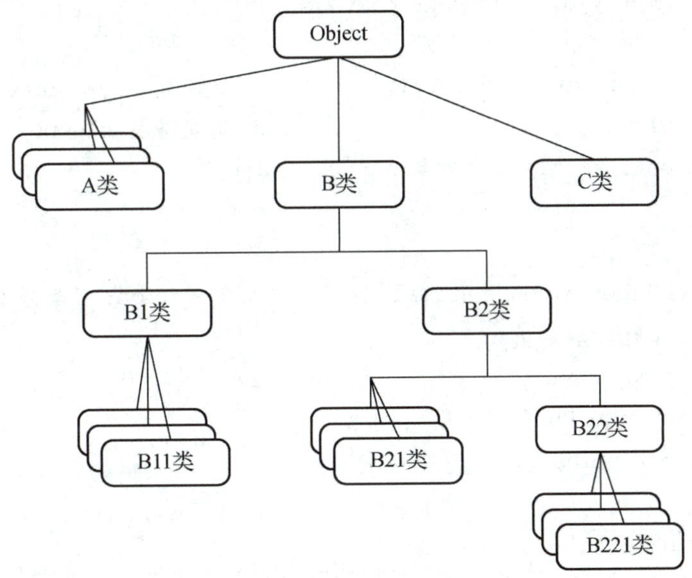


图 5-2-2　类的树形结构

### 2)抽象类

抽象类是指在类中定义方法，但是并不去实现它，而是在它的子类中去具体实现的类。

定义的抽象方法不过是一个方法占位符。继承抽象类的子类必须实现父类的抽象方法，除非子类也被定义成一个抽象类。

（1）抽象类的定义。定义抽象类是通过 abstract 关键字实现的。抽象类的一般格式如下：

```
修饰符 abstract 类名{
//类体
}
```

定义抽象方法的格式如下：

```
修饰符 abstract 返回值类型 方法名();
```

注意：在抽象类中的方法不一定是抽象方法，但是含有抽象方法的类必须被定义成抽象类。

例如，利用抽象类的方法对 Animal、Tiger、Fish 类进行定义。

```
public abstract class Animal {                    //声明一个抽象类 Animal
  public String type;
  public String name;
  public int age;
  public int weight;
  public void eat() {                             //定义方法 eat()
    System.out.println("动物爱吃饭");
  }
  public abstract void breath();                  //定义抽象方法 breath()
  public void sleep() {                           //定义方法 sleep()
    System.out.println("动物在睡觉");
  }
}
public class Tiger extends Animal {               //创建 Tiger 类继承自抽象类 Animal
  public String tigerType;
  public String from;
  public void tigerRun() {
    System.out.println("老虎在奔跑");
  }
  public void breath() {
    System.out.println("老虎是用肺呼吸的");
  }
}
```

```
public class Fish extends Animal {          //创建 Fish 类继承自抽象类 Animal
  public String fishType;                   //定义属性 fishType
  public void swim() {                      //定义方法 swim()
    System.out.println("鱼在游泳");
  }
  public void breath() {                    //定义方法 breath()
    System.out.println("鱼是用腮呼吸的");
  }
}
```

上述程序把 Animal 定义为抽象类,其中的 breath()方法被定义为抽象方法,而后面定义的 Animal 的子类 Tiger 和 Fish 都实现了 breath()方法。

(2)抽象类的使用。定义完抽象类后,就可以使用它。但是抽象类和普通类不同,抽象类不可以实例化。例如,语句“Animal animal=new Animal();”是无法通过编译的,但是可以创建抽象类的对象变量,只是这个变量只能用来指向它的非抽象子类对象。示例如下:

```
public class UseAbstract{
  public static void main(String[ ] args)
  {
    Animal animal1 = new Fish();
    animal1.breath();
    Animal animal2 = new Tiger();
    animal2.breath();
  }
}
```

上述程序定义了两个 Animal 对象变量,一个存放 Fish 对象,另一个存放 Tiger 对象,分别调用这两个对象的 breath()方法。由于根本不可能构建出 animal 对象,存放的对象仍然是 Fish 或 Tiger 对象,它会动态绑定正确的方法进行调用。

**注意:**尽管 animal 存放的是 Tiger 对象或 Fish 对象,但是不能直接调用这些子类的方法,语句“animal1. swim();”和“animal2. tigerRun();”都是不正确的。调用这些方法时仍然需要进行类型转换,正确的使用方法如下:

```
((Fish)animal1).swim();
((Tiger)animal2).tigerRun();
```

### 3)Object 类

Java 中存在一个非常特殊的类——Object 类,它是所有类的祖先类。在 Java 中如果定义了一个类并没有继承任何类,那么它默认继承 Object 类。而如果它继承了一个类,则它的父类甚至父类的父类必然继承自 Object 类,所以说任何类都是 Object 类的子类。由于

Object 类的特殊性，在实际开发中经常会使用到它。本项目简单地介绍一下如何使用 Object 类和如何使用 Object 类中的两个重要方法。

(1)Object 对象。例如：

```
public class Test{
  public static void main(String[ ] args)
  {
    Object[ ] object = new Object[3];  //创建一个存放 Object 数据的数组
    Animal animal1 = new Fish();       //创建一个 Animal 类的对象 animal1
    Animal animal2 = new Tiger();      //创建一个 Animal 类的对象 animal2
    //将创建的对象存储在 Object 数组中
    object[0] = animal1;
    object[1] = animal2;
    object[2] = new String("String");
    //取出对象后需要进行类型转换才能调用相应类型的方法
    ((Fish) object[0]).swim();
    }
}
```

本例中定义了一个 Object 对象，根据前面继承的知识，它可以存放任何类型，Animal 类、Fish 类和 Tiger 类都在前面定义过了，所以可以把 3 个不同的对象放进 Object 数组中，但是放进去后对象的类型被丢弃了，取出后要进行类型转换。当然类型转换不像程序中这么简单，可能要用到类型判断，即用 instanceof 运算符实现。

(2)equals()方法和 toString()方法。在 Object 类中也定义了一系列方法，比较重要的两个方法是 equals()方法和 toString()方法。

①equals()方法。在 Object 类中 equals()方法的定义形式如下：

```
public boolean equals(Object obj) {
  return (this == obj);
}
```

当且仅当两个对象指向同一个对象时才会返回真值，String 类 equals()方法的实现如下：

```
public boolean equals(Object anObject) {
  if(this == anObject) {
    return true;
  }
  if(anObject instanceof String) {
  String anotherString = (String)anObject;
  int n = count;
  if(n == anotherString.count) {
    char v1[ ] = value;
```

```
    char v2[ ] = anotherString. value;
    int i = offset;
    int j = anotherString. offset;
    while (n-- != 0) {
    if(v1[i++]! = v2[j++])
      return false;
    }
    return true;
    }
  }
  return false;
  }
```

程序首先判断两个对象是否指向同一个对象，如果是，就返回 true，否则继续判断提供的对象是否是 String 类型，如果不是，就返回 false，否则再进一步判断，取出两个 String 类的每一个位置的字符进行判断，如果有一个不等，则返回 false。所以程序要想真正比较两个对象的内容，必须自己进行 equals ()方法的覆写。

例如，在 Animal 类中覆写 equals()方法，为 Animal 类创建对象，进行对象的比较并输出结果。完整代码如下：

```
  public abstract class Animal {                    //声明一个 Animal 类
    public String type;
    public String name;
    public int age;
    public int weight;
    public boolean equals(Object ob) {             //定义 equals()方法
    boolean bool = false;
    if(this == ob)
      bool = true;
      if(ob == null)
       bool = false;
    if(ob instanceof Animal) {
      bool = ((Animal)ob). age == this. age&&((Animal)ob). name == this. name&&
((Animal)ob). type == this. type&&((Animal)ob). weight == this. weight;
    }
      return bool;
    }
  }
  public class Testequals {
    public static void main(String[] args) {
```

```
        //声明 3 个对象
        Animal animal1 = new Fish();
        Animal animal2 = new Tiger();
        Animal animal3 = new Fish();
        //为对象属性赋值
        animal1.age = 12;
        animal1.name = "dingding";
        animal1.type = "dog";
        animal1.weight = 12;
        animal2.age = 12;
        animal2.name = "dingding";
        animal2.type = "dog";
        animal2.weight = 12;
        animal3.age = 12;
        animal3.name = "dongdong";
        animal3.type = "dog";
        animal3.weight = 12;
        //进行比较并打印结果
        System.out.println(animal1.equals(animal2));
        System.out.println(animal1.equals(animal3));
    }
}
```

运行结果如图 5-2-3 所示。

图 5-2-3　对象的比较结果

②toString()方法。toString()方法的实现如下：

```
public String toString() {
    return getClass().getName() + "@" + Integer.toHexString(hashCode());
}
```

其中，getClass()方法是 Object 类提供的一个方法，它返回一个 Class 类型，然后调用 Class 类的 getName ()方法。

例如，在 Animal 类中创建 toString()方法，并创建测试类 TesttoString 进行方法调用。

完整代码如下：

```
public class Animal {                    //创建一个 Animal 类
    public String type;
    public String name;
    public int age;
    public int weight;
    public void eat() {                  //定义方法 eat()
        System.out.println("动物爱吃饭");
    }
    public void sleep() {                //定义方法 sleep()
        System.out.println("动物在睡觉");
    }
    public String toString() {           //定义一个 Animal 类的 toString()方法
        String returnString = null;
        //定义返回值
        returnString = "名字：" + this.name + "\n" + "种类：" + this.type +
"\n" + "年龄：" + this.age + "\n" + "体重："+ this.weight;
        return returnString;
    }
  }
 public class TesttoString{              //创建一个测试类 TesttoString
    public static void main(String[ ] args)
      {
        Animal animal1 = new Fish(); //创建一个 Animal 类对象 animal1
        animal1.age = 12;                //为对象属性 age 赋值
        animal1.name = "dingding";       //为对象属性 name 赋值
        animal1.type = "dog";            //为对象属性 type 赋值
        animal1.weight = 12;             //为对象属性 weight 赋值
        System.out.println(animal1.toString()); //调用 toString()方法
    }
  }
```

运行测试结果如图 5-2-4 所示。

图 5-2-4　toString 测试结果

## 3. 继承的定义

### 1)定义

继承主要通过关键字 extends 来定义一个类的子类,定义的格式如下:

```
class 子类名 extends 父类名 {
      ...
}
```

例如,创建一个子类 Student 继承自父类 Person 的代码如下:

```
class Student extends Person {
    ...
}
```

上述代码把 Student 类定义为 Person 类的子类,Person 类是 Student 类的父类 。

**说明:**如果一个类(除了 Object 类)的声明中默认为 extends 关键字,则该类被系统默认为 java. lang. Object 的子类,即类声明"class A"与"class A extends Object"是等价的。子类可以继承父类中访问权限设定为 public、protected、package 的成员变量和方法,但是不能继承访问权限设定为 private 的成员变量和方法。如果一个父类可以同时拥有多个子类,那么每一个子类则是对公共域和方法在功能、内涵方面的扩展和延伸。

### 2)父类与子类间的关系

(1)共享性,即子类可以共享父类的公共域和方法。

(2)差异性,即子类和父类一定会存在某些差异,否则就应该是同一个类。

(3)层次性,即由 Java 规定的单继承性,每个类都处于继承关系中的某一个层面。

举例:创建父类与子类,并进行属性赋值和方法调用测试,代码如下:

```
public class Father {                        //定义一个父类 Father
public String name;                          //定义父类的属性 name
public String weight;                        //定义父类的属性 weight
public int age;                              //定义父类的属性 age
public void speak(String language) {         //定义父类的方法 speak()
    System.out.println("执行父类 speak 方法,输出:父类说" + language);
}
public void eat(String food) {               //定义父类的方法 eat()
    System.out.println("执行父类 eat 方法,输出:父类在吃" + food);
  }
}
//定义一个子类 Son 继承自父类 Father
```

```
public class Son extends Father {
  //定义子类自己的属性 hand、foot、height
  public String hand;
  public String foot;
  public String height;
  //定义子类自己的方法 speak()
  public void speak(String language) {
    System.out.println("执行子类 speak 方法,输出:子类说" + language);
  }
  public static void main(String[] args) {
    Son s = new Son();                           //创建子类对象 s
    System.out.println("********************父类与子类测试********************");   //输出语句
    s.weight = "70kg";                           //继承父类的属性 weight
    System.out.println("继承父类的属性 weight,并赋值输出体重为:" + s.weight);   //输出继承自父类的属性 weight 的值
    s.height = "170cm";                          //子类自己的属性 height
    System.out.println("子类自己的属性 height,并赋值输出身高为:" + s.height);   //输出子类的属性 height 的值
    s.speak("普通话");                            //执行子类的 speak()方法
    s.eat("水果");                                //执行父类的 eat ()方法
  }
}
```

运行测试效果如图 5-2-5 所示。

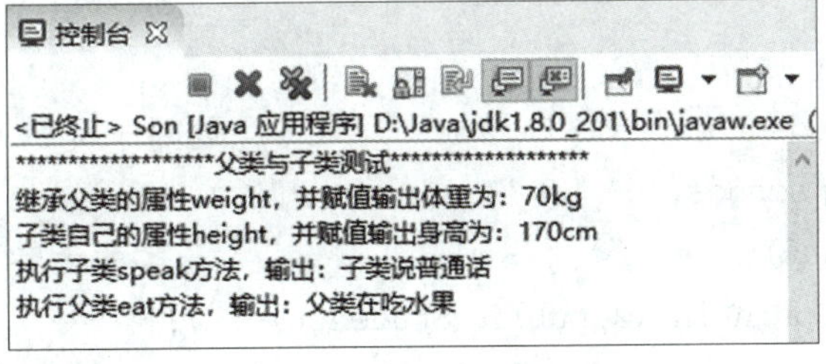

```
<已终止> Son [Java 应用程序] D:\Java\jdk1.8.0_201\bin\javaw.exe
*******************父类与子类测试*******************
继承父类的属性weight，并赋值输出体重为：70kg
子类自己的属性height，并赋值输出身高为：170cm
执行子类speak方法，输出：子类说普通话
执行父类eat方法，输出：父类在吃水果
```

图 5-2-5 父类与子类测试

由上例得知,类可以有两种重要的成员:成员变量和方法。子类的成员中有一部分是子类自己声明定义的,另一部分是从它的父类继承的。所谓子类继承父类的成员变量就是把继承来的变量作为自己的一个成员变量,就好像它们是在子类中直接声明一样,可以被子类中自己定义的任何实例方法操作。所谓子类继承父类的方法就是把继承来的方法作为子类中的一个方法,就好像它们是在子类中直接定义了一样,可以被子类中自己定义的任何实例方法调用。

注意：①子类可以继承父类中访问权限为 public、protected 或无权限修饰符(如同包)的成员变量和方法。但是不能继承访问权限为 private 的成员变量和方法。

②一个类只能有一个直接父类。

③父类包括所有直接或间接被继承的类。

④Java 不支持多重继承(子类只能有一个父类)。

## 4. 子类对象的实例化过程

子类创建对象时，总是按层次结构从上到下的顺序调用所有超类的构造函数。即子类的构造方法总是先调用父类的某个构造方法，完成父类部分的创建，然后调用子类自己的构造方法，完成子类部分的创建。如果子类的构造方法没有明显地指明使用父类的哪个构造方法，子类就调用父类不带参数的构造方法。如果父类没有不带参数的构造方法，则在子类的构造方法中必须明确地告诉调用父类的某个带参数的构造方法，即通过 super 关键字，且这条语句必须出现在构造方法的第一句。

子类在创建一个子类对象时，不仅子类中声明的成员变量被分配了内存，而且父类的所有成员变量也都被分配了内存空间，但子类只能操作继承的那部分成员变量。子类可以通过继承的方法来操作子类未继承的变量和方法，可以继承直接父类中的方法与属性。

例如：

```
public class Person{                          //创建父类 Person

  public String name;
  public int age;
  public Person(){                            //创建父类的无参构造方法
     System.out.println("1.public Person(){}");
  }
}
public class Student extends Person{          //创建子类
  public String school;
  public Student(){                           // 子类的无参构造方法
    System.out.println("2.public Student(){}");
  }
}
public class TestPersonStudent{               //创建测试类
  public static void main(String[] args)
  {
  Student s = new Student();                  //创建类 Student 的实例对象 s
}
}
```

运行测试结果如图 5-2-6 所示。

图 5-2-6 子类对象实例化

从程序输出结果中可以发现，虽然在测试类中实例化的是子类的对象，但是程序先去调用父类中的无参构造方法，之后调用了子类本身的构造方法。由此可以得出结论：子类对象在实例化时会默认先去调用父类中的无参构造方法，之后调用本类中的相应构造方法。所以实际上在子类构造方法的第一行默认隐含了一个 super()语句，如上面的子类 Student 的构造方法等同于下面的构造方法：

```
public Student(){
  super();                  //在程序中隐含了这样一条语句
  System.out.println("2.public Student(){}");
}
```

## 5. this 与 super 关键字

### 1) this 关键字

this 是指当前对象自己。当在一个类中需要明确指出使用对象自己的变量或函数时就应该加上 this 引用。this 关键字主要有如下三个应用：

(1) this 调用本类中的属性，也就是类中的成员变量。例如，“this. 属性名称”指的是访问类中的成员变量，用来区分成员变量和局部变量(重名问题)。

(2) this 调用本类中的其他方法。例如，“this. 方法名称”用来访问本类的成员方法。

(3) this 调用本类中的其他构造方法，调用时要放在构造方法的首行。例如，“this();”访问本类的其他构造方法，()中如果有参数就是调用指定的有参构造方法。this()不能使用在普通方法中，只能写在构造方法中，并且必须是构造方法中的第一条语句。

### 2) super 关键字

Java 中通过 super 来实现对父类成员的访问，super 用来引用当前对象的父类。super 的使用有以下三种情况。

(1) 访问父类中被隐藏的成员变量。例如：

```
super.变量名
```

因为当子类具有与父类同名的成员变量时，父类的变量会自动隐藏，在子类中调用该变量调用的是子类本身具有的成员变量，而不是从父类继承的成员变量，所以如果想引用父类的同名变量，则必须用关键字 super 作为前缀加圆点操作符来引用。

(2) 调用父类中被覆盖的方法。例如：

```
super.方法名([参数列表])
```

当子类的成员方法与父类的成员方法重名时，子类重新定义父类中的方法，这就是覆盖，当调用父类中被覆盖的方法时也必须使用 super 关键字。

(3)调用父类中的构造方法。例如：

```
super([参数列表])
```

在使用 new 创建子类实例对象时，系统会自动调用父类的构造方法，所以在子类构造方法中，必须通过 super 的形式来调用父类的构造方法，如果没有调用，则默认以 super 的形式调用父类的无参构造方法。

调用父类的构造方法必须用 super，而且必须是构造方法的第一条语句。

#### 3) this 与 super 关键字的比较

this 与 super 关键字的比较如表 5-2-1 所示。

**表 5-2-1　this 与 super 关键字的比较**

| 关 键 字 | 说　明 |
|---|---|
| this | 表示当前对象 |
| | 调用本类中的方法或属性 |
| | 调用本类中的构造方法时，放在程序首行 |
| super | 子类调用父类的方法或属性 |
| | 调用父类中的构造方法时，放在程序首行 |

从表 5-2-1 中不难发现，用 super 或 this 调用构造方法时都需要放在首行，所以，通过 super 与 this 调用构造方法的操作是不能同时出现的。

## 任务描述

在购物管理系统中，员工分为一般员工、销售人员、部门经理三种角色，员工属性包括员工编号、员工姓名、员工性别、员工年龄、所属部门、员工电话、员工类别、员工地址、基本工资、月工资等，根据角色的不同，员工月工资的计算方式也不同，具体为：

(1)一般员工：基本工资＋岗位工资(600)。

(2)销售人员：基本工资＋岗位工资(600)＋销售额×2%。

(3)部门经理：基本工资＋岗位工资(1000)＋部门业绩(部门销售总额×0.5%)。

用继承的方式完成部门经理信息的输入和月工资的计算并测试输出。

## 任务分析

(1)创建员工类，并设置其属性和方法。

(2)创建部门经理类，继承自员工类。

## 任务实施

(1)创建员工类,定义其属性和方法,代码如下:

```
public class Employee {                //定义父类员工类
  public String workno;                //定义父类员工类属性
  public String name;
  public String sex;
  public int age;
  public String department;
  public String phone;
  public String address;
  public String type;
  public double basesalary;
  public double monthsalary;
  public void talk() {                 //定义员工类 talk()方法
    System.out.println("员工必须说普通话!");
  }
}
```

(2)创建部门经理类继承自员工类,并定义月工资方法,创建 main 方法进行属性赋值和信息输出,代码如下:

```
import java.util.Scanner;
public class DepartManager extends Employee {    //定义子类部门经理类
  public double departsum;                       //定义子类自己的属性
  Scanner in = new Scanner(System.in);
  public double monthsalary() {                  //定义子类 monthsalary()方法
    System.out.println("请输入本月的部门销售总额:");
    departsum = in.nextDouble();
    monthsalary = basesalary + 1000 + departsum * 0.005;
    return monthsalary;
  }
  public static void main(String[] args) {
      //创建一个子类对象 department
    DepartManager department = new DepartManager();
      //为子类继承自父类的属性赋值
    department.departsum = 2000000;
    department.workno = "10001";
    department.name = "张丽丽";
```

```
        department.sex = "女";
        department.age = 28;
        department.type = "部门经理";
        department.phone = "12345671234";
        department.address = "山东省聊城市";
        department.department = "衣服 1 组";
        department.basesalary = 1800;
          //调用子类的 monthsalary()方法,将结果赋值给 monthsalary
        department.monthsalary = department.monthsalary();
        System.out.println(
    "***********************************
*****************************员工信息*****
*************************************
*********************");
        System.out.println("员工编号\t 员工姓名\t 员工性别\t 员工年龄\t 所属部
门\t 员工电话\t\t 员工地址\t\t 员工类别\t 基本工资\t 月工资");
        System.out.println(department.workno + "\t" + department.name + "\t" +
department.sex + "\t\t" + department.age + "\t\t" + department.department +
"\t" + department.phone + "\t" + department.address + "\t" + department.type
+ "\t" + department.basesalary + "\t" + department.monthsalary);
        department.talk();    //调用父类的 talk()方法
    }
}
```

(3)运行测试结果如图 5-2-7 所示。

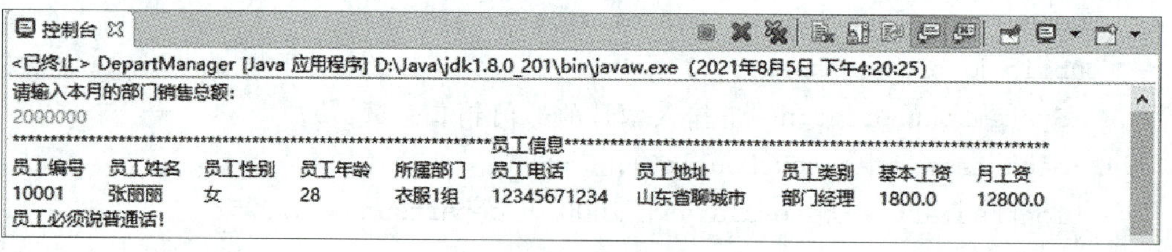


图 5-2-7 部门经理信息

## 任务小结

本任务通过对继承的介绍,进行思政的渗透教育,引导学生认识和理解学习的价值,养成良好的学习习惯,在人生历程中善于发现别人的优点并进行学习,取其精华,去其糟粕,继承国家和社会核心的道德法律观念、价值观念,培养社会责任感和提升文化素质。

## 自我评价

<table>
<tr><td colspan="2">课程名称:Java 程序设计</td><td colspan="3">授课地点:</td></tr>
<tr><td colspan="2">学习任务 2:Java 继承</td><td colspan="2">授课教师:</td><td>授课学时:4</td></tr>
<tr><td colspan="2">课程性质:理实一体课程</td><td colspan="3">综合评分:</td></tr>
<tr><td colspan="5">知识掌握情况评分(25 分)</td></tr>
<tr><td>序号</td><td>知识考核点</td><td>教师评价</td><td>分数</td><td>得分</td></tr>
<tr><td>1</td><td>继承的概念</td><td></td><td>5</td><td></td></tr>
<tr><td>2</td><td>抽象类与 Object 类</td><td></td><td>5</td><td></td></tr>
<tr><td>3</td><td>继承的定义与使用</td><td></td><td>10</td><td></td></tr>
<tr><td>4</td><td>子类对象的实例化过程</td><td></td><td>5</td><td></td></tr>
<tr><td colspan="5">工作任务完成情况评分(45 分)</td></tr>
<tr><td>序号</td><td>能力操作考核点</td><td>教师评价</td><td>分数</td><td>得分</td></tr>
<tr><td>1</td><td>创建父类与子类</td><td></td><td>5</td><td></td></tr>
<tr><td>2</td><td>利用继承创建部门经理类和销售人员类,继承于员工类</td><td></td><td>10</td><td></td></tr>
<tr><td>3</td><td>利用继承为经理类和销售人员类执行继承于员工类的方法 toString()</td><td></td><td>10</td><td></td></tr>
<tr><td>4</td><td>程序排错的能力</td><td></td><td>5</td><td></td></tr>
<tr><td>5</td><td>与组员的配合团队精神、协调能力</td><td></td><td>5</td><td></td></tr>
<tr><td>6</td><td>精神面貌、专业自信、工匠精神、职业素养</td><td></td><td>10</td><td></td></tr>
<tr><td colspan="5">课堂表现情况评分(20 分)</td></tr>
<tr><td>序号</td><td>课堂表现考核点</td><td>教师评价</td><td>分数</td><td>得分</td></tr>
<tr><td>1</td><td>课堂过程表现(签到、互动、抢答、讨论、演示)</td><td></td><td>10</td><td></td></tr>
<tr><td>2</td><td>课堂实训效果(教师评价+组间评价+组内互评)</td><td></td><td>10</td><td></td></tr>
<tr><td colspan="5">任务总结反思(10)分</td></tr>
<tr><td colspan="5"></td></tr>
</table>

# 任务三　多　态

## 知识储备

多态是面向对象程序设计的又一个重要特征。多态的特性使程序的抽象程度和简捷程度更高，有助于程序设计人员对程序进行分组协同开发。

### 1. 多态的概念

视频
多态 1

多态是指把类中具有相似功能的不同方法使用同一个方法名来实现，从而可以使用相同的方式来调用这些具有不同功能的同名方法。简单来说，就是多态是同一个行为具有多个不同表现形式或形态的能力。同一个方法可以根据上下文使用不同的定义功能，在多态中允许程序中出现重名现象。例如，在操作计算机时，同样是按下 F1 键这个动作，对于在 Animate 软件界面下弹出的就是 Animate 学习和支持的帮助文档，在 Word 下弹出的就是 Word 帮助，在 Windows 下弹出的就是 Windows 帮助和支持。所以同一个事件发生在不同的对象上会产生不同的结果，这就是多态。

### 2. 多态的表现形式

视频
多态 2

Java 语言中含有方法重载与成员覆盖两种形式的多态。

(1)方法重载。在一个类中，允许多个方法使用同一个名字，但方法的参数不同，完成的功能也不同，也称为静态绑定。

(2)成员覆盖。在子类中直接定义与父类相同的属性和方法，子类和父类允许具有相同的变量名称，但数据类型不同，允许具有相同的方法名称，但完成的功能不同，也称为动态绑定。

### 3. 多态的实现

多态存在的三个必要条件为：继承、重写、父类引用指向子类对象。

在 Java 中，一个类只能有一个父类，不能多继承。一个父类可以有多个子类，而在子类里可以重写父类的方法，这样每个子类中重写的代码不一样，自然表现形式就不一样。这样用父类的变量去引用不同的子类，在调用这个相同的方法时得到的结果和表现形式就不一样了，这就是多态，相同的消息(也就是调用相同的方法)会有不同的结果。

例如：

```
public class Person {                //定义父类 Person
  public void fun1() {               //定义父类方法 fun1()
```

```
    System.out.println("1.Person{fun1()}");
  }
  public void fun2() {                    //定义父类方法 fun2()
    System.out.println("2.Person{fun2()}");
  }
}
//定义子类 Student 继承于 Person
public class Student extends Person {
public void fun1(){   //在子类中复写 Person 类中的 fun1()方法
    System.out.println("3.Student{fun1()}") ;
  }
    public void fun3(){                   //在子类中定义自己的 fun3()方法
    System.out.println("4.Studen{fun3()}") ;
    }
  }
public class TestPoly {                   //创建测试类
  public static void main(String[] args) {
    Person p = new Student();             //父类对象由子类实例化
  //父类对象调用 fun1()方法,观察此处调用的是哪个类的 fun1()
    p.fun1();
    p.fun2();                             //父类对象调用 fun2()方法
  }
}
```

运行测试结果如图 5-3-1 所示。

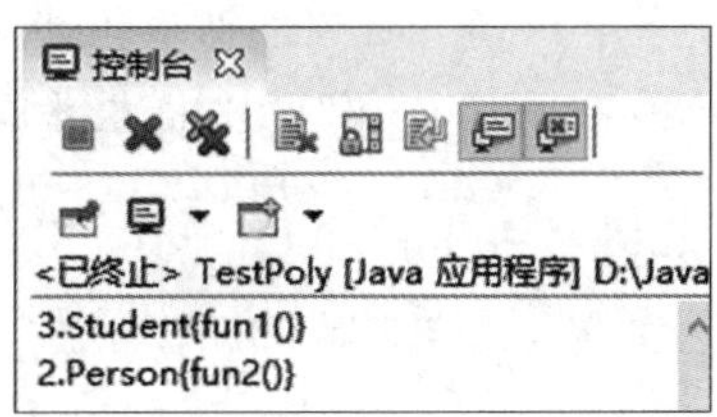


图 5-3-1　多态的实现

## 明德树人

在疫情防控的过程下,“扫码通行”成为各地疫情常态化防控的重要举措。市民进出只需要用“扫一扫”扫描“场所码”即可完成健康码核验、信息登记等程序,扫描的“场所码”相同但出现的结果不同。在生活中,相同的事,不同的人去做常常会有不同的结果,我们要学会正确解决问题的方法。

从程序的输出结果可以发现，p 是父类的对象，但调用 fun1()方法时并没有调用其本身的 fun1()方法，而是调用了子类中被复写了的 fun1()方法。之所以会产生这样的结果，最根本的原因就是父类对象并非由其本身的类实例化，而是通过子类实例化，这就是所谓的对象的多态性，即子类实例化对象可以转换为父类实例化对象。

## 任务描述

在购物管理系统中，员工分为一般员工、销售人员、部门经理三种角色，员工属性包括员工编号、员工姓名、员工性别、员工年龄、所属部门、员工电话、员工类别、员工地址、基本工资、月工资等，根据角色的不同，员工月工资的计算方式也不同，具体为：

(1)一般员工：基本工资＋岗位工资(600)。

(2)销售人员：基本工资＋岗位工资(600)＋销售额×2%。

(3)部门经理：基本工资＋岗位工资(1000)＋部门业绩(部门销售总额×0.5%)。

用多态的方式完成各种员工的工资计算方法并测试输出员工信息。

## 任务分析

(1)创建员工类，并设置其属性和方法。

(2)创建部门经理类和销售人员类，继承自员工类。

(3)为部门经理类和销售人员类制作工资计算方法。

(4)创建测试类，进行属性赋值并输出员工信息。

## 任务实施

(1)创建员工类，定义其属性和方法，代码如下：

```
public class Employee {                    //定义员工类
    public String workno;                  //定义员工类属性
    public String name;
    public String sex;
    public int age;
    public String department;
    public String phone;
    public String address;
    public String type;
    public double basesalary;
    public double monthsalary;
    public double monthsalary() {          //定义员工类 monthsalary()方法
        monthsalary = basesalary + 600;
        return monthsalary;
```

```
    }
    public Employee() {                  //定义无参构造函数
    }
      //定义有参构造函数
    public Employee(String workno, String name, String sex, int age, String
department, String phone, String address, String type, double basesalary) {
      this.workno = workno;
      this.name = name;
      this.sex = sex;
      this.age = age;
      this.department = department;
      this.phone = phone;
      this.address = address;
      this.type = type;
      this.basesalary = basesalary;
    }
    public void show() {                    //定义 show()方法,输出员工信息
      System.out.println(workno + "\t" + name + "\t" + sex + "\t\t" + age + "\t\t" +
department + "\t" + phone + "\t"  + address + "\t" + type + "\t" + basesalary +
"\t" + monthsalary);
    }
  }
```

(2)创建部门经理类,定义其属性和方法,代码如下:

```
  import java.util.Scanner;
  //定义部门经理类,继承自员工类
  public class DepartManager extends Employee {
    public double departsum;           //定义 DepartManager 子类自己的属性
    Scanner in = new Scanner(System.in);
    public double monthsalary() {  //定义部门经理类的 monthsalary()方法
      System.out.println("请输入部门经理本月的部门销售总额:");
      departsum = in.nextDouble();
      monthsalary = basesalary + 1000 + departsum * 0.005;
      return monthsalary;
    }
  }
```

(3)创建销售人员类,定义其属性和方法,代码如下:

```
import java.util.Scanner;
public class Saler extends Employee {    //定义销售人员类,继承自员工类
  Scanner in = new Scanner(System.in);
  public double salesum;
  public double monthsalary() {              //定义销售人员类的monthsalary()方法
    System.out.println("请输入销售人员本月的销售总额:");
    salesum = in.nextDouble();
    monthsalary = basesalary + 600 + salesum * 0.02;
    return monthsalary;
  }
}
```

(4)创建测试类,进行属性赋值与信息输出,代码如下:

```
public class EmployeeTest {        //定义测试类
  public static void main(String[] args) {
  System.out.println("*************************
**************************************
*员工信息*********************************
*******************************");
    //创建DepartManager类实例对象department
    DepartManager department = new DepartManager();
    //为DepartManager类实例对象department的属性赋值
    department.workno = "10001";
    department.name = "张丽丽";
    department.sex = "女";
    department.age = 28;
    department.type = "部门经理";
    department.phone = "12345671234";
    department.address = "山东省聊城市";
    department.department = "衣服1组";
    department.basesalary = 1800;
    //调用monthsalary()方法,将结果赋给monthsalary属性
    department.monthsalary = department.monthsalary();
    //创建Employee类实例对象employee,并进行初始化赋值
    Employee employee = new Employee("10003","王华华","女",36,"后勤部",
"15463456662","山东省济南市","一般员工",1800);
```

```
        employee.monthsalary = employee.monthsalary();
        //创建 Saler 类的实例对象 saler
        Saler saler = new Saler();
        //为 Saler 类的实例对象 saler 的属性赋值
        saler.workno = "10002";
        saler.name = "李小强";
        saler.sex = "男";
        saler.age = 38;
        saler.type = "销售人员";
        saler.phone = "13645346712";
        saler.address = "山东省聊城市";
        saler.department = "衣服 2 组";
        saler.basesalary = 1800;
        saler.monthsalary = saler.monthsalary();
        System.out.println("员工编号\t员工姓名\t员工性别\t员工年龄\t所属部门\t员工电话\t\t员工地址\t\t员工类别\t基本工资\t月工资");
        department.show();          //department 对象调用父类中的 show()方法
        employee.show();            //employee 对象调用父类中的 show()方法
        saler.show();               //saler 对象调用父类中的 show()方法
    }
}
```

(5)运行测试效果如图 5-3-2 所示。

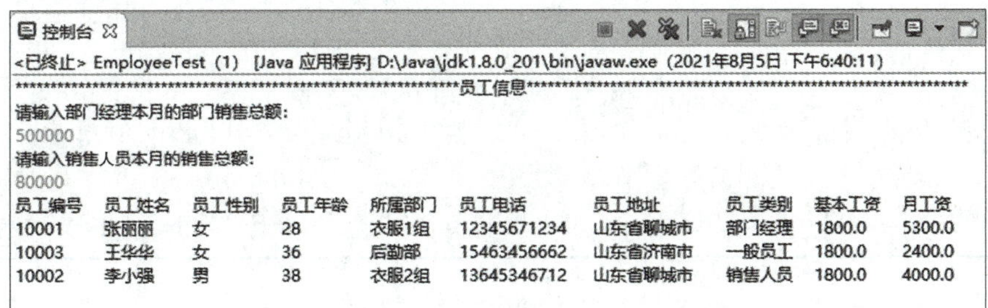



```
*****************************************************************员工信息*****************************************************************
请输入部门经理本月的部门销售总额:
500000
请输入销售人员本月的销售总额:
80000
员工编号  员工姓名  员工性别  员工年龄  所属部门  员工电话      员工地址    员工类别  基本工资  月工资
10001     张丽丽    女        28        衣服1组   12345671234   山东省聊城市  部门经理  1800.0    5300.0
10003     王华华    女        36        后勤部    15463456662   山东省济南市  一般员工  1800.0    2400.0
10002     李小强    男        38        衣服2组   13645346712   山东省聊城市  销售人员  1800.0    4000.0
```

图 5-3-2　运行效果

## 任务小结

本任务通过对多态的介绍，进行思政的渗透教育，引导学生培养发散思维，学会运用多种方法解决问题，提高综合职业素养，树立坚持、严谨、诚信、合作、精益求精等工匠精神，面对突发事件能灵活应变、临场掌控。

## 自我评价

<table>
<tr><td colspan="2">课程名称:Java 程序设计</td><td colspan="3">授课地点:</td></tr>
<tr><td colspan="2">学习任务 3:Java 多态</td><td colspan="2">授课教师:</td><td>授课学时:4</td></tr>
<tr><td colspan="2">课程性质:理实一体课程</td><td colspan="3">综合评分:</td></tr>
<tr><td colspan="5">知识掌握情况评分(25 分)</td></tr>
<tr><td>序号</td><td>知识考核点</td><td>教师评价</td><td>分数</td><td>得分</td></tr>
<tr><td>1</td><td>多态的概念</td><td></td><td>5</td><td></td></tr>
<tr><td>2</td><td>方法重载</td><td></td><td>10</td><td></td></tr>
<tr><td>3</td><td>多态的实现</td><td></td><td>10</td><td></td></tr>
<tr><td colspan="5">工作任务完成情况评分(45 分)</td></tr>
<tr><td>序号</td><td>能力操作考核点</td><td>教师评价</td><td>分数</td><td>得分</td></tr>
<tr><td>1</td><td>利用继承创建部门经理类和销售人员类,继承于员工类</td><td></td><td>10</td><td></td></tr>
<tr><td>2</td><td>利用方法重载为经理类和销售人员类制作工资计算方法</td><td></td><td>10</td><td></td></tr>
<tr><td>3</td><td>程序排错的能力</td><td></td><td>10</td><td></td></tr>
<tr><td>4</td><td>与组员的配合团队精神、协调能力</td><td></td><td>5</td><td></td></tr>
<tr><td>5</td><td>精神面貌、专业自信、工匠精神、职业素养</td><td></td><td>10</td><td></td></tr>
<tr><td colspan="5">课堂表现情况评分(20 分)</td></tr>
<tr><td>序号</td><td>课堂表现考核点</td><td>教师评价</td><td>分数</td><td>得分</td></tr>
<tr><td>1</td><td>课堂过程表现(签到、互动、抢答、讨论、演示)</td><td></td><td>10</td><td></td></tr>
<tr><td>2</td><td>课堂实训效果(教师评价+组间评价+组内互评)</td><td></td><td>10</td><td></td></tr>
<tr><td colspan="5">任务总结反思(10)分</td></tr>
<tr><td colspan="5"></td></tr>
</table>

## 习 题

### 一、选择题

1. 在 Java 中(　　)。

A. 一个子类可以有多个父类,一个父类也可以有多个子类

B. 一个子类可以有多个父类,但一个父类只可以有一个子类

C. 一个子类只可以有一个父类,但一个父类可以有多个子类

D. 上述说法都不对

2. 在子类中用来访问与父类中一样的方法的关键词是(　　)。

A. superB. this C. static D. 以上没有

3. 如下类的声明:

```
class A {}
```

则类A的父类是(　　)。

A. 没有父类　B. 本身　C. Object　D. Lang

4. (　　)不能被重写。

A. 私有方法B. 最终(final)方法

C. 受保护的方法D. 都不对

5. 关于重载和重写的叙述正确的是(　　)。

A. 重载是多态的一种,而重写不是

B. 重载是子类中定义的方法和父类中的某个方法相同

C. 重写是一个类中多个同名的方法,并且方法的参数不同

D. 重写方法时不允许降低方法的访问权限

## 二、填空题

1. 面向对象的三大特征是________、________、________。

2. Java 封装需要将类中的属性设置为________类型,并为属性创建公有的________方法。

3. 在 Java 中如果定义了一个类并没有继承任何类,那么它默认继承________类。

4. 继承主要通过关键字________来定义一个类的子类。

5. 多态存在的三个必要条件为:________、________、________。

## 三、编程题

1. 创建2个包a和b。在包a中编写一个公共类A,类A中有2个public double类型的属性c、d,一个构造方法public A(double x,double y)对c、d进行初始化,还有一个方法public double add()返回c与d的和。在包b中编写一个主类B,在类B的main()方法中创建类A的对象e,并用对象e调用方法add()求2个数的和。

2. 设计一个学生类Student,属性包括姓名name、年龄age和学位degree。由学生类派生出本科生类Undergraduate和研究生类Graduate,本科生类包含的属性有专业specialty,研究生类包含的属性有研究方向studyDirection。每个类都有相关数据的输出方法。最后在一个测试类中对设计的类进行测试。

要求测试结果如下:

姓名:王军

年龄:23

学位:本科

专业:工业自动化

姓名:刘君

年龄:27

学位:硕士

研究方向:网络技术

3. 编写一个 Java 应用程序,该程序包括 3 个类:类人猿类、People 类和主类 E。要求:

(1)类人猿类中有个构造方法类人猿(String s),并且有个 public void speak()方法,在 speak()方法中输出“咿咿呀呀……”的信息。

(2)People 类是类人猿类的子类,在 People 类中重写方法 speak(),在 speak()方法中输出“小样的,不错嘛!”的信息。

(3)在 People 类中新增方法 void think(),在 think()方法中输出“别说话!认真思考!”。

(4)在主类 E 的 main()方法中创建类人猿类与 People 类的对象类,测试这两个类的功能。

# 项目六

# Java 数据库与集合类

学习 Java 语言，必须学习 JDBC 技术，JDBC 技术是一种在 Java 语言中被广泛使用的操作数据库的技术，在数据库开发中占有重要地位，使用 JDBC 和数据库建立连接，就可以使用 JDBC 的 API 操作数据库。可以查找满足条件的记录，或者向数据库中添加、修改、删除数据。

Java 中提供了不同的集合类，这些类具有不同的存储对象方式，并提供了相应的方法对集合进行遍历、添加、删除以及查找指定对象操作。

本项目主要介绍数据库的操作和 Java 中的各种集合类。

## 学习目标

◎ 了解数据库的基础知识与 JDBC 技术的概念。
◎ 掌握 JDBC 中常用的类和接口。
◎ 掌握数据库操作的增、删、改、查功能。
◎ 理解泛型，掌握 List、Set、Map 集合类的应用。

## 素质目标

◎ 培养学生以人为本、爱国敬业的工匠精神和程序公正、依法治国的责任意识。
◎ 培养学生认真负责的工作态度、一丝不苟的工匠精神和求真务实的科学精神。
◎ 培养学生独立完成任务、不怯问题的职业素养和精益求精的质量意识。
◎ 培养学生谨慎的工作态度，加强责任感。
◎ 引导学生思考信息泄露和信息安全问题，树立正确的职业道德和职业操守。

## 项目分析

在进行会员信息维护的过程中，往往需要进行会员信息的添加、删除、修改和查询操作，而运用数据库进行动态信息的维护则为重中之重。本项目主要通过数据库 JDBC 技术和集合类来实现对会员信息的增、删、改、查方法的编写。

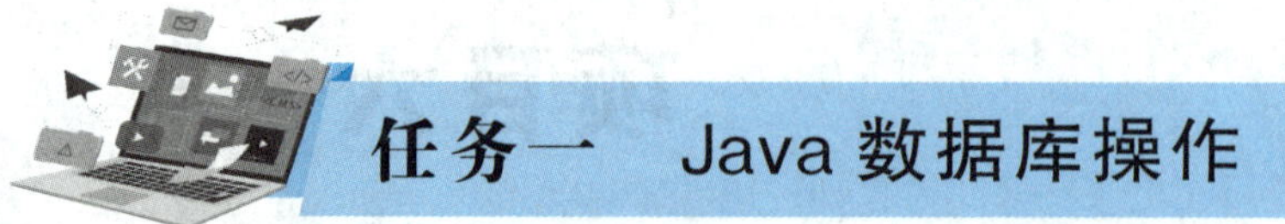

# 任务一　Java 数据库操作

知识储备

## 1. 数据库基础知识

在信息技术快速发展的今天，数据库技术已成为现代信息科学与技术的重要组成部分，也是计算机数据处理与信息管理系统的核心。它是研究如何设计、管理和应用数据库的一门软件科学。人们日常生活中的网上购物、电子邮件、网络游戏以及常用的聊天工具等，都离不开数据库技术的支持。

### 1）数据库的概念

通俗地说，正如仓库用来存放货物，车库用来停放和管理车辆一样，数据库即用来存储数据的仓库，这个仓库的物理位置在计算机上。严格地说，数据库是按照数据结构来组织、存储和管理数据的集合。

### 2）数据模型

数据模型描述了数据在数据库中的存储形式。常用的数据模型分为关系模型、层次模型和网状模型。其中，关系模型是最常用的一种数据模型，关系模型是用二维表的形式表示实体和实体之间联系的数据模型。因此，数据库也可以被描述成由多张相互之间有联系的二维表构成的数据集合。

在当前比较流行的数据库中，MySQL 数据库是开放源代码的软件，具有功能强、使用简便、管理方便、运行速度快、安全可靠性强等优点，同时是具有客户机/服务器体系结构的分布式数据库管理系统。MySQL 是完全网络化的跨平台关系型数据库系统。

### 3）数据库系统

（1）数据库管理系统（database management system，DBMS）是一种操纵和管理数据库的大型软件，用来建立、使用和维护数据库。它对数据库进行统一的管理和控制，以保证数据库的安全性和完整性。用户通过 DBMS 访问数据库中的数据，数据库管理员也通过 DBMS 进行数据库的维护工作。常见的数据库管理系统如 Oracle、Sybase、Informix、Microsoft SQL Server、Microsoft Access、Visual FoxPro 等。数据库管理系统和计算机系统之间的关系如图 6-1-1 所示。

（2）数据库系统（database systems，DBS）是由数据库及其管理软件组成的系统。它是为适应数据处理的需要而发展起来的一种较为理想的数据处理的核心机构，是一个实际可运行的存储、维护和为应用系统提供数据的软件系统，是存储介质、处理对象和管理系统的集合体。数据库系统一般由数据库、数据库管理系统、数据库管理员（DBA）、用户和应用程序几部分组成。

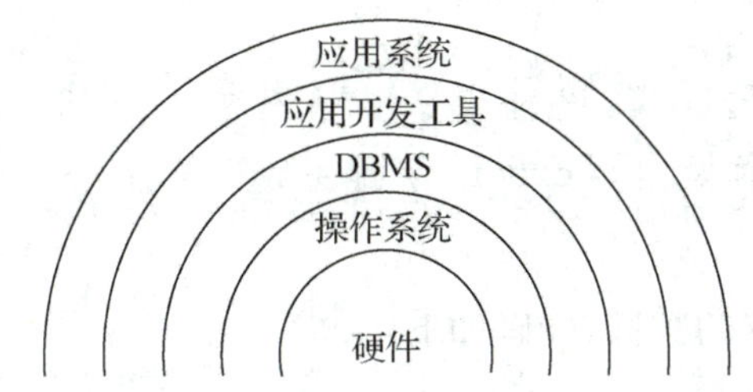


图 6-1-1 数据库管理系统和计算机系统之间的关系

#### 4)数据库的发展

随着计算机技术的发展,对数据处理技术的要求越来越高,数据管理技术应运而生。数据管理技术的发展经历了人工管理阶段、文件系统阶段和数据库系统阶段。

(1)人工管理阶段。20 世纪 50 年代中期之前,硬件和软件都不完善,计算机主要用于科学计算,没有操作系统。硬件存储设备只有卡片、纸带和磁带,也没有软件系统对数据进行管理。数据的组织仅面向所在应用,数据不能共享。数据与程序结合在一起,不独立。

(2)文件系统阶段。20 世纪 50 年代中期到 60 年代中期,这一阶段主要的标志是计算机操作系统的诞生。有了操作系统,数据就可以以文件为单位存储在外设中,由操作系统统一管理。这时的程序和数据可以分离,数据得到了以文件为单位的共享。但由于文件之间是相互独立的,不能反映出数据之间的联系,因而造成了大量的数据冗余。

(3)数据库系统阶段。20 世纪 60 年代以后,随着计算机技术的发展,数据管理技术也得到了普遍应用,人们对数据管理技术也提出了更高的要求。减少数据冗余、提高数据共享能力,数据不仅能够描述自身特点,而且要使数据之间建立联系,程序和数据具有较高的独立性等,在这些应用需求的影响下,数据库技术发展起来。

### 明德树人

OceanBase 数据库是目前阿里业务的重要基石,支撑着阿里的业务,平稳地经受了"双十一"的严峻考验,一次次地向世界证明国产数据库的能力。目前,国内企业正在更多地采取自研这条技术路线,打破技术封锁。我们要树立为国为家的责任感和担当意识,将职业生涯、职业发展与国家的发展融合起来。

#### 5)结构化查询语言

结构化查询语言(structured query language,SQL)被广泛地应用于大多数数据库中,使用 SQL 可以方便地查询、操作、定义和控制数据库中的数据。SQL 主要分为以下几类:

DDL——数据定义语言(create、alter、drop、declare)。

DML——数据操纵语言(select、delete、update、insert)。

DCL——数据控制语言(grant、revoke、commit、rollback)。

在应用程序中,使用最多的就是数据操纵语言,它也是最常用的核心 SQL。下面对操纵语言进行简单的介绍。

(1)select 语句。数据库中提供一种可以将表中的数据查询出来的技术,称为 select 查询。语法格式如下：

```
select [列名1,列名2,…]  from 表名1,表名2  [where 条件][group by 分组的列名][having 聚合函数比较操作][order by 排序的列名];
```

例如：

查询 student 表中所有的数据，代码如下：

```
select * from student;
```

查询 student 表中的某些列，代码如下：

```
select sno sname sage from student;
```

查询所有性别为女的学生的所有信息，代码如下：

```
select sno sname sage from student where sex = '女';
```

**注意：**“*”和列名只能二选一，不能同时出现。

(2)insert 语句。insert 语句用来向表中插入新数据。语法格式如下：

```
insert into 表名[(列名1,列名2,…)] values(值1,值2,…);
```

例如：

向 student 表(包含字段学生学号、姓名、性别、入校分数)中插入数据“20180023，张丽，女，560”，代码如下：

```
insert into student values('20180023','张丽','女',560);
```

(3)update 语句。update 语句用来修改表的数据，使用 where 子句来选择更新特定的记录。语法格式如下：

```
update 表名 set 列名1 = 值1,列名2 = 值2,…[where 条件…];
```

例如：

修改表 student 中学号为 20182003 的学生的年龄为 20，代码如下：

```
update student set sage = 20 where sno = '20182003' ;
```

(4)delete 语句。delete 语句可删除表中的一行或多行，在 SQL select 语句中可以使用的任何条件都可以在 delete 语句的 where 子句中使用。语法格式如下：

```
delete from 表名 [where 条件…];
```

例如：

删除表 student 中的所有数据，代码如下：

```
delete from student;
```

删除表 student 中学号为 20182003 的所有数据，代码如下：

```
delete from student where sno  =  '20182003' ;
```

## 2. JDBC 概述

视频
JDBC 概述

JDBC 是一种可用于执行 SQL 语句的 Java API(应用程序设计接口),是连接数据库和 Java 应用程序的纽带。

运行 Java 连接数据库分为以下三个步骤。

1)加载数据访问驱动

```
Class.forName("com.mysql.jdbc.Driver");
```

2)创建数据库连接

```
Connection conn = DriverManager.getConnection("jdbc:mysql://127.0.0.1:3306/mydb","root","123456");
```

或

```
"jdbc:mysql://localhost:3306/test"(mydb 和 test 是创建的数据库的名字)。
```

DriverManager 是驱动管理器类,getConnection(url,数据库登录名,密码)是获得连接的方法。

"jdbc:mysql://localhost:3306/test"中"localhost:3306"是指本机地址,test 是指数据库名称。

若往数据库表中添加中文,则 url 须改为:

```
jdbc:mysql://127.0.0.1:3306/mydb? characterEncoding = utf-8
```

3)构建执行 SQL 命令

```
Statement state = conn.createStatement();
state.executeUpdate("增删改的 SQL 语句");
state.executeQuery("查询的 SQL 语句");
conn.close();//关闭连接
```

## 3. JDBC 中常用的类与接口

Java 语言提供了丰富的类和接口用于数据库编程,利用这些类和接口可以方便地进行数据访问和处理,这些类和接口都在 java.sql 包中。

在 java.sql 包中的类和接口主要针对基本的数据库编程服务,如生成连接、执行语句以及准备语句和运行批处理查询等。同时有一些高级的处理,如批处理更新、事务隔离和滚动结果集等。JDBC 常用的类与接口如表 6-1-1 所示。

表 6-1-1 JDBC 常用的类与接口

| 类与接口 | 说明 |
|---|---|
| DriverManager 类 | 负责加载各种不同驱动程序(Driver),并根据不同的请求向调用者返回相应的数据库连接(Connection) |

（续表）

| 类与接口 | 说　明 |
| --- | --- |
| Driver | 驱动程序，会将自身加载到 DriverManager 中去，处理相应的请求并返回相应的数据库连接(Connection) |
| Connection | 数据库连接，负责进行数据库间的通信，SQL 执行以及事务处理都在某个特定 Connection 环境中进行。可以产生用以执行 SQL 的 Statement |
| Statement | 用以执行 SQL 查询和更新(针对静态 SQL 语句和单次执行) |
| PreparedStatement | 用以执行包含动态参数的 SQL 查询和更新(在服务器端编译，允许重复执行以提高效率) |
| CallableStatement | 用以调用数据库中的存储过程 |
| ResultSet | 表示数据库结果集的数据表，通常通过执行查询数据库的语句生成 |
| ResultSetMetaData | 可用于获取关于 ResultSet 对象中列的类型和属性信息的对象 |

### 1)Connection 接口

Connection 接口与特定数据库连接(会话)，连接过程包括所执行的 SQL 语句和在该连接上所返回的结果。Connection 对象的数据库能够提供描述其表所支持的 SQL 语法、存储过程、连接功能等信息。

在配置 Connection 时，JDBC 应用程序应该使用适当的 Connection 方法，如 setAutoCommit(将连接的自动提交模式设置为给定状态)或 setTransactionIsolation(将 Connection 对象的事务隔离级别更改为给定的级别)。在有可用的 JDBC 方法时，应用程序不能直接调用 SQL 命令更改连接的配置。

Connection 对象默认处于自动提交模式下，这意味着它在执行每个语句后都会自动提交更改。如果禁用了自动提交模式，那么要提交更改就必须显式调用 commit()方法，否则无法保存数据库更改。

### 2)Statement 接口

Statement 接口用于执行静态 SQL 语句，并返回它所生成结果的对象。在默认情况下，同一时间每个 Statement 对象只能打开一个 ResultSet 对象。因此，如果读取一个 ResultSet 对象与读取另一个交叉，则这两个对象必须是由不同的 Statement 对象生成的。如果存在某个语句打开当前 ResultSet 对象，则 Statement 接口中的所有执行方法都会隐式关闭它。

Statement 对象用 Connection 的方法 createStatement()创建，代码如下：

```
//创建 url 字符串并赋值为本机 mydb 数据库
String url = "jdbc:mysql://localhost:3306/mydb";
/*创建一个 Connection 对象 con 进行数据库连接，用户为“root”，密码为
“123456”*/
Connection con = DriverManager.getConnection(url, "root", "123456");
//创建一个 Statement 对象 stmt
Statement stmt = con.createStatement();
```

为了执行 Statement 对象，被发送到数据库的 SQL 语句将被作为参数提供给 Statement 的方法，代码如下：

```
String sql = "select * from t_cust";
ResultSet rs = stmt.executeQuery(sql);
```

Statement 对象将由 Java 垃圾收集程序自动关闭。而作为一种好的编程风格，应在不需要 Statement 对象时显式地关闭它们，这会立即释放 DBMS 资源，有助于避免潜在的内存问题。

3) PreparedStatement 接口

PreparedStatement 接口表示预编译的 SQL 语句的对象。SQL 语句被预编译并存储在 PreparedStatement 对象中，然后可以使用此对象多次高效地执行该语句。包含于 PreparedStatement 对象中的 SQL 语句可具有一个或多个 IN 参数。IN 参数的值在 SQL 语句创建时未被指定。相反地，该语句为每个 IN 参数保留一个问号（"?"）作为占位符。每个问号的值必须在该语句执行之前通过适当的方法（setShort、setString、setInt 等）来提供。

如果需要任意参数类型的转换，使用 setObject 方法时应该将目标 SQL 类型作为其参数。在以下设置参数的示例中，con 表示一个活动连接，代码如下：

```
//创建 SQL 命令语句
String sql = "update t_cust set custName = ? where custNo = ?";
//创建 PreparedStatement 预处理对象 pstmt
PreparedStatement pstmt = con.prepareStatement(sql);
//为"?"按照类型一一对应赋值
pstmt.setString(1, "张立强");
pstmt.setString(2, "10002");
//执行 execute()进行更新
pstmt.execute();
```

pstmt 对象包含语句"update t_cust set custName=? where custNo=?"，它已发送给 DBMS，并为执行做好准备。

PreparedStatement 接口继承了 Statement，有人主张，在 JDBC 应用中，对稍有水平的开发人员，应该始终以 PreparedStatement 代替 Statement。

4) DriverManager 类

DriverManager 类是 JDBC 的管理层，作用于用户和驱动程序之间。它跟踪可用的驱动程序，并在数据库和相应驱动程序之间建立连接。另外，DriverManager 类也处理诸如驱动程序登录时间限制及登录和跟踪消息的显示等事务。

对于简单的应用程序，一般程序员需要在此类中直接使用的唯一方法是 DriverManager.getConnection()，用于建立与数据库的连接。JDBC 允许用户调用 DriverManager 的方法 getDriver()、getDrivers()和 registerDriver()及 Driver 的方法 connect()。

DriverManager 类包含一列 Driver 类，它们已通过调用方法 DriverManager.registerDriver()对自己进行了注册。所有 Driver 类都必须包含一个静态部分。它创建该类的实例,然后在加载该实例时在 DriverManager 类中进行注册。这样,用户正常情况下将不会直接调用 DriverManager. registerDriver(),而是在加载驱动程序时由驱动程序自动调用。

加载 Driver 类,然后自动在 DriverManager 中注册的方式有如下两种:

(1)通过调用方法 Class. forName()。这将显式地加载驱动程序类。由于这与外部设置无关,推荐使用这种加载驱动程序的方法。例如,“Class. forName("acme. db. Driver");”为加载类 acme. db. Driver。

(2)通过将驱动程序添加到 java. lang. System 的属性 jdbc. drivers 中。这是一个由 DriverManager 类加载的驱动程序类名的列表,由冒号分隔,初始化 DriverManager 类时,它搜索系统属性 jdbc. drivers,如果用户已输入了一个或多个驱动程序,则 DriverManager 类将试图加载它们。

加载 Driver 类并在 DriverManager 类中注册后,它们即可用来与数据库建立连接。当调用 DriverManager. getConnection()方法发出连接请求时,DriverManager 将检查每个驱动程序,查看它是否可以建立连接。

例如,用驱动程序建立连接,代码如下:

```
Class.forName(com.mysql.jdbc.Driver);                    //加载驱动程序
String url = "jdbc:mysql://localhost:3306/cust"          //定义要使用的数据库资源
//创建连接,用户名为“root”,密码为“123456”
DriverManager.getConnection(url, "root", "123456");
```

在上述代码中,getConnection()的主要作用是依据创建的 url 建立一个连接。在这里 url 表示一种标识数据库的方法,可以使相应的驱动程序能识别该数据库并与之建立连接。

#### 5)ResultSet 接口

使用 Statement 对象执行 executeQuery()方法,将会返回一个数据库的结果集。结果集一般是一个表,其中有查询所返回的列标题及相应的值。ResultSet 记录集中包含了符合 SQL 语句中条件的所有行,并且它通过一套 get()方法[这些 get()方法可以访问当前行中的不同列]提供了对这些行中数据的访问。ResultSet 使用 next()方法用于移动到 ResultSet 中的下一行,使下一行成为当前行。

ResultSet 记录集对象具有多个方法,其常用方法如表 6-1-2 所示。

**表 6-1-2　ResultSet 常用方法**

| 方　法 | 说　明 |
|---|---|
| first() | 游标移至第一个记录的位置,若 ResultSet 是空的,则返回 false |
| last() | 游标移至最后一个记录的位置,若 ResultSet 是空的,则返回 false |
| isFirst() | 若现在游标在第一个记录的位置,则返回 true |
| isLast() | 若现在游标在最后一个记录的位置,则返回 true |
| beforeFirst() | 游标移至第一个记录之前的位置 |
| afterLast() | 游标移至最后一个记录之后的位置 |
| isBeforeFirst() | 若现在游标在第一个记录之前的位置,则返回 true |

（续表）

| 方　法 | 说　明 |
|---|---|
| isAfterLast() | 若现在游标在最后一个记录之后的位置，则返回 true |
| previous() | 游标移至上一个记录的位置，若上一个记录不存在，则返回 false |
| getRow() | 获得游标当前行的号码，从 1 开始 |
| absolute(int) | 若参数为正，则游标移至第参数个记录的位置上；若为负，则移至倒数第参数个记录的位置上。若移动之后，游标指向的位置有记录，则返回 true |
| getInt(String columnName) | 以 Java 编程语言中 int 的形式检索此 ResultSet 对象的当前行中指定列的值 |
| getString(String columnName) | 以 Java 编程语言中 String 的形式检索此 ResultSet 对象的当前行中指定列的值 |
| next() | 将指针从当前位置下移一行 |

## 4. 数据库操作

要对数据库进行操作，首先应该建立与数据库的连接。通过 JDBC 的 API 提供的各种类可以实现对数据表中的数据进行查找、添加、修改、删除等操作。

### 1) 连接数据库

要访问数据库，首先要加载数据库的驱动程序（只需要在第一次访问数据库时加载一次），然后每次访问数据时创建一个 Connection 对象，执行操作数据库的 SQL 语句，最后在完成数据库操作后销毁前面创建的 Connection 对象，释放与数据库的连接。

例如，创建类 BaseDao，并创建 getConnection()方法，获取与 MySQL 数据库的连接，在主方法中调用该方法。代码如下：

```
import java.sql.Connection;                //导入连接接口
import java.sql.DriverManager;             //导入驱动器管理类
import java.sql.SQLException;              //导入 SQL 异常接口
public class BaseDao {
//定义需要加载的驱动
protected static final String driver = "com.mysql.jdbc.Driver";
//定义要使用的数据库资源
protected static final String url = "jdbc:mysql://localhost:3306/cust";
//定义连接数据库的用户名
protected static final String dbUser = "root";
//定义连接数据库的密码
protected static final String dbPwd = "123456";
//声明与数据库的连接对象
```

```
    public static Connection conn = null;
    //创建方法 getConnection(),用于加载驱动器,创建与数据库的连接
    public static Connection getConnection() {
        try {
            if (conn == null) {
                Class.forName(driver);      //加载数据库驱动
                System.out.println("数据库驱动加载成功!");
                //按照指定参数创建与数据库的连接
                conn = DriverManager.getConnection(url, dbUser, dbPwd);
                System.out.println("数据库连接成功!");
            }
        } catch (Exception e) {
            e.printStackTrace();
        }
        return conn;
    }
    public static void main(String[] args) {          //主方法
        System.out.println("**********数据库连接测试**********");
        BaseDao basedao = new BaseDao();               //创建类对象
        basedao.getConnection();                       //调用连接数据库的方法
        System.out.println("**************************************");
    }
}
```

运行结果如图 6-1-2 所示。

图 6-1-2　数据库连接

### 2)向数据库发送 SQL 语句

getConnection()方法只是获取与数据库的连接,要执行 SQL 语句,首先要获得 Statement 类对象,可以通过 Connection 对象执行 createStatement()方法获得 Statement 对象。代码如下:

```
//创建 Statement 类对象,用来执行 SQL 语句
Statement statement = con.createStatement();
```

3)处理查询结果集

有了 Statement 对象后,可以调用相应的方法实现对数据库的查询和修改,并将查询的结果存放在 ResultSet 类的对象中。代码如下:

```
//要执行的 SQL 语句
String sql = "select * from t_cust";
//创建 ResultSet 类对象 rs,用来存放获取的结果集
ResultSet rs = statement.executeQuery(sql);
```

4)预处理语句

Statement 每次执行 SQL 语句,相关数据库都要执行 SQL 语句的编译,如果不断地向数据库提交 SQL 语句,肯定会增加数据库中 SQL 解释器的负担,影响执行的速度。

对于 JDBC,可以通过 Connection 对象的 preparedStatement(sql)方法对 SQL 语句进行预处理,生成数据库底层的内部命令,并将该命令封装在 PrepareStatement 对象中,通过调用该对象的响应方法执行底层数据库命令。这样不用每执行一次 SQL 语句都进行一次 SQL 解析和编译,相较于使用 Statement 能够提高程序的性能。

使用预处理语句分为下面三个步骤:

(1)对于 SQL 进行预处理时可以通过使用通配符"?"来代替任何字段值。例如:

```
//数据库 PreparedStatement 预处理方法
String sql = "insert into t_cust values(?,?,?,?)";
PreparedStatement pst = con.prepareStatement(sql);
```

(2)在执行预处理语句前,必须用相应方法来设置通配符所表示的值。例如:

```
pst.setString(1, in.next());
pst.setString(2,in.next());
pst.setString(3,in.next());
pst.setInt(4,in.nextInt());
```

(3)设置好值后进行预处理。

```
pst.execute();
```

## 5. 异常

视频
异常处理

一般来说,程序在运行过程中各种情况都有可能发生,出现错误是难免的,有些错误是不可挽救的,如系统崩溃、电源故障等,而大多数错误是可以避免的,如要求的设备没有准备好、读取的文件不在指定的目录中等。程序设计人员应预先估计可能出现错误的情况,并针对这些情况在程序中进行相应的处理,这在 Java 中称为异常处理。

1)异常的概念

任何一个程序,都不能说它是绝对安全的、正确无误的。因为除了那些明显造成的错误外,还有输入错误、不可预见的条件错误和大量的运行环境所造成的错误等。Java 是一个网络编程语言,网络中出现不可预见的情况更多一些。例如,1 个用户、10 个用户、100 个用户访问一个应用系统可能是正常的,但更多的用户访问它就有可能不正常了。要保证程序的质量,就必须在程序中处理可能发生的各种错误。

异常(Exception)又称为例外,是指在程序运行过程中发生的各种各样的错误,如系统类异常、运算类异常(数组下标越界、除数为零、算术溢出等)、I/O 类异常、网络类异常等。

为了处理异常,Java 中定义了很多异常类,每个异常类代表了一种运行异常,类中定义了程序中可能遇到的异常条件及异常信息等内容。

2)异常类

Java 使用错误或异常来指示处理程序时出现错误的情况,java. lang 包中的 Throwable 类及其子类定义了 Java 程序中可能发生的错误和异常,其类的层次结构如图 6-1-3 所示。

```
|-java.lang.Throwable
    |-java.lang.Error
        |-java.lang.AssertionError
        |-java.lang.LinkageError
        … …
        |-java.lang.ThreadDeath
        |-java.lang.VirtualMachineError
        … …
    |-java.lang.Exception
        |-java.lang.ClassNotFoundException
        |-java.lang.CloneNotSupportedException
        |-java.lang.IllegalAccessException
        |-java.lang.InstantiationException
        |-java.lang.InterruptedException
        |-java.lang.NoSuchFieldException
        |-java.lang.NoSuchMethodException
        |-java.lang.RuntimeException
            |-java.lang.ArithmeticException
            |-java.lang.ArrayStoreException
            |-java.lang.ClassCastException
            |-java.lang.EnumConstantNotPresentException
            |-java.lang.IllegalArgumentException
                |-java.lang.IllegalThreadStateException
                |-java.lang.NumberFormatException
            |-java.lang.IllegalMonitorStateException
            |-java.lang.IllegalStateException
            |-java.lang.IndexOutOfBoundsException
                |-java.lang.ArrayIndexOutOfBoundsException
                |-java.lang.StringIndexOutOfBoundsException
            |-java.lang.NegativeArraySizeException
            |-java.lang.NullPointerException
            |-java.lang.SecurityException
            |-java.lang.TypeNotPresentException
            |-java.lang.UnsupportedOperationException
```

图 6-1-3 异常类的层次结构

从图 6-1-3 可以看出，Throwable 类是所有错误(Error)和异常(Exception)类的父类。

Error 及其子类定义了系统或运行环境所产生的错误，所谓错误，一般是严重的问题。在程序运行中，错误的产生是不可预料的，即便知道错误产生了，也没有办法去处理它。这是一类在程序中不应该也不能够捕捉和处理的错误。

Exception 及其子类定义了所有常规的异常，这类异常发生的概率比较高。可以把它们划分为两种，一种是 Java 编译器在编译生成类代码时发现错误所产生的异常，另一种是在程序运行过程中发生错误而产生的异常。我们在程序中要捕捉和处理的就是这种异常。Java 中常见的异常类如表 6-1-3 所示。

**表 6-1-3 Java 中常见的异常类**

| 异常类 | 说明 |
|---|---|
| AbstractMethodError | 抽象方法错误 |
| ArithmeticException | 算术条件异常，如整数除以零等 |
| ArrayIndexOutOfBoundsException | 数组索引越界异常 |
| ClassCastException | 类型强制转换异常 |
| ClassNotFoundException | 找不到类异常 |
| EOFException | 文件已结束异常 |
| Exception | 根异常 |
| ExceptionInitializerError | 初始化程序错误 |
| FileNotFoundException | 文件未找到异常 |
| IllegalAccessError | 不允许访问某类异常 |
| IndexOutOfBoundsException | 索引越界异常 |
| InstantiationError | 实例化错误 |
| InstantiationException | 实例化异常 |
| InterruptedException | 被中止异常 |
| IOException | 输入输出异常 |
| NegativeArrayException | 数组负下标异常 |
| NegativeArraySizeException | 数组大小为负值异常 |
| NoClassDefFoundError | 未找到类定义错误 |
| NoSuchFieldError | 字段不存在错误 |
| NoSuchFieldException | 属性不存在异常 |
| NoSuchMethodError | 方法不存在错误 |
| NullPointerException | 空指针异常类 |
| NumberFormatException | 字符串转换为数字异常 |
| RuntimeException | 运行时异常 |
| SQLException | 操作数据库异常 |
| StringIndexOutOfBoundsException | 字符串索引越界异常 |
| VirtualMachineError | 虚拟机错误 |

### 3)异常处理

Java 异常处理主要通过 4 个关键字 try、catch、throw、finally 进行管理。如果在 Java 程序运行过程中发生了错误,系统就会产生一个与该错误相对应的异常类的对象,产生异常类对象的过程称为异常的抛出。如果要对异常进行处理,就必须在程序中对抛出的异常进行捕捉并安排相应的代码处理异常。

在程序运行过程中,一旦遇到错误就会抛出相应的异常,那么如何在程序中对需要处理的异常进行捕捉处理呢?

Java 提供了 try-catch-finally 语句块结构,对程序中抛出的异常进行捕捉处理。该结构的一般格式如下:

```
try{
  语句块                          //可能产生异常的代码段
}catch(异常类型,参数){
  语句块                          //异常处理代码段
}[catch(异常类型 1,参数 1) {
   语句块                         //异常处理代码段
}catch(异常类型 n,参数 n) {
   语句块                         //异常处理代码段
} ][finally {
   语句块                         //不论异常是否发生,均应执行的代码段
} ]
```

> **注意:** try 代码块中应包含可能引发一个或多个异常的代码,所希望捕捉的可能会引发异常的语句代码必须放在该块中。catch 代码块包含着用于处理一个由 try 块中抛出的某一特定类型异常的代码段。try 块中可能会抛出多个异常,要捕捉并处理这些异常,就需要对应有多个 catch 代码块。每一个 catch 代码块只能对应处理一类异常。

(1)利用 try-catch 进行异常处理。数组 ArrayIndexOutOfBoundsException 异常举例如下:

```
public class ExceptionExam2 {
    public static void main(String[] args)      {
      String friends[] = {"lisa","rose","kessy"};
        for(int i = 0;i<5;i++) {
          System.out.println(friends[i]);
        }
      System.out.println("\nthis is the end");
    }
}
```

运行测试结果会出现异常提示,如图 6-1-4 所示。

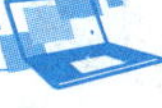

## 明德树人

> 面对突如其来的疫情，党和国家捕获到这个“异常”并积极开展对这个“异常”的处理，坚持人民至上、生命至上，统筹疫情防控和经济社会发展，取得重大积极成果。

```
控制台 ☒
<已终止> ExceptionExam2 [Java 应用程序] D:\Java\jdk1.8.0_201\bin\javaw.exe
lisa
rose
kessy
Exception in thread "main" java.lang.ArrayIndexOutOfBoundsException: 3
	at six_basedao.ExceptionExam2.main(ExceptionExam2.java:8)
```

图 6-1-4　异常提示

因为数组中一共定义了 3 个数组元素，结果输出时需要输出 5 个数组元素，所以会抛出 ArrayIndexOutOfBoundsException 异常，需要捕获异常并进行异常处理，代码如下：

```
package six_basedao;
public class ExceptionExam2 {
  public static void main(String[] args) {
  String friends[] = { "lisa", "rose", "kessy" };
  //利用 try-catch 进行异常处理
    try {
      for (int i = 0; i < 5; i++)
        System.out.println(friends[i]);
    } catch (Exception e) {
System.out.println("数组索引越界异常，请返回检查下标是否正确!");
    }
  }
}
```

运行测试结果如图 6-1-5 所示。

```
控制台 ☒
<已终止> ExceptionExam2 [Java 应用程序] D
lisa
rose
kessy
数组索引越界异常，请返回检查下标是否正确!
```

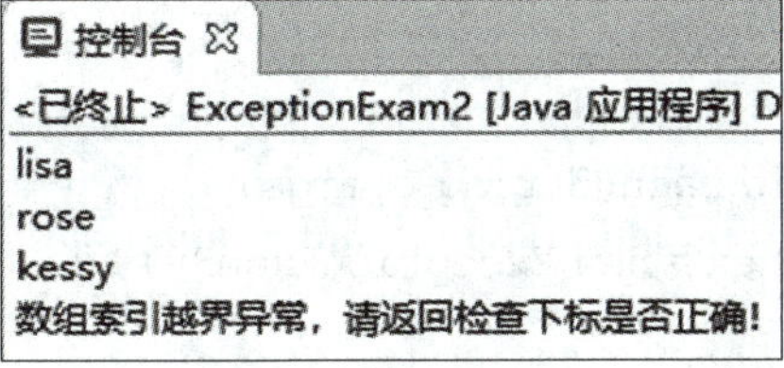

图 6-1-5　异常处理结果

**注意：**在本例中加入异常处理后会发现有提示语句“数组索引越界异常，请返回检查下标是否正确！”出现，可以引起编码者的注意，从而达到处理异常的效果。

(2)利用 throw 进行异常处理。一般来说，抛出异常有两种方式：一是系统自动抛出异常，如系统在运行过程中遇到了异常，如空对象的引用(NullPointerException)、数组元素引用中下标超出边界(IndexOutOfBoundsException)等；二是程序开发者根据设计要求在程序中主动创建异常对象，通过该对象的抛出告诉方法的调用者遇到了异常。

throw 语句用于在方法的内部抛出异常对象。其语句的一般格式如下：

```
throw 异常类对象;
```

该语句一般用于自定义异常的抛出。

**注意：**使用 throw 语句通常在一定条件下才会抛出异常，应把 throw 语句放在 if 语句中，只有当 if 条件满足、用户定义的逻辑错误发生时才执行。

如果知道在一个方法中会产生异常，但并不确定如何对异常进行处理或无需对异常进行处理，就可以在定义方法时声明可能会引发的异常。定义方法抛出异常的一般格式如下：

```
[访问限定符][修饰符][类型] 方法名(声明形参列表)throws 异常列表
```

在有些情况下，我们只需抛出异常，并不需要去捕获或处理这些异常。

例如，抛出异常：

```
public class ExceptionExam3 {
    private String id;
      public String getId() {
      return id;
    }
    //抛出异常
    public void setId(String id) throws IllegalArgumentException {
      if(id.length() == 7) {
        this.id = id;
      }else {
        throw new IllegalArgumentException("参数应该为 7!");
      }
    }
    public static void main(String[] args)      {
      ExceptionExam3 ex = new ExceptionExam3();
    //异常处理
    try{ex.setId("101");}catch (Exception e) {
        System.out.println(e.getMessage()); //捕获异常
      }
```

```
        System.out.println(ex.getId());
    }
}
```

因为当前类无法解决参数问题，所以通过抛出异常，把问题交给调用者去解决。在main()方法中，调用者对象 ex 通过 getMessage()捕获异常，然后进行异常处理。

## 任务描述

淘淘乐购管理系统需要使用数据库 JDBC 技术对会员信息进行管理，本任务主要通过数据库的操作完成对会员信息的添加、删除、更新和查询。效果如图 6-1-6 所示。

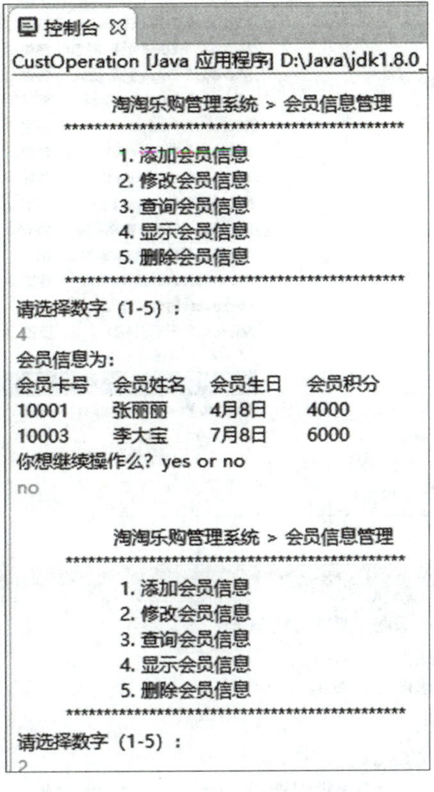


图 6-1-6　对会员信息进行管理

## 任务分析

(1)利用 JDBC 进行数据库的连接。

(2)利用 insert 语句实现会员信息的添加。

(3)利用 delete 语句实现会员信息的删除。

(4)利用 update 语句实现会员信息的更新。

(5)利用 select 语句实现会员信息的查询。

## 任务实施

### 1)创建数据表

(1)安装好 MySQL 与 Navicat 软件之后,启动 Navicat for MySQL。如果 MySQL 没有启动,从控制面板的管理工具中选择服务,启动 MySQL,如图 6-1-7 所示。

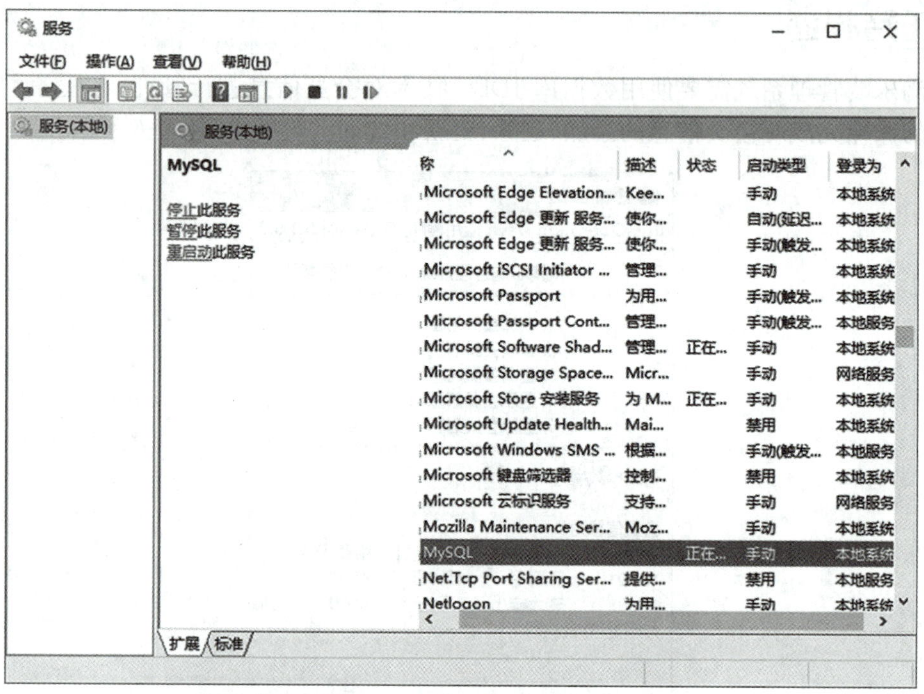


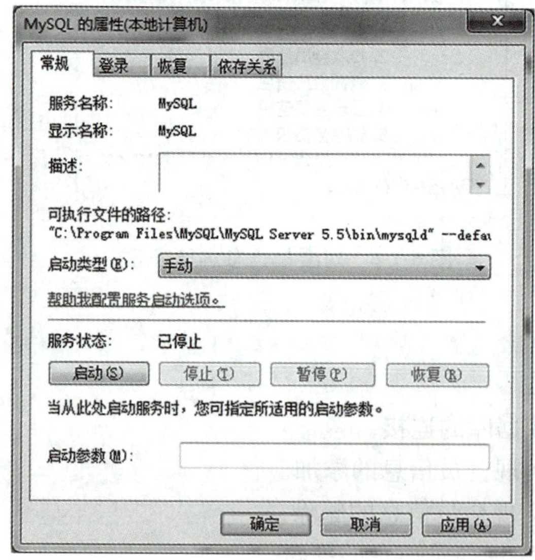


图 6-1-7 启动 MySQL

(2)创建连接,选择 MySQL,在出现的对话框中输入用户名和密码(密码为自己设置的数据库密码),如图 6-1-8 所示。

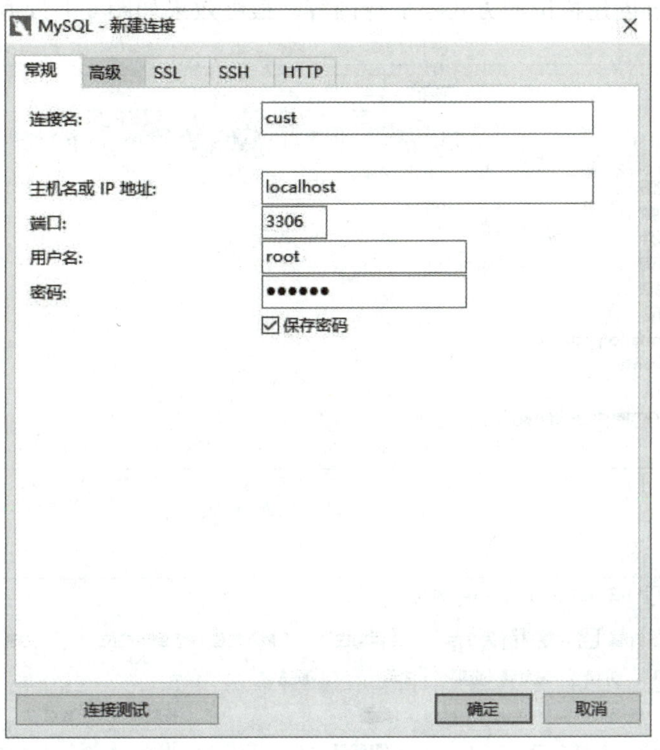


图 6-1-8 创建连接

(3)单击“确定”按钮,在连接界面中出现 cust 连接, 双击 cust 进行连接,效果如图 6-1-9 所示。

(4)右击 cust 连接并选择“创建数据库”选项,在弹出的“新建数据库”对话框中输入数据库名 cust,字符集选择“utf-8--UTF-8 Unicode”,输入完成后单击“确定”按钮,cust 数据库就创建成功了,效果如图 6-1-10 所示。

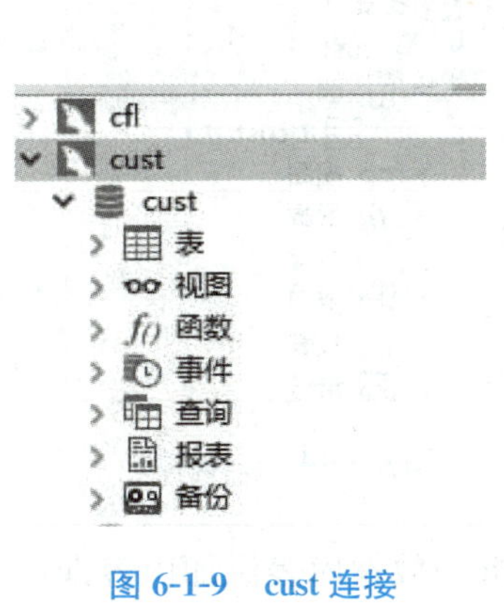


图 6-1-9 cust 连接

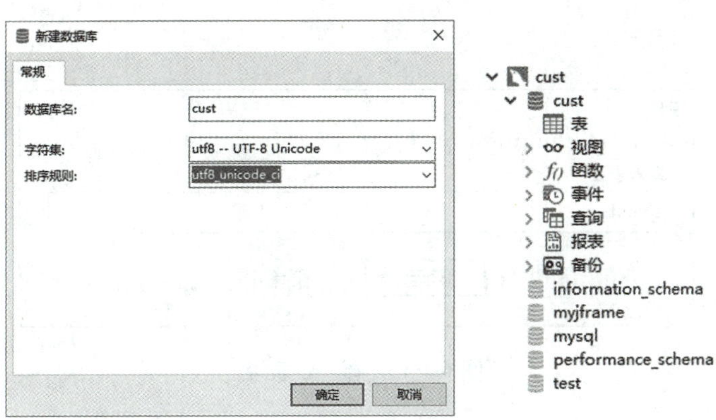


图 6-1-10 创建数据库

(5)双击数据库 cust，打开数据库，选择 cust 下面的“表”，单击右侧的“新建表”按钮，如图 6-1-11 所示。进入表设计界面，进行表的设计，第一列为类型成员的名称，第二列为类型，第三列为长度，通过创建栏位的方式添加行内容。最终效果如图 6-1-12 所示。

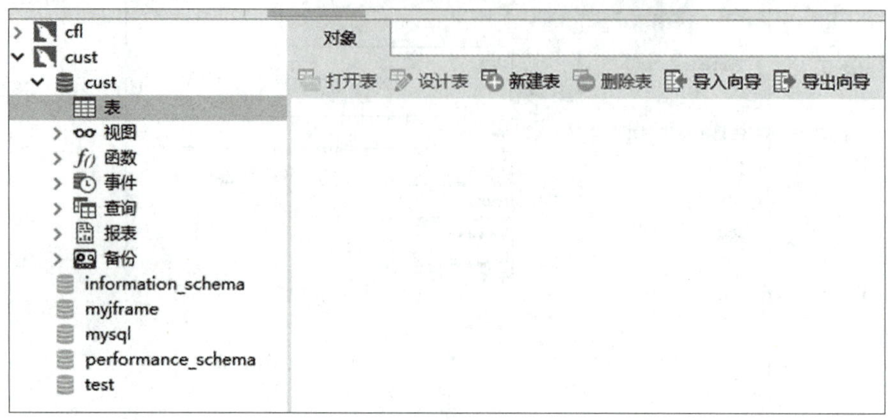


图 6-1-11 选择新建表

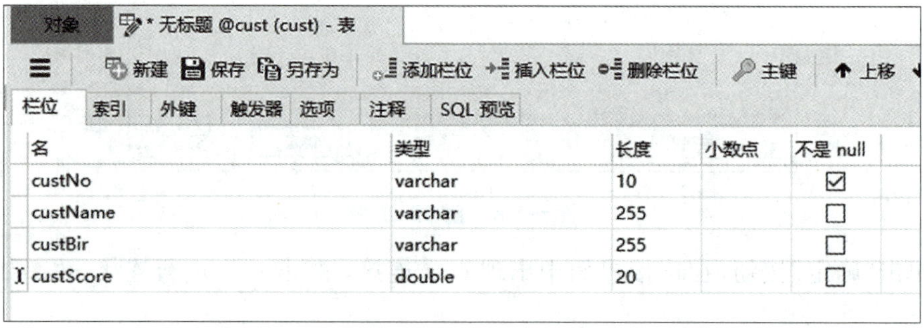

| 名 | 类型 | 长度 | 小数点 | 不是 null |
|---|---|---|---|---|
| custNo | varchar | 10 | | ☑ |
| custName | varchar | 255 | | ☐ |
| custBir | varchar | 255 | | ☐ |
| custScore | double | 20 | | ☐ |

图 6-1-12 表的设计

(6)单击“保存”按钮，在弹出的对话框中输入表的名称 t_cust，单击“确定”按钮，这样在 cust 数据库下面的表中就多了一个 t_cust 表，如图 6-1-13 和图 6-1-14 所示。

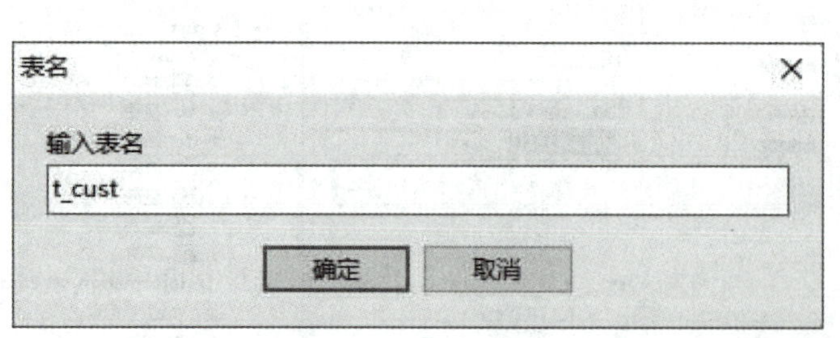


图 6-1-13 输入表名

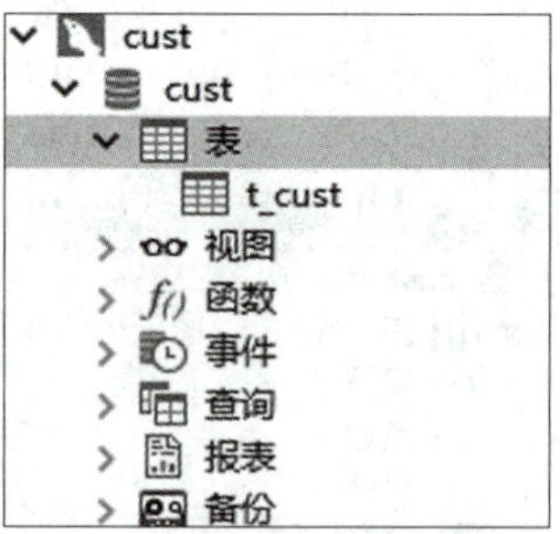


图 6-1-14 t_cust 表

(7)双击表名，进入数据库表的编辑界面，在界面中按照要求为数据库表添加内容即可，添加内容后的效果如图 6-1-15 所示。

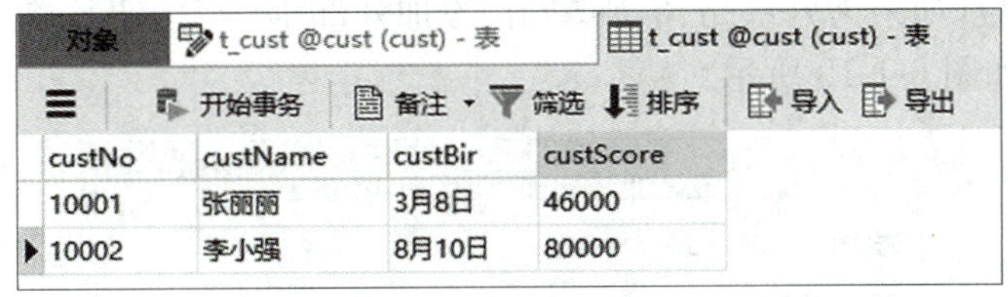


图 6-1-15　为数据库表添加内容

## 2)为项目创建连接 MySQL 数据库驱动

(1)下载 MySQL 的连接驱动包 mysql-connector-java-5.1.7-bin.jar,然后打开"SuperMarketManager"项目,在项目下新建一个包,名为"lib",将下载好的 jar 包复制到"lib"包中,如图 6-1-16 所示。

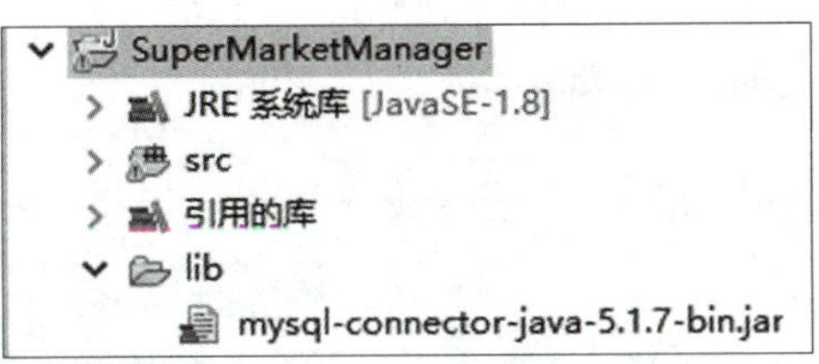


图 6-1-16　复制 jar 包到"lib"包

(2)右击项目并选择"构建路径"→"配置路径"选项,打开"DataBase 的属性"对话框,如图 6-1-17 所示。

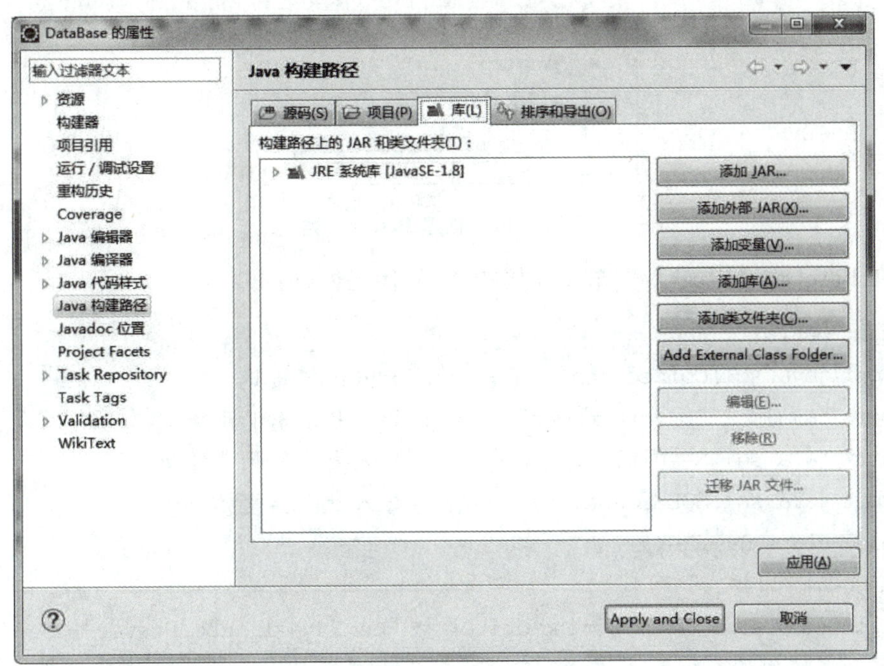


图 6-1-17　"DataBase 的属性"对话框

(3)在对话框中选择"库"选项卡,单击"添加 JAR"按钮,在弹出的对话框中选择项目

“lib”包下面的 jar 包(如果为外部路径,则单击“添加外部 JAR”按钮),单击“确定”按钮完成驱动的加载,效果如图 6-1-18 所示。

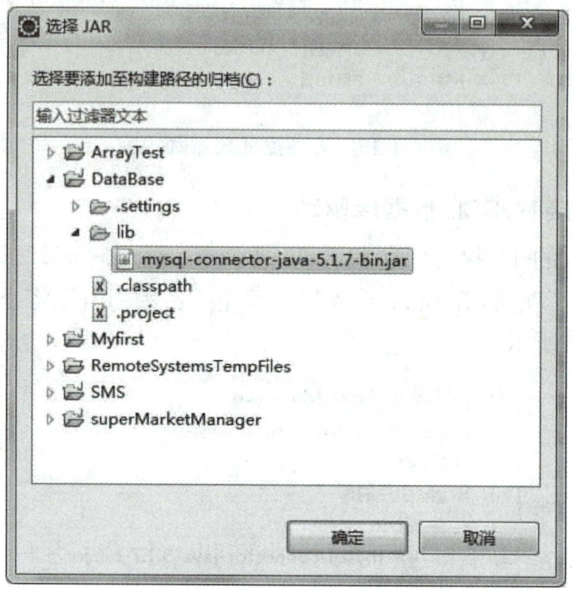


图 6-1-18　添加 JAR

3)创建数据库连接的 BaseDao 类

(1)在“SuperMarketManager”项目的“data”包中创建一个 BaseDao 类,如图 6-1-19 所示。

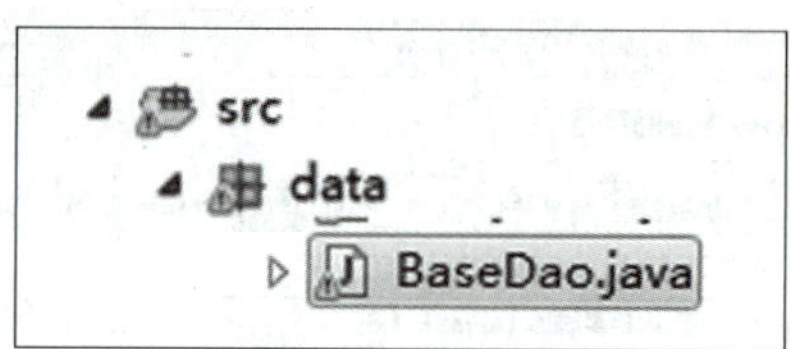


图 6-1-19　创建 BaseDao 类

(2)在 BaseDao 类中输入数据库连接的代码,代码如下:

```
package data;
import java.sql.Connection;                 //导入连接接口
import java.sql.DriverManager;              //导入驱动器管理类
import java.sql.ResultSet;                  //导入查询结果集接口
import java.sql.SQLException;               //导入 SQL 异常接口
public class BaseDao {
//定义需要加载的驱动
protected static final String driver = "com.mysql.jdbc.Driver";
//定义要使用的数据库资源,cust 为数据库的名字
protected static final String url = "jdbc:mysql://localhost:3306/cust?
useUnicode=true&characterEncoding=utf-8";
```

```
//定义连接数据库的用户名
protected static final String dbUser = "root";
//定义连接数据库的密码
  protected static final String dbPwd = "123456";
//声明与数据库的连接对象
public static Connection conn = null;
  //创建方法 getConnection(),用于加载驱动器,创建与数据库的连接
  public static Connection getConnection() {
    try {
     if (conn == null) {
       //加载数据库驱动
      Class.forName(driver);
      //按照指定参数创建与数据库的连接
      conn = DriverManager.getConnection(url, dbUser, dbPwd);
      }
      } catch (Exception e) {
        e.printStackTrace();
      }
      return conn;
  }
  }
```

4)新建一个 CustOperation 类,完成数据库的增、删、改、查方法

```
import java.sql.Connection;
import java.sql.PreparedStatement;
import java.sql.ResultSet;
import java.sql.SQLException;
import java.util.Scanner;
import data.BaseDao;
import data.Cust;
public class CustOperation {      //创建 CustOperation 类
  Scanner in = new Scanner(System.in);
  Cust cust = new Cust();

  //创建添加方法
  public void add() {
    //通过 BaseDao 调用 getConnection()进行数据库连接
    Connection con = BaseDao.getConnection();
```

```
    //定义 answer 变量为“yes”
    String answer = "yes";
    //当 answer 为 yes 时执行循环体
    while (answer.equals("yes")) {
      //定义 SQL 语句,“?”为通配符,和数据库中的字段一一对应
      String sql = "insert into t_cust values(?,?,?,?)";
      //try 为异常处理
      try {
        //预处理 SQL 语句命令
        PreparedStatement pst = con.prepareStatement(sql);
        System.out.println("请输入你想添加的会员卡号:");
        //将键盘输入的值赋值到第一个“?”的位置
        pst.setString(1, in.next());
        System.out.println("请输入你想添加的会员姓名:");
        //将键盘输入的值赋值到第二个“?”的位置
        pst.setString(2, in.next());
        System.out.println("请输入你想添加的会员生日:");
        //将键盘输入的值赋值到第三个“?”的位置
        pst.setString(3, in.next());
        System.out.println("请输入你想添加的会员积分:");
        //将键盘输入的值赋值到第四个“?”的位置
        pst.setFloat(4, in.nextFloat());
        //对数据库进行更新
        pst.executeUpdate();
      } catch (SQLException e) {
        // TODO 自动生成的 catch 块
        e.printStackTrace();
      }
      //通过键盘输入 yes 或 no 来继续或结束循环
      System.out.println("你想继续操作么? yes or no");
      answer = in.next();
      //若为 no,则执行 operation()方法
      if (answer.equals("no")) {
        custinformationmanagershow();
      }
    }
  }
  //创建删除方法
```

```
public void del() {
  Connection con = BaseDao.getConnection();
  String answer = "yes";
  while (answer.equals("yes")) {
    String sql = "delete from t_cust where custNo = ?";
    System.out.println("请输入你想删除的会员的卡号:");
    String no = in.next();
    try {
      PreparedStatement pst = con.prepareStatement(sql);
      pst.setString(1, no);
      pst.executeUpdate();
    } catch (SQLException e) {
      // TODO 自动生成的 catch 块
      e.printStackTrace();
    }
    System.out.println("你想继续操作么? yes or no");
    answer = in.next();
    if (answer.equals("no")) {
      custinformationmanagershow();
    }
  }
}
//创建查询方法
public void search() {
  Connection con = BaseDao.getConnection();
  String answer = "yes";
  while (answer.equals("yes")) {
   System.out.println("请输入你想查询的会员的卡号:");
   try {
    String sql = "select * from t_cust where custNo = ?";
    PreparedStatement pst = con.prepareStatement(sql);
    pst.setString(1, in.next());
    ResultSet rs = pst.executeQuery();
    System.out.println("你查询的会员信息为:");
    System.out.println("会员卡号\t 会员姓名\t 会员生日\t 会员积分");
    //判断结果集是否存在
      while (rs.next()) {
    //获取数据库中 custNo 列的数据并将其赋给对象 cust.custNo
```

```
            cust.custNo = rs.getString("custNo");
        //获取数据库中 custName 列的数据并将其赋给对象 cust.custName
            cust.custName = rs.getString("custName");
        //获取数据库中 custBir 列的数据并将其赋给对象 cust.custBir
            cust.custBir = rs.getString("custBir");
            //获取数据库中 custScore 列的数据并将其赋给对象 cust.custScore
            cust.custScore = rs.getInt("custScore");
            //输出所有列的内容
            System.out.println(cust.custNo + "\t" + cust.custName + "\t" +
cust.custBir + "\t" + cust.custScore);
            }
        } catch (SQLException e) {
            e.printStackTrace();
        }
        System.out.println("你想继续操作么? yes or no");
        answer = in.next();
        if (answer.equals("no")) {
            custinformationmanagershow();
        }
      }
    }

    //定义修改方法
    public void modify() {
      Connection con = BaseDao.getConnection();
      String answer = "yes";
      while (answer.equals("yes")) {
        System.out.println("请输入你想修改的会员的卡号:");
        String no = in.next();
        String sql = "update t_cust set custName = ?,custBir = ?,custScore = ?
where custNo = ?";
        PreparedStatement pst;
        try {
            pst = con.prepareStatement(sql);
            System.out.println("请输入你修改后的会员姓名:");
            pst.setString(1, in.next());
            System.out.println("请输入你修改后的会员生日:");
            pst.setString(2, in.next());
```

```
            System.out.println("请输入你修改后的会员积分:");
            pst.setFloat(3, in.nextFloat());
            pst.setString(4, no);
            pst.executeUpdate();
        } catch (SQLException e) {
            e.printStackTrace();
        }
        System.out.println("你想继续操作么? yes or no");
        answer = in.next();
        if (answer.equals("no")) {
            custinformationmanagershow();
        }
    }
}

//定义显示方法
public void show() {
    Connection con = BaseDao.getConnection();
    String answer = "yes";
    while (answer.equals("yes")) {
        String sql = "select * from t_cust";
        try {
            PreparedStatement pst = con.prepareStatement(sql);
            //ResultSet 类,用来存放获取的结果集
            ResultSet rs = pst.executeQuery();
            System.out.println("会员信息为:");
            System.out.println("会员卡号\t会员姓名\t会员生日\t会员积分");
                //判断结果集是否存在
                while (rs.next()) {
                    cust.custNo = rs.getString("custNo");
                    cust.custName = rs.getString("custName");
                    cust.custBir = rs.getString("custBir");
                    cust.custScore = rs.getInt("custScore");
                    //输出所有列的内容
                    System.out.println(cust.custNo + "\t" + cust.custName + "\t" +
cust.custBir + "\t" + cust.custScore);
                }
            } catch (SQLException e) {
```

```
            e.printStackTrace();
        }
        System.out.println("你想继续操作么? yes or no");
        answer = in.next();
        if (answer.equals("no")) {
            custinformationmanagershow();
        }
    }
}

//创建 loginshow()方法,用来显示登录主界面
public void loginshow() {
    int i;
    String answer = "yes";
    Scanner in = new Scanner(System.in);
    while (answer.equals("yes")) {
        System.out.println("\t\t 欢迎使用淘淘乐购管理系统");
            System.out.println("*************************
****************************");
        System.out.println("\t\t  1.登录系统");
        System.out.println("\t\t  2.退出");
        System.out.println("*************************
**************************");
        System.out.println("请选择数字(1-2):");
        i = in.nextInt();
        switch (i) {
        case 1:
            supermainshow();
            break;
        case 2:
            System.out.println("退出系统!");
            break;
        default:
            System.out.println("输入错误,请输入 1-2 之间的数字!");
            break;
        }
        System.out.println("你需要重新选择么? yes 或者 no");
        answer = in.next();
```

```
    }
    System.out.println("本次操作已经退出,请重新运行系统!");
  }

  //创建 supermainshow()方法,用来显示系统管理主界面
  public void supermainshow() {
    Scanner in = new Scanner(System.in);
    String answer = "yes";
    while (answer.equals("yes")) {
      System.out.println("\t\t 欢迎使用淘淘乐购管理系统");
      System.out.println("**************************************************");
      System.out.println("\t\t   1.会员信息管理");
      System.out.println("\t\t   2.购物结算");
      System.out.println("\t\t   3.真情回馈");
      System.out.println("\t\t   4.注销");
      System.out.println("**************************************************");
      System.out.println("请选择数字(1-4):");
      int i = in.nextInt();
      switch (i) {
      case 1:
        custinformationmanagershow();
        break;
      case 2:
        System.out.println("2.购物结算");
        break;
      case 3:
        System.out.println("3.真情回馈");
        break;
      case 4:
        System.out.println("4.注销");
        break;
      default:
        System.out.println("输入错误,请输入1-4之间的数字!");
        break;
      }
      System.out.println("你需要重新选择么? yes 或者 no");
```

```
            answer = in.next();
        }
        System.out.println("本次操作已经退出,请重新运行系统!");
    }

//创建 custinformationmanagershow()方法,用来显示会员信息管理界面
    public void custinformationmanagershow() {
        String answer = "yes";
        Scanner in = new Scanner(System.in);
        while (answer.equals("yes")) {
            System.out.print("\n\t\t 淘淘乐购管理系统 > 会员信息管理 \n");
            System.out.println("\t* * * * * * * * * * * * * * * * * * * * * * * * * * * * * * * * * * * * * * * * * * * * * * * * * *");
            System.out.println("\t\t 1. 添加会员信息");
            System.out.println("\t\t 2. 修改会员信息");
            System.out.println("\t\t 3. 查询会员信息");
            System.out.println("\t\t 4. 显示会员信息");
            System.out.println("\t\t 5. 删除会员信息");
            System.out.println("\t* * * * * * * * * * * * * * * * * * * * * * * * * * * * * * * * * * * * * * * * * * * * * * * * * *");
            System.out.println("请选择数字(1-5):");
            int i = in.nextInt();
            switch (i) {
            case 1:
              add();
              break;
            case 2:
              modify();
              break;
            case 3:
              search();
              break;
            case 4:
              show();
              break;
            case 5:
              del();
              break;
```

```
      default:
        System.out.println("输入错误,请输入1-5之间的数字!");
        break;
      }
      System.out.println("你需要重新选择么? yes 或者 no");
      answer = in.next();
    }
    System.out.println("本次操作已经退出,请重新运行系统!");
  }
  public static void main(String[] args) {
    CustOperation custOperation = new CustOperation();
    custOperation.loginshow();
  }
```

**5)运行测试结果**

运行测试结果如图 6-1-20 所示。

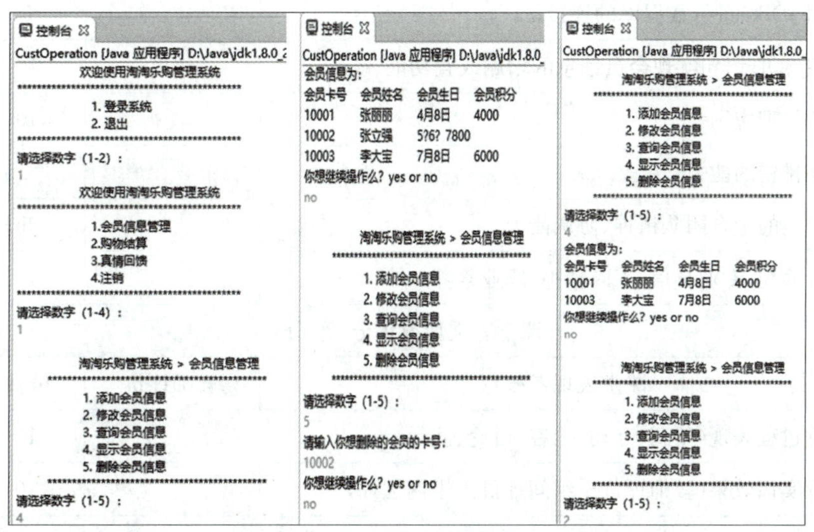


图 6-1-20 通过数据库管理会员信息

## 任务小结

本任务通过对数据库的操作介绍,进行思政的渗透教育,引导学生重视信息泄露和信息安全问题,树立正确的职业道德和职业操守;坚定课程自信、民族自信的学习理念;培养学生一丝不苟、认真钻研的求学精神,教育学生遇到学习困难不轻易放弃,要学会通过自主钻研、团队合作的方式去攻克难关,树立工匠精神;引导学生树立正确的政治信仰、社会责任感和价值取向,通过发奋学习,掌握过硬的 Java 程序设计技能。

## 自我评价

<table>
<tr><td colspan="2">课程名称:Java 程序设计</td><td colspan="3">授课地点:</td></tr>
<tr><td colspan="2">学习任务 1:Java 数据库操作</td><td colspan="2">授课教师:</td><td>授课学时:6</td></tr>
<tr><td colspan="2">课程性质:理实一体课程</td><td colspan="3">综合评分:</td></tr>
<tr><td colspan="5">知识掌握情况评分(25 分)</td></tr>
<tr><td>序号</td><td>知识考核点</td><td>教师评价</td><td>分数</td><td>得分</td></tr>
<tr><td>1</td><td>SQL 语言与 JDBC 理解</td><td></td><td>5</td><td></td></tr>
<tr><td>2</td><td>JDBC 常用的类与接口</td><td></td><td>5</td><td></td></tr>
<tr><td>3</td><td>数据库操作</td><td></td><td>10</td><td></td></tr>
<tr><td>4</td><td>异常处理</td><td></td><td>5</td><td></td></tr>
<tr><td colspan="5">工作任务完成情况评分(45 分)</td></tr>
<tr><td>序号</td><td>能力操作考核点</td><td>教师评价</td><td>分数</td><td>得分</td></tr>
<tr><td>1</td><td>利用 JDBC 进行数据库的连接</td><td></td><td>5</td><td></td></tr>
<tr><td>2</td><td>利用 SQL 语句实现会员信息的增删改查功能</td><td></td><td>10</td><td></td></tr>
<tr><td>3</td><td>异常处理应用</td><td></td><td>10</td><td></td></tr>
<tr><td>4</td><td>程序排错的能力</td><td></td><td>5</td><td></td></tr>
<tr><td>5</td><td>与组员的配合团队精神、协调能力</td><td></td><td>5</td><td></td></tr>
<tr><td>6</td><td>精神面貌、专业自信、工匠精神、职业素养</td><td></td><td>10</td><td></td></tr>
<tr><td colspan="5">课堂表现情况评分(20 分)</td></tr>
<tr><td>序号</td><td>课堂表现考核点</td><td>教师评价</td><td>分数</td><td>得分</td></tr>
<tr><td>1</td><td>课堂过程表现(签到、互动、抢答、讨论、演示)</td><td></td><td>10</td><td></td></tr>
<tr><td>2</td><td>课堂实训效果(教师评价+组间评价+组内互评)</td><td></td><td>10</td><td></td></tr>
<tr><td colspan="5">任务总结反思(10)分</td></tr>
<tr><td colspan="5"></td></tr>
</table>

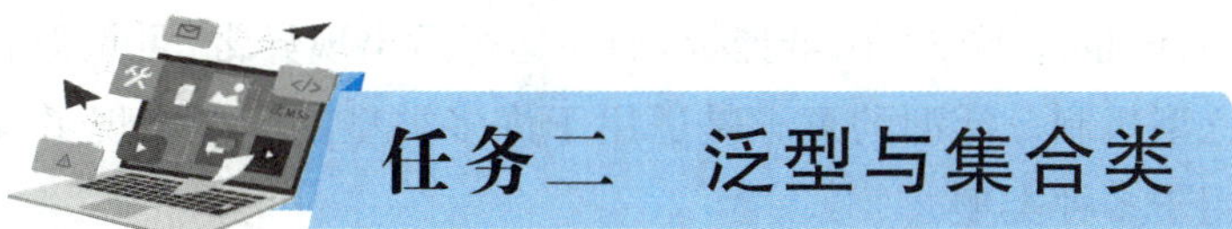

# 任务二　泛型与集合类

## 知识储备

### 1. 集合类概述

视频
集合类

为了保存数量不确定的数据，以及保存具有映射关系的数据（也称为关联数组），Java. util 包中提供了一些集合类，这些集合类又称为容器，可以把多个对象（实际上是对象的引用，但习惯上称为对象）“丢进”该容器中。在 Java 之前，Java 集合会丢失容器中所有对象的数据类型，把所有对象当成 Object 类型，在 Java 5 增加泛型以后，Java 集合可以记住容器中对象的数据类型，从而可以编写出更简洁、健壮的代码。集合类主要负责保存、盛装其他数据，因此集合类也称为容器类。

集合类和数组不一样，数组的长度是固定的，数组元素既可以是基本类型的值，也可以是对象（实际上保存的是对象的引用变量），而集合的长度是可变的，并且集合中只能保存对象（保存对象的引用变量）。

常用的集合有 List 集合、Set 集合和 Map 集合。Set 代表无序、不可重复的集合，List 代表有序、可重复的集合，Map 代表具有映射关系的集合。

Java 的集合类主要由两个接口派生而出：Collection 和 Map。Collection 和 Map 是 Java 集合框架的根接口，这两个接口又包含了一些子接口或实现类。

其中，List 和 Set 继承了 Collection 接口，各接口还提供了不同的实现类。上述集合类的继承关系如图 6-2-1 所示。

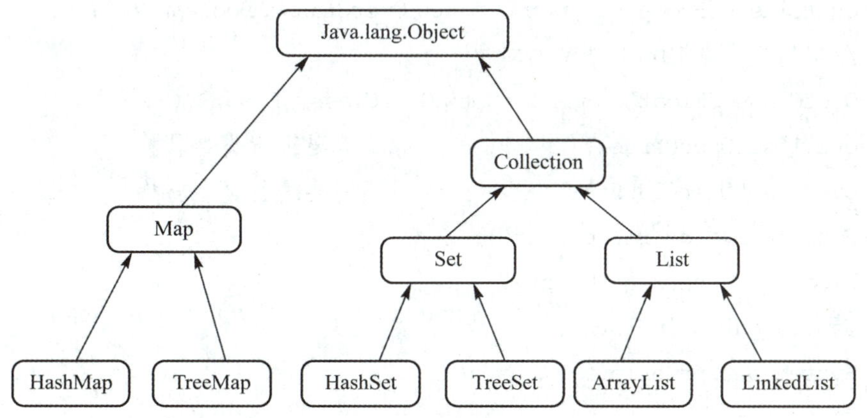


图 6-2-1　集合类的继承关系

### 2. 泛型

泛型实质上就是使程序员定义安全的类型，在没有出现泛型之前，Java 也提供了对

Object的引用“任意化”操作，这种操作就是对Object引用向下转型或向上转型操作，但某些强制类型转换的错误也许不被编辑器捕捉，而在运行后出现异常，可见强制转换存在安全隐患，所以提供了泛型机制。泛型的意思是适用于许多类型。泛型实现了参数化类型的概念，使代码可以应用于多种类型。

**1)泛型类的定义**

泛型类定义的格式如下：

```
class 类名<T>
```

其中，T代表一个类型的名称。

**2)举例**

创建一个OverClass类，该类定义了泛型类。代码如下：

```
public class OverClass<T> {             //定义一个泛型类 OverClass
  private T over;                        //定义泛型成员变量
  //为属性设置 set(get)方法
  public T getOver() {
    return over;
  }
  public void setOver(T over) {
    this.over = over;
  }
  public static void main(String[] args) {
    //实例化一个 Boolean 类型的对象
    OverClass<Boolean> over1 = new OverClass<Boolean>();
    //实例化一个 Float 类型的对象
    OverClass<Float> over2 = new OverClass<Float>();
    over1.setOver(true);                 //不需要进行类型转换
    over2.setOver(13.5f);                //不需要进行类型转换
    Boolean b = over1.getOver();
    Float f = over2.getOver();
    System.out.println(b);
    System.out.println(f);
  }
}
```

OverClass类引入了一个类型T，用尖括号<>括起来，并放在类名的后面，这就是泛型类。泛型类在声明该类对象时可以根据不同的需求指定<T>真正的类型，而在使用类中

的方法传递或返回数据类型时将不再需要进行类型转换操作，而是使用在声明泛型类对象时<>中设置的数据类型。

#### 3)泛型的常规用法

(1)定义泛型类时声明多个类型，格式如下：

```
class 类名<T1,T2>
```

其中 T1、T2 代表可能被定义的类型，这样在实例化指定类型的对象时就可以指定多个类型。

(2)定义泛型类时声明数组类型。例如，创建一个 ArrayClass 类，在该类中定义泛型类声明数组类型。代码如下：

```
public class ArrayClass<T> {
    private T[] array;                          //定义一个泛型类数组
    //为属性设置 set(get)方法
    public T[] getT() {
        return array;
    }
    public void setT(T[] array) {
        this.array = array;
    }
    public static void main(String[] args) {
        ArrayClass<String> a = new ArrayClass<String>();  //实例化对象
        String[] array = { "成员 1", "成员 2", "成员 3", "成员 4", "成员 5" };
        a.setT(array);                          //调用 setT()方法
        for (int i = 0; i < 5; i++)
          System.out.println(a.getT()[i]);      //调用 getT()方法输出数组中的值
    }
}
```

### 3. Collection 接口

#### 1)概述

Collection 接口是层次结构中的根接口，构成 Collection 的单位称为元素。Collection 接口通常不能直接使用，但该接口提供了添加元素、删除元素、返回 Collection 集合中的元素个数以及清空整个集合等方法。由于 List 接口和 Set 接口都继承了 Collection 接口，这些方法对 List 集合和 Set 集合都是通用的，并且 Collection 实现类都重写了 toString()方法，该方法可以一次性地输出集合中的所有元素。Collection 的常用方法如表 6-2-1 所示。

表 6-2-1　Collection 的常用方法

| 方　法 | 功能描述 |
| --- | --- |
| public boolean add(E e) | 向集合中增加元素 |
| public void clear() | 清空所有内容 |
| public boolean containsAll(Collection<? > c) | 查找一组数据是否存在 |
| public boolean equals(Object o) | 对象比较 |
| public int hashCode() | 返回 hash 码 |
| public boolean isEmpty() | 判断集合的内容是否为空 |
| public iterator()<E>interator() | 返回在此 Collection 的元素上进行迭代的迭代器，用于遍历集合中的对象 |
| public boolean remove(Object o) | 从集合中删除指定的对象 |
| public boolean removeAll(Collection<? > c) | 从集合中删除一组对象 |
| public int size() | 取得集合的长度 |
| public Object toArray() | 取得全部内容，以数组的形式返回 |
| public<T>[] toArray(T[] a ) | 取得全部内容 |

通常遍历集合是通过迭代器(iterator)来实现的，Collection 接口中的 iterator()方法可以返回在此 Collection 进行迭代的迭代器。当程序调用 Iterable 的 forEach()方法遍历集合元素时，程序会将集合元素一次性传给 Consumer 的 accept(T t)方法(该接口中唯一的抽象方法)。

2)举例

在项目中创建类 Test，在主方法中实例化集合对象，并向集合中添加元素，最后将集合中的对象以 String 形式输出。代码如下：

```
import java.util. * ;
public class Test {
  public static void main(String[] args){
    Collection list = new ArrayList();      //创建一个集合
      //向集合中添加数据
      list.add("a");
      list.add("b");
      list.add("c");
      //调用 Iterable 的 forEach()方法来遍历集合元素
    list.forEach(System.out::println);
  }
}
```

运行测试结果如图 6-2-2 所示。

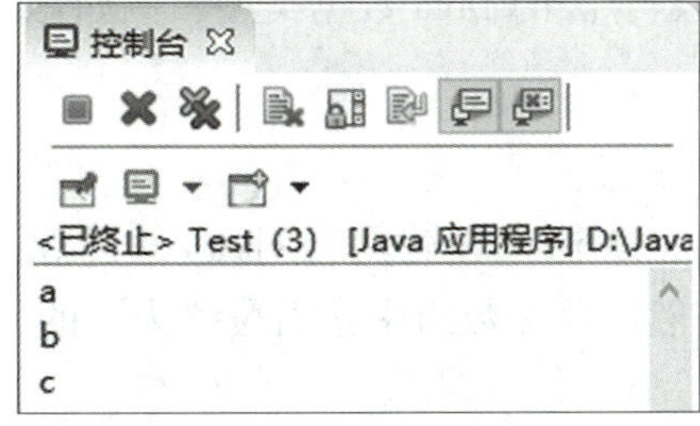


图 6-2-2　程序运行结果

forEach()方法本质上是调用了 for 循环，该方法是接口的默认方法，是 JDK 8 新增的语法。System.out::println 这种语法称为方法引用。forEach()方法提供一个某种类型的 Object(具体是什么类型要看 Stream 类的泛型参数<T>，不过一般是这个集合提供的那种类型)，而 System.out.println 可以接受一个 Object，因此，forEach()提供的参数和 System.out.println 的参数类型是一致的，所以 forEach(element －＞ {System.out.println(element)})就可以简化为 forEach(System.out::println)，即 forEach()将会使用 System.out 对象的 println 方法进行接下来的操作。

## 4. List 集合

List 集合包括 List 接口及 List 接口的所有实现类。List 集合中的元素允许重复，各元素的顺序就是对象插入的顺序。类似 Java 数组，用户可以通过使用索引(元素在集合中的位置)来访问集合中的元素。

### 1)List 接口

List 接口继承了 Collection 接口，因此包含 Collection 中的所有方法。此外，List 接口还定义了以下两个非常重要的方法：

(1)get(int index)：获得指定索引位置的元素。

(2)set(int index，Object obj)：将集合中指定索引位置的对象修改为指定的对象。

### 2)List 接口的实现类

List 接口的常用实现类为 ArrayList 和 LinkedList。

ArrayList 类实现了可变的数组，允许保存所有元素，包括 null，并可以根据索引位置对集合进行快速的随机访问，缺点是向指定的索引位置插入对象或删除对象的速度比较慢。

LinkedList 类采用链表结构保存对象。这种结构的优点是便于向集合中插入和删除对象，需要向集合中插入、删除对象时，使用 LinkedList 类实现的 List 集合的效率较高，但对于随机访问集合中的对象，使用 LinkedList 类实现 List 集合的效率比较低。

### 3)实例化 List 集合

ArrayList 类实例化：

```
List<E> list = new ArrayList<>();
```

LinkedList 类实例化：

```
List<E> list = new LinkedList<>();
```

在上面的代码中，E 可以是合法的 Java 数据类型。例如，如果集合中的元素为字符串类型，那么 E 可以修改为 String。

**4)举例**

在项目中创建类 Test，在主方法中创建集合对象，通过 Math 类的随机函数 random()随机获取集合中的某个元素，然后移除数组中索引位置为 1 的元素，最后遍历数组输出。代码如下：

```
import java.util.ArrayList;
import java.util.List;
public class Test {
    public static void main(String[] args){
        List<String> list = new ArrayList<>();        //创建一个集合对象
        list.add("a");
        list.add("b");
        list.add("c");
        int i = (int)(Math.random() * list.size());
        System.out.println("随机获取的数组中的元素索引为:" + i + "元素为:" +
list.get(i));
        list.remove(1);
        System.out.println("将索引为 1 的元素从数组移除后，数组中的元素为:");
       //调用 Iterable 的 forEach()方法来遍历集合元素
        list.forEach(System.out::println);
    }
}
```

运行测试结果如图 6-2-3 所示。

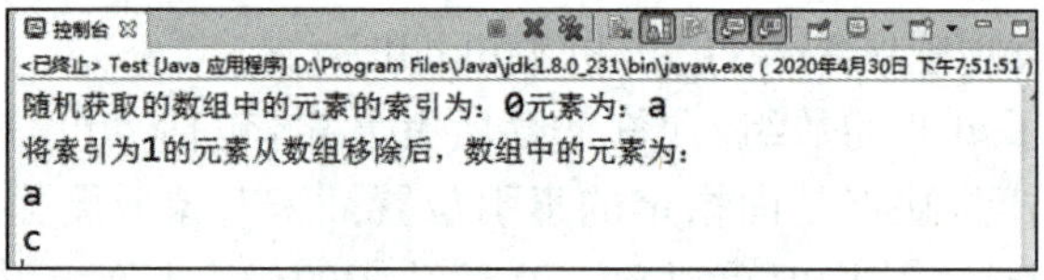

```
<已终止> Test [Java 应用程序] D:\Program Files\Java\jdk1.8.0_231\bin\javaw.exe (2020年4月30日 下午7:51:51)
随机获取的数组中的元素的索引为：0元素为：a
将索引为1的元素从数组移除后，数组中的元素为：
a
c
```

图 6-2-3　List 举例运行结果

> 注意：集合的索引也是从 0 开始的。

## 5. Set 集合

Set 集合中的对象不按照特定的方式排序，只是简单地把对象加入集合中，但 Set 集合中不能包含重复对象。Set 集合由 Set 接口和 Set 接口的实现类组成。Set 接口继承了 Collection 接口，因此包含 Collection 接口的所有方法。

Set 的构造方法有一个约束条件：传入的 Collection 对象不能有重复值。因此，必须小心操作可变对象，一个 Set 中的可变元素改变了，自身状态容易出现问题。

Set 接口常用的实现类有 HashSet 类和 TreeSet 类。

1)HashSet 类

HashSet 类实现 Set 接口，Set 集合的优点是能够快速定位集合中的元素。由 HashSet 类实现的 Set 集合中的对象必须是唯一的，因此需要添加到由 HashSet 类实现的 Set 集合中的对象，需要重新实现 equals()方法，从而保证插入集合中对象标识的唯一性。

由 HashSet 类实现的 Set 集合的排列方式为按照哈希码排序，根据对象的哈希码确定对象的存储位置，因此需要添加到由 HashSet 类实现的 Set 集合中的对象，还需要重新实现 hashCode()方法，从而保证插入集合中的对象能够合理地分布在集合中，以便于快速定位集合中的对象。

由于 Set 集合中的对象是无序的，这里所谓的无序并不是完全无序，只是不像 List 集合按对象的插入顺序保存对象。

2)TreeSet 类

TreeSet 类不仅实现了 Set 接口，还实现了 java. util. SortedSet 接口，从而保证在遍历集合时按照递增的顺序获得对象。遍历对象时可能按照自然顺序递增排列，因此存入用 TreeSet 类实现的 Set 集合的对象必须实现 Comparable 接口；也可能是按照指定比较器递增排序，即可以通过比较器对用 TreeSet 类实现的 Set 集合中的对象进行排序。TreeSet 类新增的方法如表 6-2-2 所示。

**表 6-2-2 TreeSet 类新增的方法**

| 方 法 | 功能描述 |
| --- | --- |
| first() | 返回此 Set 中当前第一个(最低)元素 |
| last() | 返回此 Set 中当前最后一个(最高)元素 |
| comparator() | 返回对此 Set 中的元素进行排序的比较器。如果此 Set 使用自然排序，则返回 null |
| headset(E toElement) | 返回一个新的 Set 集合，新集合是 toElement(不包含)之前的所有对象 |
| subset(E fromElement, E fromElement) | 返回一个新的 Set 集合，是 fromElement(包含)对象与 fromElement(不包含)对象之间的所有对象 |
| tailSet(E fromElement) | 返回一个新的 Set 集合，新集合包含对象 fromElement 之后的所有对象 |

3)举例

创建类 TreeSetTest，在主方法中创建集合对象，向 TreeSet 中添加四个 Integer 对象，输出集合中第一个元素、最后一个元素、小于 4 的子集，大于 5 的子集和大于等于−3 小于 4 的子集。代码如下：

```
import java.util.TreeSet;
public class TreeSetTest {
  public static void main(String[] args){
    TreeSet tree = new TreeSet();
    //向 TreeSet 中添加 4 个 Integer 对象
    tree.add(5);
    tree.add(2);
    tree.add(10);
    tree.add(-9);
    System.out.println(tree);
    //输出集合中的第一个元素
    System.out.println(tree.first());
    //输出集合中的最后一个元素
    System.out.println(tree.last());
    //返回小于 4 的子集,不包括 4
    System.out.println(tree.headSet(4));
    //返回大于 5 的子集,若 set 中包含 5,则子集中包含 5
    System.out.println(tree.tailSet(5));
    //返回大于等于-3 小于 4 的子集
    System.out.println(tree.subSet(-3,4));
  }
}
```

运行测试结果如图 6-2-4 所示。

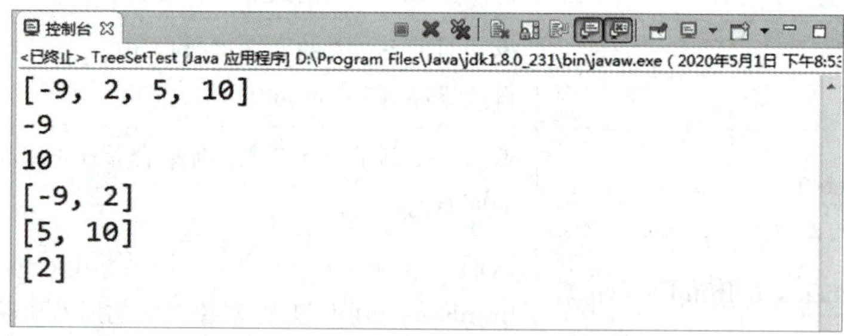


图 6-2-4 TreeSet 举例输出结果

## 6. Map 集合

Map 集合没有继承 Collection 接口,其提供的是 key 到 value 的映射。它是一种依照键(key)存储元素的容器,键很像下标,在 List 中下标是整数,在 Map 中键可以是任意类型的对象。Map 中不能有重复的键,每个键都有一个对应的值(value)。一个键和它对应的值构

成 Map 集合中的一个元素。Map 中的元素是两个对象，一个对象作为键，另一个对象作为值。键不可以重复，但是值可以重复。类用于存储元素对（称为键和值），其中每个键映射到一个值。

1) Map 接口

Map 接口提供了将 key 映射到值的对象。一个映射不能包含重复的 key，每个 key 最多只能映射到一个值。Map 接口同样提供了集合的常用方法，如表 6-2-3 所示。

表 6-2-3 Map 接口的常用方法

| 方法 | 功能描述 |
| --- | --- |
| get(Object key) | 返回与指定键关联的值 |
| containsKey(Object key) | 若 Map 包含指定键的映射，则返回 true |
| containsValue(Object value) | 若此 Map 将一个或多个键映射到指定值，则返回 true |
| entrySet() | 返回 Map 中所包含映射的 Set 视图。Set 中的每个元素都是一个 Map.Entry 对象，可以使用 getKey() 和 getValue() 方法[还有一个 setValue() 方法]访问后者的键元素和值元素 |
| keySet() | 返回 Map 中所包含键的 Set 视图。删除 Set 中的元素还将删除 Map 中相应的映射（键和值） |
| put(Object key, Object value) | 将指定值与指定键相关联 |
| values() | 返回 map 中所包含值的 Collection 视图。删除 Collection 中的元素还将删除 Map 中相应的映射（键和值） |

例如，在项目中创建类 MapTest，在主方法中创建 Map 集合，并获取 Map 集合中所有 key 对象的集合和所有 value 值的集合，最后遍历集合。代码如下：

```
import java.util.Collection;
import java.util.HashMap;
import java.util.Iterator;
import java.util.Map;
import java.util.Set;
import java.util.concurrent.SynchronousQueue;
public class MapTest {
  public static void main(String[] args) {
    Map<String,String> map = new HashMap<>();//创建 Map 实例
    map.put("01","王梅");  //向集合中添加对象
    map.put("02","孙俪");
    map.put("03","张霞");
    Set<String> set = map.keySet();//构建 Map 集合中所有 key 对象集合
```

```
        Iterator<String> it = set.iterator();          //创建集合迭代器
        System.out.println("key 集合中的元素:");
        while(it.hasNext()) {                          //遍历集合
          System.out.println(it.next());
        }
      //构建 Map 集合中所有 values 值的集合
      Collection<String> coll = map.values();
      it = coll.iterator();
      System.out.println("values 集合中的元素:");
      while(it.hasNext()) {                            //遍历集合
        System.out.println(it.next());
      }
    }
  }
```

运行测试输出结果如图 6-2-5 所示。

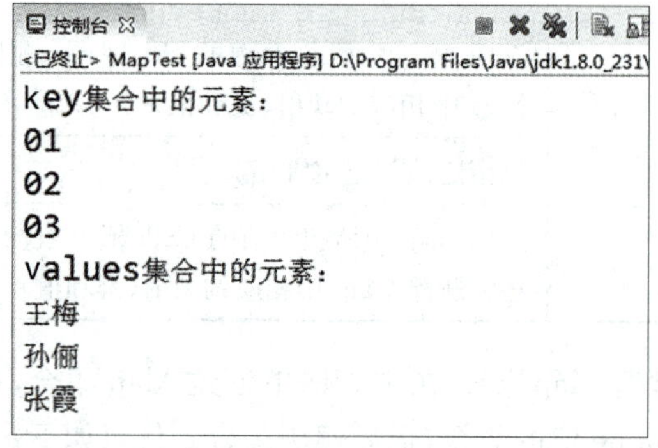


图 6-2-5　输出结果

### 2)Map 接口的实现类

Map 接口是 Java 定义的一种键值对映射的数据结构接口,Map 接口常用的实现类有 HashMap 和 TreeMap。建议使用 HashMap 类实现 Map 集合,因为由 HashMap 类实现的 Map 集合添加和删除映射关系效率更高。HashMap 是基于哈希表的 Map 接口的实现,HashMap 通过哈希码对其内部的映射关系进行快速查找,而 TreeMap 中的映射关系存在一定的顺序,如果希望 Map 集合中的对象也存在一定的顺序,应该使用 TreeMap 类实现 Map 集合。

(1)HashMap 类。HashMap 是一个最常用的 Map,它根据键的 HashCode 值存储数据,根据键可以直接获取它的值,具有很快的访问速度,遍历时,取得数据的顺序是完全随机的。HashMap 最多允许一条记录的键为 null,允许多条记录的值为 null(HashSet 的实现就是在 HashMap 的值为空的情况下进行的),HashMap 不支持线程同步,即任一时刻可以有多个线程同时写 HashMap,可能会导致数据的不一致。如果需要同步,可以用 Collections 的 synchronizedMap()方法使 HashMap 具有同步的能力或使用 ConcurrentHashMap。

(2)TreeMap类。TreeMap实现SortMap接口,能够把它保存的记录根据键排序,默认是按键值的升序排序,也可以指定排序的比较器,当用Iterator遍历TreeMap时,得到的记录是排过序的。

可以通过HashMap类创建Map集合,当需要排序输出时,再创建一个完成相同映射关系的TreeMap类实例。

(3)举例。通过HashMap类实例化Map集合,并遍历Map集合,然后创建TreeMap实例实现将集合中的元素顺序输出。

①创建Cust类,代码如下:

```
package collection;
public class Cust {
  private String custNo;
  private String custName;
    public Cust(String custNo, String custName) {
    this.custNo = custNo;
    this.custName = custName;
    }
public String getCustNo() {
  return custNo;
}
public void setCustNo(String custNo) {
  this.custNo = custNo;
}
public String getCustName() {
  return custName;
}
public void setCustName(String custName) {
  this.custName = custName;
}
}
```

②创建测试类,首先新建一个Map集合,并添加集合对象,分别遍历由HashMap类和TreeMap类实现的Map集合,代码如下:

```
import java.util.HashMap;
import java.util.Iterator;
import java.util.Map;
```

```
import java.util.Set;
import java.util.TreeMap;
    public class HashMapTest {                          //创建类 HashMapTest
    public static void main(String[] args) {
    Map<String,String> map = new HashMap<>(); //由 HashMap 实现的 Map 对象
    Cust cust = new Cust("221","李梅");                  //创建 Cust 对象
    Cust cust1 = new Cust("123","张丽");
    Cust cust2 = new Cust("220","王娟");
    map.put(cust.getCustNo(), cust.getCustName());    //将对象添加到集合
    map.put(cust1.getCustNo(), cust1.getCustName());
    map.put(cust2.getCustNo(), cust2.getCustName());
    Set<String> set = map.keySet();//获取 Map 集合中的 key 对象集合
    Iterator<String> it = set.iterator();
    System.out.println("HashMap 类实现的 Map 集合,无序:");
    while(it.hashNext()) {                              //遍历 Map 集合
      String str = (String)it.next();
      String name = (String)map.get(str);
      System.out.println(str + "   " + name);
    }
    //创建 TreeMap 集合对象
    TreeMap<String,String> treemap = new TreeMap<>();
    treemap.putAll(map);                                //向集合中添加对象
    Iterator<String> iter = treemap.keySet().iterator();
    System.out.println("TreeMap 类实现的 Map 集合,键对象升序:");
    while(iter.hashNext()) {                            //遍历 TreeMap 集合对象
      String str = (String)iter.next();                 //获取集合中所有的 key 对象
      //获取集合中所有的 values 值
      String name = (String)treemap.get(str);
      System.out.println(str + "   " + name);
    }
  }
}
```

输出结果如图 6-2-6 所示。

```
控制台
<已终止> HashMapTest [Java 应用程序] D:\Program Files\Java\jdk1.8.0_23
HashMap类实现的Map集合，无序：
220   王娟
221   李梅
123   张丽
TreeMap类实现的Map集合，键对象升序：
123   张丽
220   王娟
221   李梅
```

图 6-2-6　Map 举例

## 任务描述

在任务一中，我们通过数据库连接的方法完成了会员信息的添加、修改、删除、查询和显示，本任务主要通过集合类中 List 集合的方法完成任务一的内容，操作界面如图 6-2-7 所示。

```
        淘淘乐购管理系统 > 会员信息管理
***********************************************
        1. 添加会员信息
        2. 修改会员信息
        3. 查询会员信息
        4. 显示会员信息
        5. 删除会员信息
***********************************************
请选择数字（1-5）：
4
会员信息为:
会员卡号  会员姓名  会员生日  会员积分
10001     张丽丽    4月8日    4000
10003     李小强    6月8日    6000
10002     王晓华    9月18日   34000
你想继续操作么? yes or no
```

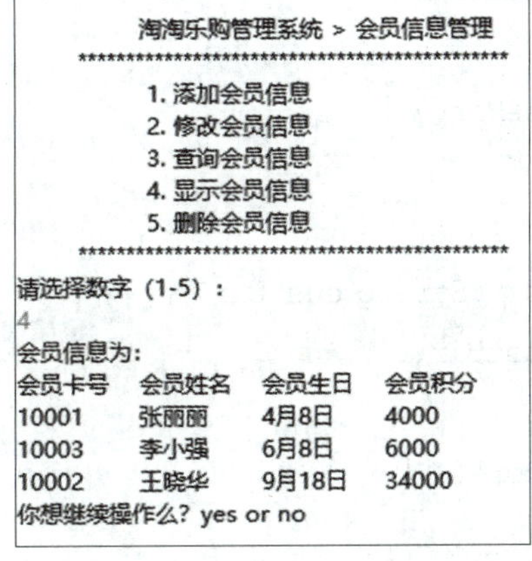

图 6-2-7　操 作 界 面

## 任务分析

(1)利用数据库完成数据的添加、修改、删除和显示。

(2)利用 List 集合进行对象信息的输出。

## 任务实施

(1)在项目“data”包中创建 CusList 类，代码如下：

```
package data;
public class CustList {
  private String custNo;
```

```
    private String custName;
    private String custBir;
    private int custScore;
    public String getCustNo() {
        return custNo;
    }
    public void setCustNo(String custNo) {
        this.custNo = custNo;
    }
    public String getCustName() {
        return custName;
    }
    public void setCustName(String custName) {
        this.custName = custName;
    }
    public String getCustBir() {
        return custBir;
    }
    public void setCustBir(String custBir) {
        this.custBir = custBir;
    }
    public int getCustScore() {
        return custScore;
    }
    public void setCustScore(int custScore) {
        this.custScore = custScore;
    }
}
```

(2)在“data”包中创建 BaseDao 类,代码如下:

```
package data;
import java.sql.Connection;          //导入连接接口
import java.sql.DriverManager;       //导入驱动器管理类
import java.sql.ResultSet;           //导入查询结果集接口
import java.sql.SQLException;        //导入 SQL 异常接口
public class BaseDao {
```

```
    //定义需要加载的驱动
    protected static final String driver = "com.mysql.jdbc.Driver";
    //定义要使用的数据库资源,cust 为数据库的名字
    protected static final String url = "jdbc:mysql://localhost:3306/cust?
useUnicode=true&characterEncoding=utf-8";
    //定义连接数据库的用户名
    protected static final String dbUser = "root";
    //定义连接数据库的密码
    protected static final String dbPwd = "123456";
    //声明与数据库的连接对象
    public static Connection conn = null;
      //创建方法 getConnection(),用于加载驱动器,创建与数据库的连接
      public static Connection getConnection() {
        try {
         if (conn == null) {
         //加载数据库驱动
        Class.forName(driver);
        //按照指定参数,创建与数据库的连接
        conn = DriverManager.getConnection(url, dbUser, dbPwd);
        }
        } catch (Exception e) {
          e.printStackTrace();
        }
        return conn;
      }
    }
```

(3)在"view"包中创建 CustOperationList 类,主要完成增、删、改、显示方法的实现和调用。

```
package view;
import java.sql.Connection;
import java.sql.PreparedStatement;
import java.sql.ResultSet;
import java.sql.SQLException;
import java.util.*;
import data.BaseDao;
import data.CustList;
```

```
public class CustOperationList {
  BaseDao basedao = new BaseDao();
  List<CustList> list = new ArrayList<CustList>();
  Scanner in = new Scanner(System.in);
//创建会员显示方法 custshow()
public void custshow() {
  list.clear();
  Connection con = basedao.getConnection();  //连接数据库
  //第一种数据库 PreparedStatement 预处理方法
  try {
  String sql = "select * from t_cust";
  PreparedStatement pst = con.prepareStatement(sql);
  ResultSet rs = pst.executeQuery(sql);//执行查询操作,并返回结果集
    while (rs.next()) {
    //创建用户对象,并保存用户信息
    CustList cust = new CustList();
    cust.setCustNo(rs.getString("custNo"));
    cust.setCustName(rs.getString("custName"));
    cust.setCustBir(rs.getString("custBir"));
    cust.setCustScore(rs.getInt("custScore"));
    list.add(cust);//将这个用户对象添加到用户列表中
    }
      } catch (SQLException e) {
      e.printStackTrace();
    }
  for(int i = 0;i<list.size();i++) { //用 for 循环的方法输出对象
  System.out.println(list.get(i).getCustNo() + "\t" + list.get(i).getCustName()
+ "\t" + list.get(i).getCustBir() + "\t" + list.get(i).getCustScore());
  }
}
//创建插入会员信息的 add()方法
public void add() {
  Connection con = basedao.getConnection();
    try {
    //定义插入 SQL 语句
```

```
    String sql = "insert into t_cust values(?,?,?,?)";
    //对 SQL 语句进行预处理命令
    PreparedStatement pst = con.prepareStatement(sql);
    System.out.println("请输入会员卡号:");
    pst.setString(1, in.next());
    System.out.println("请输入会员姓名:");
    pst.setString(2,in.next());
    System.out.println("请输入会员生日:");
    pst.setString(3,in.next());
    System.out.println("请输入会员积分:");
    pst.setInt(4,in.nextInt());
    //更新结果
    pst.execute();
    }
    catch (SQLException e) {
      e.printStackTrace();
  }
}
//创建删除会员信息的 del()方法
public void del() {
  Connection con = basedao.getConnection();
    System.out.println("请输入你想删除的会员卡号:");
    String no = in.next();
    String sql = null;
    try {
      for(int i = 0;i<list.size();i++)
        if(no.equals(list.get(i).getCustNo()))
            sql = "delete from t_cust where custNo = " + no;
        PreparedStatement pst = con.prepareStatement(sql);
        pst.execute();
        System.out.println("删除成功!");
      } catch (SQLException e) {
          e.printStackTrace();
      }
}
//创建修改会员信息的 modify()方法
```

```
public void modify() {
  System.out.println("请输入你想修改的会员的卡号:");
  String no = in.next();
  String sql = null;
      for(int i = 0;i<list.size();i++)
    if(no.equals(list.get(i).getCustNo()))
      {System.out.println("请输入修改后的会员姓名:");
      list.get(i).setCustName(in.next());
      System.out.println("请输入修改后的会员生日:");
      list.get(i).setCustBir(in.next());
      System.out.println("请输入修改后的会员积分:");
      list.get(i).setCustScore(in.nextInt());}
      }
```

/＊创建 operationshow()方法,在 switch 中根据键盘输入的数据调用相应的add()、modify()、del()、custshow()方法＊/

```
public void operationshow() {
  String answer = "yes";
  while(answer.equals("yes")) {
    System.out.println("＊＊＊＊＊＊＊会员信息管理界面＊＊＊＊＊＊＊");
    System.out.println("\t1.会员信息添加");
    System.out.println("\t2.会员信息修改");
    System.out.println("\t3.会员信息删除");
    System.out.println("\t4.会员信息显示");
    System.out.println("请输入你的选择(1-4):");
    int i = in.nextInt();
    switch(i) {
    case 1:add();break;            //调用 add()方法
    case 2:modify();break;         //调用 modify()方法
    case 3:del();break;            //调用 del()方法
    case 4:custshow();break;       //调用 custshow()方法
  }
    System.out.println("你还想继续操作么? yes 或 no");
    answer = in.next();
    if(answer.equals("no")) {
      operationshow();}
  }
```

```
    }
    //创建 main()方法,运行程序
    public static void main(String[] args) {
        CustOperationList custOperationList = new CustOperationList();
        custOperationList.operationshow();
    }
}
```

(4)运行测试结果如图 6-2-8 所示。

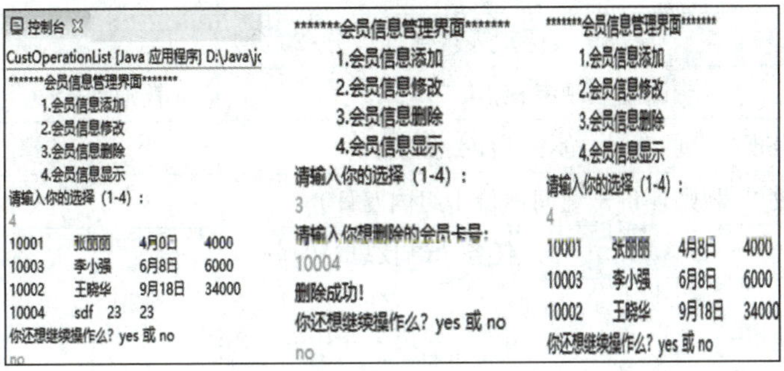

图 6-2-8　通过 List 实现增、删、改、显示

## 任务小结

本任务通过对泛型和集合类的介绍,进行思政的渗透教育,引导学生在人生历程中要具有正确、迅捷的思维意识和从多方面考虑解决问题方法的能力;让学生在学习中体验到企业对程序员技能的实际需求,帮助学生养成课程学习与职业生涯发展相关联的习惯;培养学生通过团队协作解决知识难题的意识和能力,使学生树立团队观念,提高面向企业合作分工的技能。

## 自我评价

<table>
<tr><td colspan="2">课程名称:Java 程序设计</td><td colspan="3">授课地点:</td></tr>
<tr><td colspan="2">学习任务 2: 泛型与集合类</td><td colspan="2">授课教师:</td><td>授课学时:6</td></tr>
<tr><td colspan="2">课程性质:理实一体课程</td><td colspan="3">综合评分:</td></tr>
<tr><td colspan="5">知识掌握情况评分(25 分)</td></tr>
<tr><td>序号</td><td>知识考核点</td><td>教师评价</td><td>分数</td><td>得分</td></tr>
<tr><td>1</td><td>集合类理解</td><td></td><td>5</td><td></td></tr>
<tr><td>2</td><td>泛型的定义与用法</td><td></td><td>5</td><td></td></tr>
<tr><td>3</td><td>Collection 接口</td><td></td><td>10</td><td></td></tr>
<tr><td>4</td><td>List、Set、Map 集合</td><td></td><td>5</td><td></td></tr>
</table>

（续表）

| 工作任务完成情况评分(45 分) | | | | |
|---|---|---|---|---|
| 序号 | 能力操作考核点 | 教师评价 | 分数 | 得分 |
| 1 | 利用数据库完成数据的添加、修改、删除和显示 | | 10 | |
| 2 | 利用 list 集合进行对象信息的输出 | | 10 | |
| 3 | 异常处理应用 | | 5 | |
| 4 | 程序排错的能力 | | 5 | |
| 5 | 与组员的配合团队精神、协调能力 | | 5 | |
| 6 | 精神面貌、专业自信、工匠精神、职业素养 | | 10 | |
| 课堂表现情况评分(20 分) | | | | |
| 序号 | 课堂表现考核点 | 教师评价 | 分数 | 得分 |
| 1 | 课堂过程表现(签到、互动、抢答、讨论、演示) | | 10 | |
| 2 | 课堂实训效果(教师评价+组间评价+组内互评) | | 10 | |
| 任务总结反思(10)分 | | | | |
| | | | | |

## 习 题

### 一、选择题

1. Java 中，JDBC 是指(　　)。

A. Java 程序与数据库连接的一种机制

B. Java 程序与浏览器交互的一种机制

C. Java 类库名称

D. Java 类编译程序

2. 接口 Statement 中定义的 execute()方法的返回类型是(　　)。

A. int　　B. String　　C. ResultSet　　D. Boolean

3. 以下对异常的描述不正确的是(　　)。

A. 异常分为 Error 和 Exception

B. Throwable 是所有异常类的父类

C. 在程序中不管是 Error 类型还是 Exception 类型的异常，都可以捕获后进行异常处理

D. Exceptoin 是 RuntimeException 和 RuntimeException 之外异常的父类

4. 在 Java 中,(　　)接口位于集合框架的顶层。

A. MapB. CollectionC. SetD. List

5. 以下负责建立与数据库连接的是(　　)。

A. Statement B. PreparedStatement

C. ResultSetD. DriverManager

## 二、填空题

1. SQL 是关系数据库的标准语言,其功能包括________、________、________、________。

2. ________类是 JDBC 的管理层,作用于用户和驱动程序之间,并在数据库和相应驱动程序之间建立连接。

3. 使用 Statement 对象执行________方法,将会返回一个数据库的结果集。

4. List 和 Set 继承了________接口。

5. SQL 查询命令的基本动词是________和________。

## 三、问答编程题

1. 简述数组和集合的区别。

2. 编写一个程序统计字符串中每个字符出现的次数。

3. 张教授采用基因干预技术成功培育出 1 头母牛,3 年后,这头母牛每年会生出 1 头母牛,生出来的母牛 3 年后又可以每年生出 1 头母牛。如此循环下去,请问张教授 n 年后有多少头母牛?编写程序并输出结果。

# 项目七

# 多线程与I/O文件流

现在的操作系统都是多任务操作系统，每个运行的任务就是操作系统所做的一件事情。例如，人们在听歌的同时还在用微信聊天，听歌和聊天就是两个任务，这两个任务是“同时”进行的。Java 应用程序通过多线程技术共享系统资源，线程之间的通信与协同通过简单的方法调用完成。在 Java 中，常见的 I/O 文件流的特点是每个连接单位时间内只能为一个线程服务，且在这个时间段内线程不进行计算或读写内存，线程在使用 I/O 时，一般不会使用 CPU 或内存。这个特点是多线程的重要意义之一，在一个线程使用 I/O 时，将 CPU 使用权转移给其他线程，可以更加充分地利用系统资源。

## 学习目标

◎ 了解线程与多线程的概念。
◎ 能够利用 Thread 类建立多线程方法。
◎ 能够利用 Runnable 接口建立多线程方法。
◎ 了解流的概念。
◎ 掌握 Java 的文件读写机制和输入/输出流的使用方法。

## 素质目标

◎ 激发学生的爱国热情，使其开阔眼界，学以致用，提升学好专业知识的迫切性及兴趣。
◎ 培养学生独立完成任务、不怯问题的职业素养和精益求精的质量意识。
◎ 引导学生克服畏难情绪，努力学习编程技术，一步一个脚印，掌握核心技术。
◎ 提高学生理论联系实际、学以致用的能力，培养学生的国情意识和社会责任感。
◎ 培养学生的团队协作能力和工匠精神。

## 项目分析

本项目主要介绍 Java 中多线程和 I/O 文件流的内容，并结合小案例最终使学生掌握 Java 程序中多线程和 I/O 文件流的应用。

# 任务一 多 线 程

## 知识储备

### 1. 多线程概述

进程是一个正在执行的程序。每一个进程都有一个执行顺序。该顺序是一个执行路径,或者称为一个控制单元。线程就是进程中的一个控制单元。线程控制着进程的执行,一个进程至少有一个线程。而多线程是指程序中包含多个执行流,即在一个程序中可以同时运行多个不同的线程来执行不同的任务,也就是说允许单个程序创建多个并行执行的线程来完成各自的任务。

Java 语言支持程序并行执行的多线程编程,实现了一般传统语言难以实现的某些功能,如实时交互能力、多 CPU 的支持。线程是程序中的一条执行路径,多线程是指程序中包含多条执行路径,在一个程序中可以同时运行多个不同的线程来执行不同的任务,即允许单个程序创建多个并行执行的线程来完成各自的任务。浏览器程序就是一个多线程的例子,在浏览器中可以在下载 Java 小程序或图像的同时滚动页面,在访问新页面时播放动画和声音、打印文件等。

多线程编程的含义是将程序任务分成几个并行的子任务,在多线程的情况下,可以用两个独立的线程去完成这些功能,而不影响正常的显示或其他功能。单线程在读网络数据和等待用户输入时有很多时间处于等待状态,多线程利用这个特点将任务分成多个并发任务后就可以提高系统执行效率。在多线程程序中,多个线程可共享一块内存区域和资源。Java 的多线程运行与操作系统紧密相关,操作系统的线程执行效率越高,程序的执行效率就越高,Java 的线程是通过 java. lang. Thread 类来实现的,在该类中封装了虚拟的 CPU。

进程与线程是包含关系,但是多任务既可以由多线程实现,也可以由单进程内的多线程实现,还可以混合多进程+多线程。具体采用哪种方式,要考虑进程和线程的特点。

多进程稳定性比多线程高,因为在多进程的情况下,一个进程崩溃不会影响其他进程,而在多线程的情况下,任何一个线程崩溃都会直接导致整个进程崩溃。

除此之外,多进程也有一些缺点,具体如下:

(1)创建进程比创建线程开销大,尤其是在 Windows 系统上。

(2)进程间通信比线程间通信要慢,线程间通信就是读写同一个变量,速度很快。

### 2. 常用创建线程的两种方式

在 Java 中主要提供两种方式实现线程,分别为继承 java. lang. Thread 类与实现 java. lang. Runnable 接口。

#### 1)继承 Thread 类

Thread 类是 java. lang 包中的一个类,从这个类中实例化的对象代表线程,程序员启动一个新线程需要建立 Thread 实例。Thread 类中常用的两个构造方法如下：

```
public Thread();                     //创建一个新的线程对象
public Thread(String threadName);    //创建一个名为 threadName 的线程对象
```

继承 Thread 类创建一个新的线程的格式如下：

```
public class ThreadTest extends Thread{
}
```

继承 Thread 类创建线程的步骤如下：

(1)定义 Thread 类的子类，并重写该类的 run()方法，该 run()方法的方法体代表了该线程要完成的任务。因此，run()方法又称为方法执行体。

(2)创建 Thread 子类的实例，即创建线程对象。

(3)用线程对象的 start()方法来启动该线程。

例如，通过创建一个 ThreadExample 类，继承 Thread 类的方法来创建线程。代码如下：

```
public class ThreadExample extends Thread{
  public void run() {                              //重写 run()方法
    for (int i = 0; i < 5; i++) {                  //用 for 循环方式输出语句
      System.out.println("Thread run…" + i);
    }
  }
}
public class ThreadExampleTest {
  public static void main(String[] args) {
    ThreadExample t = new ThreadExample();         //创建线程实例对象
    t.start();                                     //执行线程
    for (int x = 0; x < 5; x++) {                  //用 for 循环方式输出语句
      System.out.println("Hello World! …" + x);
      System.out.println(t.getName());             //输出线程名
    }
  }
}
```

运行测试结果如图 7-1-1 所示。

> **注意**：完成线程功能的代码放在类的 run()方法中，当一个类继承 Thread 类后，就可以在该类中覆盖 run()方法，将实现该线程功能的代码写入 run()方法中，同时调用 Thread 类中的 start()方法执行线程，也就是调用 run()方法。getName()获取线程的名称，默认线程的名称为 Thread-编号。

```
控制台 ⊠  Objectl
<已终止> ThreadExample
Hello World!...0
Thread run.......0
Thread-0
Thread run.......1
Thread run.......2
Thread run.......3
Thread run.......4
Hello World!...1
Thread-0
Hello World!...2
Thread-0
Hello World!...3
Thread-0
Hello World!...4
Thread-0
```

图 7-1-1　继承 Thread 类创建线程

#### 2)实现 Runnable 接口

线程都是通过扩展 Thread 类来创建的，如果需要继承其他类(非 Thread 类)并实现多线程，则可以通过 Runnable 接口来实现。实现 Runnable 接口的格式如下：

```
public class Thread extends Object implements Runnable{
}
```

实现 Runnable 接口的程序会创建一个 Thread 对象，将 Runnable 对象与 Thread 对象相关联。Thread 类中有如下两个构造方法：

```
public Thread(Runnable target)
public Thread(Runnable target,String name)
```

这两个构造方法参数都存在于 Runnable 实例，使用上述构造方法可以将 Runnable 实例与 Thread 实例相关联。

使用 Runnable 接口启动新线程的步骤如下：

(1)创建 Runnable 对象。

(2)使用参数为 Runnable 对象的构造方法创建 Thread 实例对象。

(3)调用 start()方法启动线程。

例如，创建一个 RunnableExample 类，使用 Runnable 接口启动新线程。代码如下：

```
public class RunnableExampleTest {            //创建一个 RunnableExampleTest 类
  public static void main(String[] args) {
    //创建一个 RunnableExample 类对象 r
    RunnableExample r = new RunnableExample();
    //使用参数创建 Thread 对象 t1、t2
    Thread t1 = new Thread(r);
    Thread t2 = new Thread(r);
```

```
        //启动线程
        t1.start();
        t2.start();
    }
}
//通过 Runnable 接口创建一个 RunnableExample 类
public class RunnableExample implements Runnable{
    public void run() {                          //重写 run()方法
        for (int i = 0; i < 5; i++) {            //用 for 循环输出线程的名称
            System.out.println(Thread.currentThread().getName() + "…" + i);
        }
    }

}
```

运行测试结果如图 7-1-2 所示。

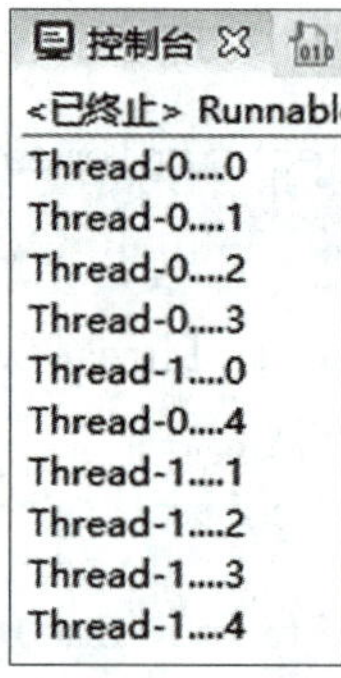

```
控制台
<已终止> Runnabl
Thread-0....0
Thread-0....1
Thread-0....2
Thread-0....3
Thread-1....0
Thread-0....4
Thread-1....1
Thread-1....2
Thread-1....3
Thread-1....4
```

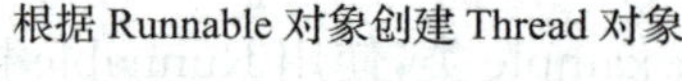

图 7-1-2　使用 Runnable 接口创建线程

通过 Runnable 接口创建线程，首先编写一个实现 Runnable 接口的类，然后实例化该类的对象，创建一个 Runnable 对象，然后使用相应的构造方法创建一个 Thread 实例对象，最后使用该实例对象调用 Thread 类中的 start()方法启动线程。图 7-1-3 所示是实现 Runnable 接口创建线程的流程图。

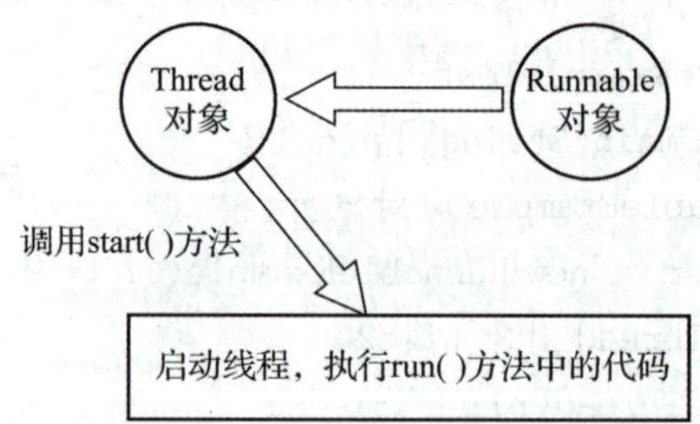


图 7-1-3　实现 Runnable 接口创建线程的流程图

### 3. 线程的生命周期

一个线程创建—工作—死亡的过程被称为线程的生命周期，线程生命周期共有五个状态：新建状态(New)、就绪状态(Runnable)、运行状态(Running)、阻塞状态(Blocked)和死亡状态(Dead)，如图 7-1-4 所示。

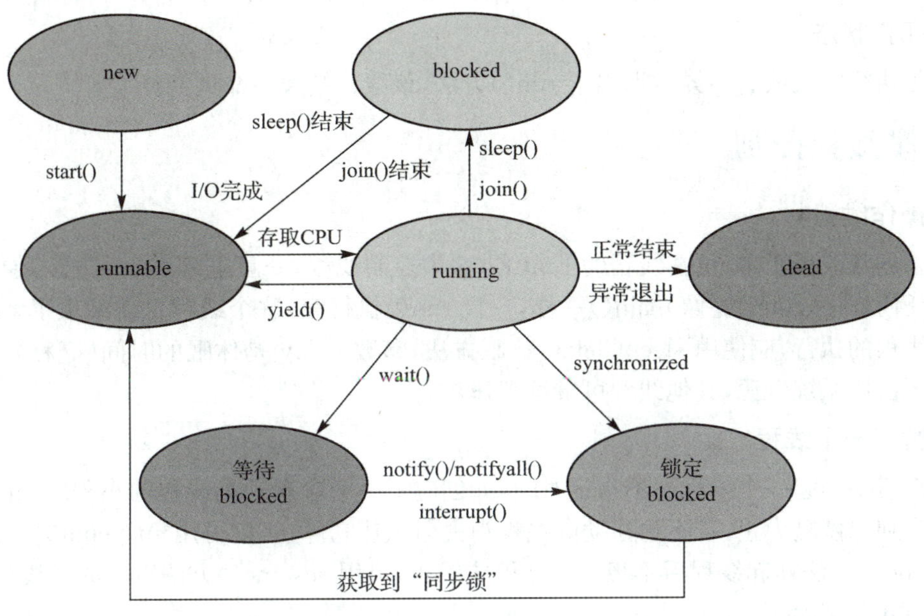


图 7-1-4　线程生命周期

#### 1)新建状态

新建状态指创建了一个线程，但它还没有启动。处于新建状态的线程对象只能够被启动或终止。例如，以下代码使线程 myThread 处于新建状态：

```
Thread myThread = new Thread();
```

#### 2)就绪状态

就绪状态是当线程处于新建状态后，调用了 start()方法，线程就处于就绪状态。处于就绪状态的线程具备了运行条件，但尚未进入运行状态。这样的线程可有多个，它们将在就绪队列中排队，等待 CPU 资源。线程通过线程调试获得 CPU 资源变成运行状态。例如，以下代码使线程 myThread 进入就绪状态：

```
myThread.start();
```

#### 3)运行状态

运行状态是某个就绪状态的线程获得 CPU 资源，正在运行。如果有更高优先级的线程进入就绪状态，则该线程将被迫放弃对 CPU 的控制权，进入就绪状态。使用 yield()方法可以使线程主动放弃 CPU。线程也可能由于执行结束或执行 stop()方法进入死亡状态。每个线程对象都有一个 run()方法，当线程对象开始执行时，系统就调用该对象的 run()方法。

4)阻塞状态

阻塞状态是正运行的线程遇到某个特殊情况,例如,延迟、挂起、等待 I/O 操作完成等。进入阻塞状态的线程让出 CPU,并暂时停止自己的执行。线程进入阻塞状态后,就一直等待,直到引起阻塞的原因被消除,线程又转入就绪状态,进入就绪队列排队。当线程再次变成运行状态时,将从原来暂停处开始继续运行。

5)死亡状态

线程执行完成或者因异常退出了 run()方法,该线程结束生命周期。

## 4. 多线程控制

1)操作线程

如果创建线程正常,可在线程的 run()方法中控制线程,一旦进入 run()方法,便可执行其中的任何程序,run()好像 main()一样,一旦 run()执行完,这个线程也就结束了。若想推迟一个线程的执行,应使用 sleep(delay)休眠方法,参数 delay 是休眠的时间(毫秒),线程休眠时并不占用系统资源,其他线程可继续工作。

2)暂停一个线程

经常需要挂起一个线程而不指定时间,如创建了一个含有动画线程的小程序,让用户暂停动画直到想恢复为止,若不想让动画线程消失但想让它停止,则可用 suspend()方法挂起。用 suspend()方法挂起线程后不想永久地停止线程,可用 resume()方法重新激活线程。

3)停止一个线程

线程的停止方法 stop() 可以停止线程的执行。注意这并没有删除这个线程,而只是停止了线程的执行,并且这个线程不能用 start()方法重新启动。一般不用 stop()停止一个线程,只简单地让线程执行完而已。很多复杂的线程程序需要控制每一个线程,在这种情况下会用到 stop()方法,如果需要可以测试线程是否被激活,一个线程已经启动且没有停止被认为是激活的,如果线程 t1 是激活的,t1. isAlive()将返回 true。

4)join 线程

Thread 类提供了让一个线程等待另一个线程完成的方法 join()。当在某个线程执行流中调用其他线程的 join()方法时,调用者线程将被阻塞,直到被 join()方法加入的 join 线程执行完成为止。方法如下:

```
public final void join() throws InterruptedException
```

通过 join()方法可以用来临时加入线程执行,join()方法通常由使用线程的程序调用(如 main 线程),以将大问题划分成许多小问题,每个小问题分配一个线程。当所有小问题都得到处理后,再调用主线程进一步操作。

## 5. 多线程的互斥与同步

1)多线程互斥

程序中的多个线程一般是独立运行的,各个线程有自己的数据和方法,但有时需要在多

个线程之间共享一些资源对象，这些资源对象的操作在某些时候必须在线程间很好地协调以保证它们的正确使用，不考虑协调性就可能产生错误。

下面以两个线程共享一个堆栈的情况来说明在线程之间协调对共享资源操作的重要性。

堆栈是内存中的一段存储区域，它的一端固定，另一端活动，活动端称为栈顶，存取数据均在栈顶进行，并遵从先进后出（FILO）或后进先出（LIFO）的原则，对每个堆栈有专门的变量保存栈顶的位置信息。数据进栈涉及变动栈顶和在栈顶存入数据两个动作，数据出栈也涉及取出栈顶数据和变动栈顶两个动作。考虑一种特殊的情况，若线程 A 对一个栈进行进栈操作，仅变动了栈顶，就因为系统线程调度的原因暂时挂起。启动了共享这个堆栈的线程 B 进行出栈操作，因为此前线程 A 还未在栈顶存入数据，将导致线程 B 不能从栈顶取出数据，发生堆栈操作错误。错误原因是分离了线程 A 的进栈操作的两个动作，破坏了进栈操作的完整性。

在 Java 语言中，为保证线程对共享资源操作的完整性，可以用关键字 synchronized 为共享资源加锁来解决这个问题，这个锁使得共享资源对线程是互斥操作的，称为互斥锁。synchronized 可修饰一个代码块或一个方法，使修饰对象在任一时刻只能有一个线程访问，从而提供了程序的异步执行功能，使用 synchronized 的格式如下：

```
synchronized this {…}                        //修饰一个代码块
synchronized methodName parameters {        //修饰一个方法
…
}
```

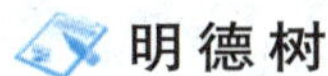

**明德树人**

> 乘坐高铁需要通过网络或人工窗口进行购票，购买车票正常情况是一座一人，不能同时多个人拥有同一个票，但是如果出现特殊情况（如机器故障），则会出现多线程共享导致资源拥堵与冲突，那么可能会出现一座两人的情况。我们在资源共享中要遵循一定的规则，合理安排，完美协作，双方达到全局最优的状态，团结合作、共谋发展。

### 2）多线程同步

因为多线程提供了程序异步执行的功能，所以在必要时还必须提供一种同步机制，同步也是一种各线程间对共享资源使用的协调。例如，对异步操作中所用的堆栈操作的情况来说，设线程 A 和 B 分别对堆栈进行进、出栈操作，若线程 A 锁住共享堆栈，一直进栈将导致堆栈溢出，若线程 B 锁住共享堆栈，一直出栈将导致栈空。

因此，必须考虑遇到堆栈满或空时怎样使得线程能够自动避免错误操作的问题。所以在多线程编程中需要防止这些资源访问的冲突，Java 提供了线程同步机制来防止资源访问的冲突。

为了实现同步，Java 语言提供 wait()、notify()和 notifyAll()三个方法供线程在临界段中使用。在临界段中使用 wait()方法，使执行该方法的线程等待，并允许其他线程使用这个临界段。wait()方法常用以下两种格式：

```
wait()              //让线程一直等待,直到被 notify()或 notifyAll()方法唤醒
wait(long timeout)  //让线程等待到被唤醒,或经过指定时间后结束等待
```

当线程使用完临界段后，用 notify()方法通知由于想使用这个临界段而处于等待的线程结束等待。notify()方法只是通知第一个处于等待的线程。如果某个线程在使用完临界段方法后，其他早先等待的线程都可结束等待，重新竞争 CPU，则可以用 notifyAll()方法。

（1）同步代码块，格式如下：

```
synchronized(对象){
需要被同步的代码
}
```

对象如同锁。持有锁的线程可以在同步中执行，没有持有锁的线程即使获得了 CPU 的执行权，也进不去，因为没有获取锁。任何时刻只能有一条线程可以获得对同步监视器的锁定，当同步代码块执行结束后，该线程自然释放了对该同步监视器的锁定。

> **注意：**同步的前提是必须有两个或者两个以上的线程，必须是多个线程使用同一个锁，必须保证同步中只能有一个线程在运行。

（2）同步方法，格式如下：

```
[修饰符] synchronized 返回值类型 方法名(形参列表){
  方法执行体…
  }
```

使用 synchronized 关键字来修饰的某个方法称为同步方法。对于同步方法而言，无需显式指定同步监视器，同步方法的同步监视器是 this，也就是对象的本身。

**3）举例**

模拟一群顾客购买纪念品。设纪念品 5 元一个，顾客有人持 5 元、有人持 10 元购买纪念品。持 5 元的顾客能立即买到纪念品，对于持 10 元的顾客，若销售员有可找的小面额币，则也能立即购买；若销售员没有可找的小面额币，则这位顾客就得等待。通过同步方法模拟这群顾客购买纪念品的过程。

（1）定义 SalesLady 类，定义其三个属性：纪念品个数、5 元币个数、10 元币个数，并定义同步方法 ruleForSale()。当纪念品个数为 0 时，返回“对不起，已售完！”，当纪念品还存在时，则需要查看顾客支付的是 5 元币还是 10 元币，如果是 5 元币，则可以直接购买，并输出“给你一个纪念品，你的钱正好！”，如果是 10 元币，则根据 5 元币是否存在来判断 10 元币是否需要等待。代码如下：

```
public class SalesLady {
  public static int memontoes, five, ten; //定义纪念品、5 元币、10 元币变量
  //定义同步方法
```

```
    public synchronized String ruleForSale(int num, int money) {
      String s = null;
      if (memontoes == 0)
        return "对不起,已售完!";
      if (money == 5) {
        memontoes --;  //卖出后纪念品个数减 1
        five ++;       //持 5 元币买纪念品后,5 元币的数量加 1
        s = "给你一个纪念品,你的钱正好!";
      } else if (money == 10) {
        //持 10 元币买纪念币,如果没有 5 元币,则需要等待
        while (five < 1) {
          try {
            System.out.println(num + "号顾客用 10 元钱购票,发生等待!");
            wait();  //等待
          } catch (InterruptedException e) {
          }
        }
  /* 持 10 元币购买,如果存在 5 元币,则可以购买,纪念品数量减 1,5 元币减 1,10 元
币加 1 */
        memontoes --;
        five -= 1;
        ten ++;
        s = "给你一个纪念品,你给了 10 元,找你 5 元!";
      }
      return s;
    }
    //定义 SalesLady 类带参的构造方法
    public SalesLady(int memontoes, int five, int ten) {
      super();
      this.memontoes = memontoes;
      this.five = five;
      this.ten = ten;
    }
    //定义 SalesLady 类无参构造方法
    public SalesLady() {
      super();
    }
  }
```

(2)通过 Runnable 结构创建 CustomerClass 类，定义属性，重写 run()方法，在方法中先假定顾客购买前做一些其他事情，使当前线程暂停一下，然后调用带参的 ruleForSale()方法并输出。

```
public class CustomerClass implements Runnable {
  int num, money;              //定义顾客序号和钱的面值
  SalesLady s = new SalesLady();
  public void run() {                //重写 run()方法
    try {
      Thread.sleep(10);              //假定顾客在购买前还做一些其他事
      System.out.println("我是" + num + "号顾客，用" + money + "元购纪念
品，售货员说：" + CustomerSyn.salesLady.ruleForSale(num, money));
      //调用 ruleForSale()方法
    } catch (InterruptedException e) {
    }
  }
  public CustomerClass(int num, int money) {
    super();
    this.num = num;
    this.money = money;
  }
}
```

(3)创建 CustomerSyn 类，实现 main()方法，定义一个包含 10 个元素的线程数组，然后执行线程。

```
public class CustomerSyn {
  //创建一个静态对象 salesLady，并赋初值为 10、0、0
  public static SalesLady salesLady = new SalesLady(10, 0, 0);
  public static void main(String[] args) {
    //定义顾客手中的票值
    int moneies[] = {10, 10, 5, 10, 5, 10, 5, 5, 10, 5, 10, 5, 5, 10, 5};
    //创建一个进程
    Thread[] aThreadArray = new Thread[20];
    System.out.println("现在开始购票");
    for (int i = 0; i < moneies.length; i++) {
      aThreadArray[i] = new Thread(new CustomerClass(i + 1, moneies[i]));
      aThreadArray[i].start();
    }
    while (true) {
```

```
        for (int i = 0; i < moneies.length; i++)
          if (aThreadArray[i].isAlive())
            continue;
        break;
      }
    System.out.println("购票结束！购票具体情况为:");
  }
}
```

(4)运行测试结果如图 7-1-5 所示。

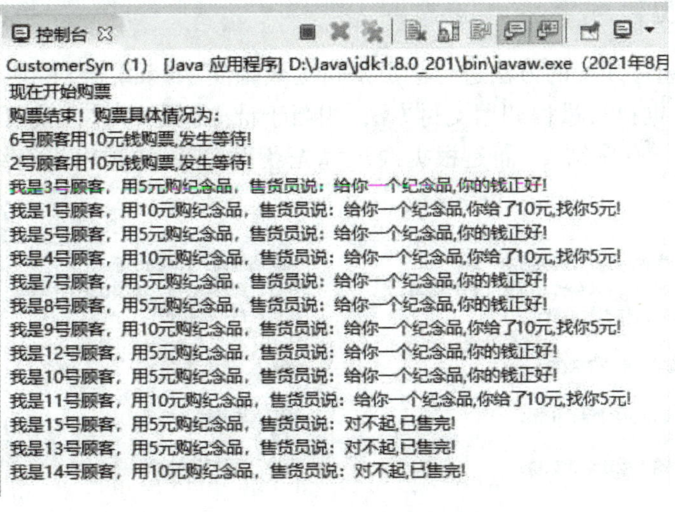


图 7-1-5 模拟购买纪念品

**注意:**synchronized 关键字可以修饰方法和代码块,但是不能修饰构造器和属性。存放线程执行体的 run()方法不能用 synchronized 关键字修饰,否则这样线程依然不安全,只能修饰另外一个方法,然后在 run()方法中调用该方法。当同步代码块和同步方法同时维护多线程安全时,要保证它们持有的同步监视器相同,即 this,否则线程不安全。

## 6. 多线程的调度和优先级

处于可运行状态的线程进入线程队列排队等待 CPU 等资源时,同一时刻在队列中的线程可能有多个,它们完成各自任务的轻重缓急程度是不同的。为了体现上述差别,多线程系统会给每个线程自动分配一个优先级,任务较重要或紧急的线程分配较高的优先级,在可运行态的线程队列中就往前排,否则就分配较低的优先级,优先级低的线程只能等到优先级高的线程执行完后才被执行。对于优先级相同的线程,则遵循队列的先进先出原则,即先到的线程先获得系统资源来运行。

在 Java 语言中,对一个新建的线程系统会为其分配一个默认的线程优先级,继承创建这个线程的主线程的优先级。一般为普通优先级 Thread 类提供了方法 setPriority()来修改线程的优先级，该方法的参数可用 Thread 类的优先级静态常量，格式如下：

```
PRIORITY.NORM_PRIORITY          //表示普通优先级 5
PRIORITY.MIN_PRIORITY           //表示普通优先级 1
PRIORITY.MAX_PRIORITY           //表示普通优先级 10
```

当一个在可运行状态队列中排队的线程被分配到 CPU 等资源而进入运行状态后，这个线程就称为被调度或被线程调度管理器选中了，线程调度管理器负责管理线程排队和 CPU 等资源在线程间的分配。

## 任务描述

本任务主要通过线程的方法进行会员支付的效果演示，系统会对 10 个需要结算的会员分配线程，线程根据执行过程调用支付方法，相当于谁先到了付款台就可以先付款，没有按照分配的顺序进行有序结算，而是根据线程优先获得 CPU 的顺序进行结算。部分效果如图 7-1-6 所示。

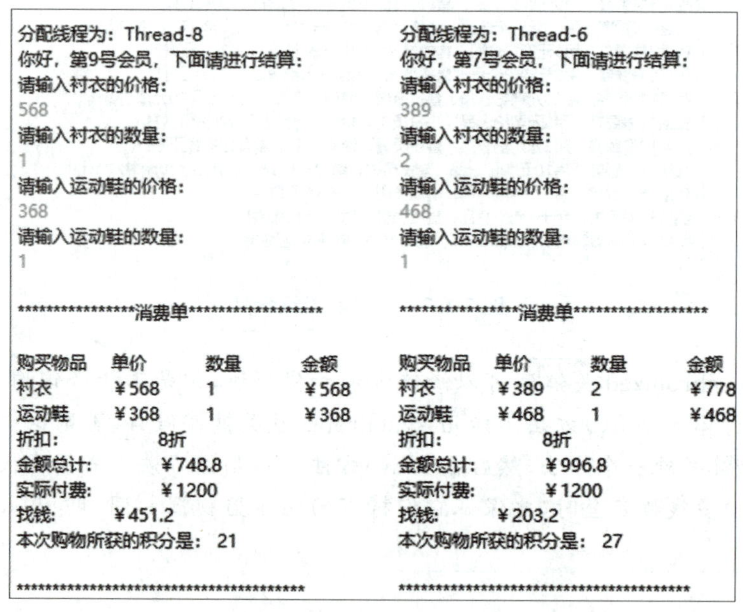


图 7-1-6 部分效果图

## 任务分析

(1)修改前期制作的会员支付类，将其作为线程同步执行的方法。

(2)创建线程数组，分配 10 个会员线程，并执行线程。

(3)重写创建线程的 run()方法，调用会员支付类中的同步方法。

## 任务实施

(1)打开"SuperMarketManager"项目。

(2)找到 view 包中的 CustPay 会员支付类，复制并将其重命名为 CustPay1 类，将类中的 main()方法修改为 custpay()方法(会员支付方法)，并利用关键字 synchronized 设置线程同步。代码如下：

```
import java.util.Scanner;
public class CustPay1 {                                    //创建一个 CustPay1 类
  public static synchronized void custpay() {    //创建同步方法 custpay()
    int shirtPrice, shirtNu, shoePrice, shoeNu, score;
    double finalPay, returnMoney;
    final double DI = 0.8;
    Scanner in = new Scanner(System.in);    //创建 Scanner 类的实例对象 in
    System.out.println("分配线程为:" + Thread.currentThread().getName());
    /* 用 Thread.currentThread().getName()提取当前分配的线程名称,并取最后
一位*/
    String s = Thread.currentThread().getName().substring(7, 8);
    int num = Integer.parseInt(s);         //将分配线程的号转换为整型
    System.out.println("你好,第" + (num + 1) + "号会员,下面请进行结算:");
    System.out.println("请输入衬衣的价格:");
    shirtPrice = in.nextInt();
    System.out.println("请输入衬衣的数量:");
    shirtNu = in.nextInt();
    System.out.println("请输入运动鞋的价格:");
    shoePrice = in.nextInt();
    System.out.println("请输入运动鞋的数量:");
    shoeNu = in.nextInt();
    /* 计算消费总金额 */
    finalPay = (shirtPrice * shirtNu + shoePrice * shoeNu) * DI;
    /* 计算找零 */
    returnMoney = 1200 - finalPay;
    /* 计算本次购物所获积分 */
    score = (int) finalPay / 100 * 3;
    System.out.println("\n*****************消费单****
****************\n");
    System.out.println("购买物品\t" + "单价\t" + "\t数量\t" + "\t金额\t");
    System.out.println("衬衣\t\t" + "¥" + shirtPrice + "\t" + shirtNu +
"\t\t" + "¥" + (shirtPrice * shirtNu) + "\t");
```

```
        System.out.println("运动鞋\t" + "¥" + shoePrice + "\t" + shoeNu +
"\t\t" + "¥" + (shoePrice * shoeNu) + "\t");
        System.out.println("折扣:\t\t8 折");
        System.out.println("金额总计:\t" + "\t¥" + (double) Math.round
(finalPay * 100) / 100);
        System.out.println("实际付费:\t\t¥1200");
        System.out.println("找钱:\t" + "\t¥" + (double) Math.round
(returnMoney * 100) / 100);
        System.out.println("本次购物所获的积分是: " + score);
        System.out.println("\n*************************************\n");
    }
}
```

(3)在“view”包中创建类,名为 PayThreadTest,此类主要是为了创建包含 10 个数组元素的线程数组,并执行线程。代码如下:

```
package view;
public class PayThreadTest {
  public static void main(String[] args) {
    //创建包含 10 个数组元素的线程类型数组
    PayThread[] paythread = new PayThread[10];
    System.out.println("各位会员你好,请按照线程分配顺序进行结算!");
    for (int i = 0; i < 10; i++)
    {
      paythread[i] = new PayThread();          //创建线程实例对象
      paythread[i].start();                    //执行线程
    }
  }
}
```

(4)在“view”包中利用继承 Thread 类的方式创建线程 PayThread 类,并重写 run()方法。代码如下:

```
package view;
public class PayThread extends Thread {
  public void run() {                          //重写 run()方法
    CustPay1 custpay = new CustPay1();         //创建一个 CustPay1 的实例对象
    custpay.custpay();                         //调用 custpay() 方法
  }
}
```

(5)运行测试结果如图 7-1-7 所示。

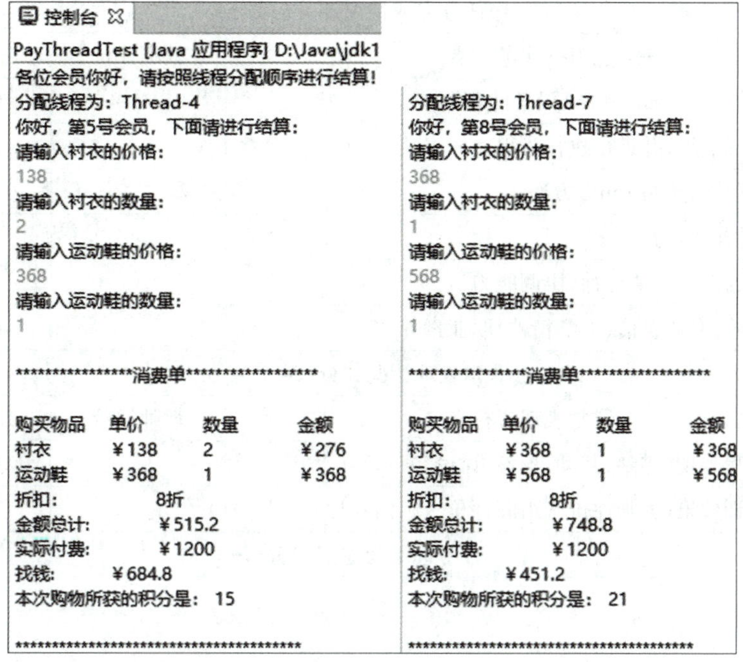


图 7-1-7　会员支付效果

## 任务小结

本任务通过对多线程的介绍，进行思政的渗透教育，使学生认识到在共享资源时要遵循一定的规则，面临个人利益与国家利益相冲突时，勇于战胜自我，以国家利益为重的素养；引导学生树立正确的技能观，在潜移默化中践行社会主义核心价值观，提高综合职业素养。

## 自我评价

<table>
<tr><td colspan="2">课程名称:Java 程序设计</td><td colspan="3">授课地点:</td></tr>
<tr><td colspan="2">学习任务 1：多线程</td><td colspan="2">授课教师:</td><td>授课学时:6</td></tr>
<tr><td colspan="2">课程性质:理实一体课程</td><td colspan="3">综合评分:</td></tr>
<tr><td colspan="5">知识掌握情况评分(25 分)</td></tr>
<tr><td>序号</td><td>知识考核点</td><td>教师评价</td><td>分数</td><td>得分</td></tr>
<tr><td>1</td><td>多线程理解</td><td></td><td>5</td><td></td></tr>
<tr><td>2</td><td>创建线程的两种方式</td><td></td><td>5</td><td></td></tr>
<tr><td>3</td><td>多线程控制</td><td></td><td>5</td><td></td></tr>
<tr><td>4</td><td>多线程的互斥与同步</td><td></td><td>10</td><td></td></tr>
</table>

（续表）

| 工作任务完成情况评分(45 分) | | | | |
|---|---|---|---|---|
| 序号 | 能力操作考核点 | 教师评价 | 分数 | 得分 |
| 1 | 利用关键字 synchronized 设置线程同步 | | 10 | |
| 2 | 创建线程数组，并进行执行线程 | | 10 | |
| 3 | 创建线程类，重写 run()方法。 | | 5 | |
| 4 | 程序排错的能力 | | 5 | |
| 5 | 与组员的配合团队精神、协调能力 | | 5 | |
| 6 | 精神面貌、专业自信、工匠精神、职业素养 | | 10 | |
| 课堂表现情况评分(20 分) | | | | |
| 序号 | 课堂表现考核点 | 教师评价 | 分数 | 得分 |
| 1 | 课堂过程表现(签到、互动、抢答、讨论、演示) | | 10 | |
| 2 | 课堂实训效果(教师评价＋组间评价＋组内互评) | | 10 | |
| 任务总结反思(10)分 | | | | |
| | | | | |

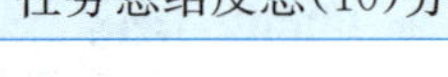

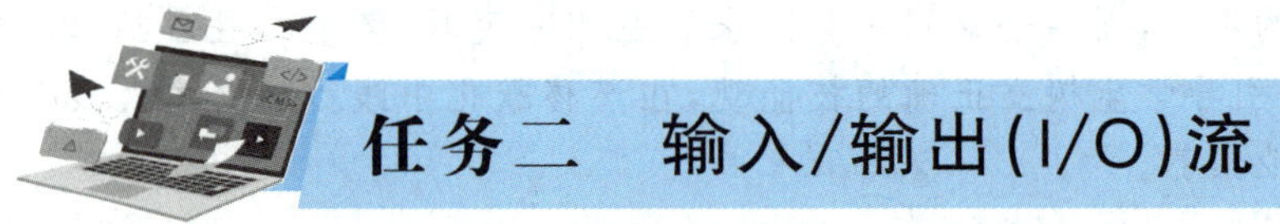

## 任务二　输入/输出(I/O)流

### 知识储备

大多数应用程序需要与外部设备进行数据交换，最常见的外部设备包括磁盘和网络，I/O 就是指应用程序对这些设备的数据进行输入与输出。在程序中，键盘被当作输入文件，显示器被当作输出文件。Java 语言定义了许多类专门负责各种方式的输入/输出，这些类都放在 java. io 包中。

#### 1. File 类

File 类是 io 包中唯一代表磁盘文件本身的对象，定义了一些与平台无关的方法来操纵文件，通过调用 File 类提供的各种方法，我们能够创建、删除、重命名文件，判断文件的读写权限及是否存在，设置和查询文件的最近修改时间。

(1)File 类创建文件对象的构造方法有三种，格式如下：

①public File(String pathname)。该构造方法通过将给定路径名字符串转换为抽象路径名来创建一个新 File 实例，pathname 值为路径名称(包含文件名)，如“File file=new File("d:/test.txt");”。

②public File(File parent,String child)。该构造方法通过定义的父路径和子路径字符串(包含文件名)创建一个新的 File 对象，如“File file=new File("d:/doc","test.txt");”。

③public File(File f,String child)。该构造方法根据 parent 抽象路径名和 child 路径字符串(包含文件名)创建一个新的 File 对象，如“File file = new File("d:/doc/","test.txt");”。

(2)文件的创建与删除。当使用 File 类创建一个文件对象，如“File file=new File("d:/doc/","test.txt");”后，如果目录中没有“test.txt”文件，文件对象则调用 createNewFile()方法创建一个“test.txt”文件，如“file.createNewFile();”，如果存在“test.txt”这个文件，则可以通过文件对象的 delete()方法删除，如“file.delete();”。

(3)文件的属性。经常使用 File 类的一些方法获取文件本身的一些信息，方法如表 7-2-1 所示。

**表 7-2-1　File 类常用方法**

| 方　法　名 | 说　　明 |
| --- | --- |
| String getName(); | 得到一个文件的名称(不包括路径) |
| String getPath(); | 得到一个文件的路径名 |
| String getAbsolutePath(); | 得到一个文件的绝对路径名 |
| String getParent(); | 得到一个文件的上一级目录名 |
| String renameTo(File newName); | 将当前文件更名为给定文件的完整路径 |
| boolean exists(); | 测试当前 File 对象所指示的文件是否存在 |
| boolean canWrite(); | 测试当前文件是否可写 |
| boolean canRead(); | 测试当前文件是否可读 |
| boolean isFile(); | 测试当前文件是否是文件(不是目录) |
| boolean isDirectory(); | 测试当前文件是否是目录 |
| long lastModified(); | 得到文件最近一次修改的时间 |
| long length(); | 得到文件的长度，以字节为单位 |
| boolean delete(); | 删除当前文件 |
| boolean mkdir(); | 根据当前对象生成一个由该对象指定的路径 |
| String list(); | 列出当前目录下的文件 |

(4)举例。创建与删除文件，并测试文件信息，代码如下：

```
import java.io.*;
public class FileTest{
  public static void main(String[] args){
    File f = new File("d:/test.txt");
```

```
        if(f.exists())
          f.delete();
        else
          try{
            f.createNewFile();
          }catch(Exception e)  {
            System.out.println(e.getMessage());
          }
        System.out.println("File name:" + f.getName());
        System.out.println("File path:" + f.getPath());
        System.out.println("Abs path:" + f.getAbsolutePath());
        System.out.println("Parent:" + f.getParent());
        System.out.println(f.exists()?"exists":"does not exist");
        System.out.println(f.canWrite()?"is writeable":"is not writeable");
        System.out.println(f.canRead()?"is readable":"is not readable");
        System.out.println(f.isDirectory()?"is ":"is not" + "a directory");
        System.out.println(f.isFile()?"is normal file":"might be a named pipe");
        System.out.println(f.isAbsolute()?"is absolute":"is not absolute");
        System.out.println("File last modified:" + f.lastModified());
        System.out.println("File size:" + f.length() + " Bytes");
      }
    }
```

运行测试结果会因为文件“test. txt”的存在和不存在而出现两种结果，如图 7-2-1 和图 7-2-2所示。

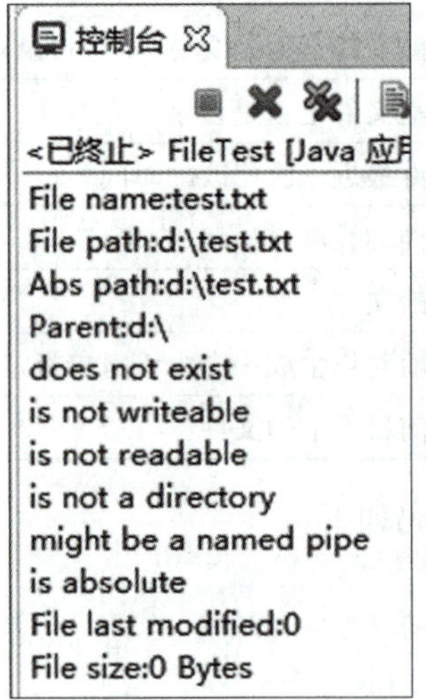


图 7-2-1　文件不存在的运行结果

图 7-2-2　文件存在的运行结果

注意：delete()方法删除由File对象的路径所表示的磁盘文件。它只能删除普通文件，而不能删除目录，即使是空目录也不行。File类不能访问文件的内容，即不能够从文件中读取数据或往文件里写数据，它只能对文件本身的属性进行操作。

明德树人

新冠疫情在一定程度上推动了全球数据产业的发展，激增的数据需要存储并保证随时调取，信息的长期存储从侧面推动大数据中心的发展。快速增长的数据如何实现长期保留和快速分析成为大数据存储行业的挑战。作为新时代的大学生，我们要有创新精神，积极参与项目创新，实现知识与能力的有效结合与提升。

## 2. 输入/输出流

### 1)数据流的概念

数据流是一串连续不断的数据的集合，就像水管里的水流，在水管的一端一点一点地供水，而在水管的另一端看到的是一股连续不断的水流。数据写入程序可以是一段一段地向数据流管道中进行，这些数据段会按先后顺序形成一个长的数据流。对数据读取程序来说，看不到数据流在写入时的分段情况，每次可以读取其中任意长度的数据，但只能先读取前面的数据，再读取后面的数据。不管写入时是将数据分多次写入，还是作为一个整体一次性写入，读取时的效果都是相同的。

为了使一个Java程序能与外界交流数据信息，Java语言必须提供输入/输出功能。例如，从键盘读取数据，从文件中读数据或向文件中写数据，将数据输出到打印机以及在一个网络连接上进行输入/输出时，数据都是在通信通道中流动的。所谓数据流(stream)指的是所有数据通信通道中数据的起点和终点。例如，执行程序通常会输出各种信息到显示器，使用户可以随时了解程序的状态信息，而这些信息的通道就是一个数据流。其中的数据就是要显示的信息，数据的源起点就是执行的程序，而数据的终点就是显示器。又如，一个程序在打开某一文件时，程序和文件之间就建立起一个数据流，文件的内容就是数据流中的数据。若这个文件是程序所要读取的文件，那么数据流的源就是文件，而目的就是程序。若要对文件进行写入操作，则情况相反。总之，只要是数据从一个地方流到另外一个地方，这种数据流动的通道都可以称为数据流。

### 2)InputStream与OutputStream类

输入/输出是相对于程序来说的。程序在使用数据时所扮演的角色有两个：一个是源，另一个是目的。若程序是数据流的源，即数据的提供者，这个数据流对程序来说就是一个输出数据流，数据从程序流出。若程序是数据流的终点，这个数据流对程序而言就是一个输入数据流，数据从程序外流向程序。

(1)InputStream类。程序可以从中连续读取字节的对象称为输入流，用InputStream类完成，程序能向其中连续写入字节的对象称为输出流，用OutputStream类完成。InputStream与

OutputStream 对象是两个抽象类，还不能表明具体对应哪种 I/O 设备。它们下面有许多子类，包括网络、管道、内存、文件等具体的 I/O 设备，如 FileInputStream 类对应的就是文件输入流，是一个节点流类，我们将这些节点流类所对应的 I/O 源和目标称为流节点(node)。

InputStream 定义了 Java 的输入流模型。该类中的所有方法在遇到错误时都会引发 IOException 异常，表 7-2-2 所示是 InputStream 类中主要方法的说明。

**表 7-2-2　InputStream 类中主要方法说明**

| 方　法 | 说　明 |
|---|---|
| int read() | 返回下一个输入字节的整型表示，如果返回－1，表示遇到流的末尾，结束 |
| int read(byte[] b) | 读入 b. length 个字节放到 b 中，并返回实际读入的字节数 |
| int read(byte[] b, int off, int len) | 把流中的数据读到数组 b 中第 off 位开始的 len 个数组元素中 |
| long skip(long n) | 跳过输入流上的 n 个字节并返回实际跳过的字节数 |
| int availabale() | 返回当前输入流中可读的字节数 |
| void mark(int readlimit) | 在输入流的当前位置处放一个标志，允许最多再读入 readlimit 个字节 |
| void reset() | 把输入指针返回到以前所做的标志处 |
| boolean markSupported() | 如果当前流支持 mark/reset 操作，则返回 true |
| void close() | 在操作完一个流后要使用此方法将其关闭，系统就会释放与这个流相关的资源 |

**注意：**InputStream 是一个抽象类，程序中实际使用的是它的各种子类对象。不是所有的子类都会支持 InputStream 中定义的某些方法，如 skip、mark、reset 等，这些方法只对某些子类有用。

(2)OutputStream 类。OutputStream 类是一个定义了输出流的抽象类，这个类中的所有方法均返回 void，并在遇到错误时引发 IOException 异常。表 7-2-3 所示是 OutputStream 的主要方法说明。

**表 7-2-3　OutputStream 主要方法说明**

| 方　法 | 说　明 |
|---|---|
| void write(int b) | 将一个字节写到输出流。注意，这里的参数是 int 型，它允许 write 使用表达式而不用强制转换成 byte 型 |
| void write(byte[] b) | 将整个字节数组写到输出流中 |
| void write(byte [] b, int off, int len) | 将字节数组 b 中从第 off 位开始的 len 个字节写到输出流中 |
| void flush | 彻底完成输出并清空缓冲区 |
| void close | 关闭输出流 |

3)FileInputStream 与 FileOutputStream 类

这两个节点流类用来操作磁盘文件,在创建一个 FileInputStream 对象时通过构造函数指定文件的路径和名字,当然这个文件应当是存在的和可读的。在创建一个 FileOutputStream 对象时如果指定文件存在,那么将覆盖该文件。

FileInputStream 类常用的构造方法有 FileInputStream(String name)和 FileInputStream(File file)两种,其用法如下:

```
//FileInputStream(String name)的用法
FileInputStream inOne = new FileInputStream("hello.txt");
//FileInputStream(File file)的用法
File f = new File("hello.txt");
FileInputStream inTwo = new FileInputStream(f);
```

尽管第一个构造函数更简单,但第二个构造函数允许在把文件连接到输入流之前对文件做进一步分析。

FileOutputStream 对象也有两个与 FileInputStream 对象具有相同参数的构造函数,创建一个 FileOutputStream 对象时,可以为其指定不存在的文件名,但不能是存在的目录名,也不能是一个已被其他程序打开的文件。FileOutputStream 先创建输出对象,然后准备输出。

例如,用 FileOutputStream 类向文件中写入一串字符,并用 FileInputStream 读出。代码如下:

```
import java.io.*;
public class FileStream{
  public static void main(String[] args){
    File f = new File("d:/hello.txt");
    try{
      FileOutputStream out = new FileOutputStream(f);
      byte buf[] = "hello,world!".getBytes();
      out.write(buf);
      out.close();
    }catch(Exception e){
      System.out.println(e.getMessage());
    }try{
      FileInputStream in = new FileInputStream(f);
      byte [] buf = new byte[1024];
      int len = in.read(buf);
      System.out.println(new String(buf,0,len));
    }catch(Exception e)  {
      System.out.println(e.getMessage());
    }
  }
}
```

运行测试结果如图 7-2-3 所示。

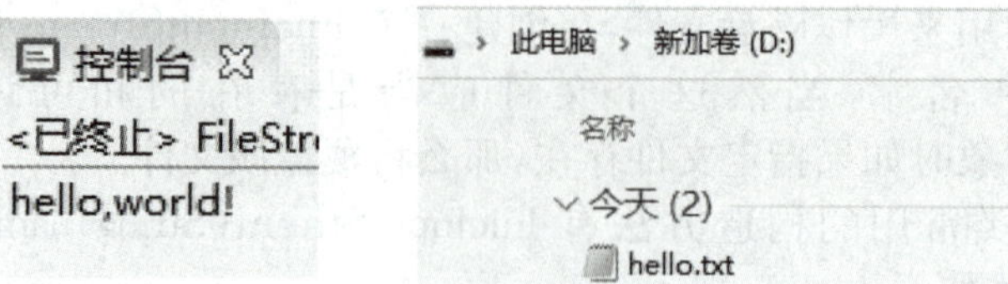


图 7-2-3　写入并读出字符串

> **注意：**编译运行上面的程序，能够看到 D 盘目录下产生了一个“hello. txt”文件，用记事本打开这个文件，能看到我们写入的内容。随后，程序开始读取文件中的内容，并将读取到的内容通过控制台输出。这个例子演示了怎样用 FileOutputStream 向一个文件中写东西和怎样用 FileInputStream 从一个文件中将内容读出来，但是这两个类都只提供了对字节或字节数组读取的方法，对于字符串的读写，还需要进行转换。

4)FileWriter 与 FileReader 类

Java 中的字符是 Unicode 编码，是双字节的，而 InputStream 与 OutputStream 是用来处理字节的，在处理字符文本时不太方便，如果使用字节流，则会出现乱码现象，需要编写额外的程序代码。Java 为字符文本的输入/输出专门提供了一套单独的类，Reader、Writer 两个抽象类与 InputStream、OutputStream 两个类相对应，同样地，Reader、Writer 类下面也有许多子类对具体的 I/O 设备进行字符输入/输出。

FileReader 与 FileWriter 字符流对应了 FileInputStream 与 FileOutputStream 类。FileReader 流顺序地读取文件，只要不关闭流，每次调用 read()方法就可以顺序地读取源中的其余内容，直到源的末尾或流被关闭。

例如，用 FileReader 与 FileWriter 改写 FileStream 程序。代码如下：

```
import java.io.*;
public class FileStream{
  public static void main(String[] args)  {
    File f = new File("d:/hello.txt");
    try  {
      FileWriter out = new FileWriter(f);
      out.write("hello,world!");
      out.close();
    }catch(Exception e)  {
      System.out.println(e.getMessage());
    }try{
      FileReader in = new FileReader(f);
      char [] buf = new char[1024];
      int len = in.read(buf);
```

```
        System.out.println(new String(buf,0,len));
    }catch(Exception e)  {
        System.out.println(e.getMessage());
    }
  }
}
```

运行测试结果如图 7-2-4 所示。

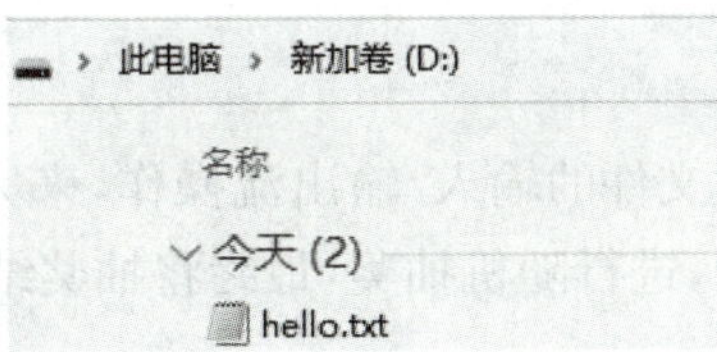


图 7-2-4　用 FileWriter 效果

> **注意:**编译运行后的结果与使用 FileInputStream 的效果一致。由于 FileWriter 可以往文件中写入字符串,不用将字符串转换为字节数组。

5) BufferedInputStream 与 BufferedOuputStream 类

对 I/O 进行缓冲是一种常见的性能优化,缓冲流为 I/O 流增加了内存缓冲区,增加缓冲区有如下两个基本目的:允许 Java 的 I/O 一次不只操作一个字节,这样提高了整个系统的性能;由于有缓冲区,使得在流上执行 skip、mark 和 reset 方法成为可能。

(1) BufferedInputStream。Java 的 BufferedInputStream 类可以对任何 InputStream 进行带缓冲区的封装以达到性能改善的目的。BufferedInputStream 有如下两个构造函数:

```
BufferedInputStream(InputStream in)
BufferedInputStream(InputStream in,int size)
```

第一种形式的构造函数创建了一个带有 32 字节缓冲区的缓冲流,第二种形式的构造函数按指定的大小来创建缓冲区。通常缓冲区大小是内存、磁盘扇区或其他系统容量的整数倍,这样就可以充分提高 I/O 的性能。一个最优的缓冲区的大小取决于它所在的操作系统、可用的内存空间以及机器的配置。

对输入流进行缓冲可以实现部分字符的回流。除了 InputStream 中常用的 read 和 skip 方法外,BufferedInputStream 还支持 mark()方法和 reset()方法。mark()方法在流的当前位置做一个标记,该方法接收的一个整数参数用来指定从标记处开始,还能通过 read()方法读取的字节数。reset()方法可以让以后的 read()方法重新回到 mark()方法所做的标记处开始读取数据。

(2) BufferedOutputStream。向 BufferedOutputStream 输出和向 OutputStream 输出完全一样,只不过 BufferedOutputStream 有一个 flush()方法用来将缓冲区的数据强制输出

完。与缓冲区输入流不同，缓冲区输出流没有增加额外的功能。在 Java 中使用输出缓冲也是为了提高性能。它也有如下两个构造函数：

```
BufferedOutputStream(OutputStream out)
BufferedOutputStream(OutputStream out,int size)
```

第一种形式的构造函数创建一个 32 字节的缓冲区，第二种形式的构造函数以指定的大小来创建缓冲区。

## 任务描述

本任务主要通过文件的输入/输出流操作，来完成购物系统中关于真情回馈的内容，输入 5 个抽奖会员卡号，进行随机抽奖，最终将抽奖结果进行公布。

## 任务分析

(1)创建 Cust 类，成员变量主要有会员卡号、会员姓名、会员生日、会员积分，构造与此相关的 set/get 方法，并创建只有会员卡号的构造方法和无参数的构造方法。

(2)创建 CustInfo 类，用于输入会员信息，并将其存储于“cust. DAT”文件中，然后读取其中的内容，进行随机取值抽取获奖卡号，并将中奖会员信息输出。

## 任务实施

(1)打开“SuperMarketManager”项目。

(2)找到“data”包中的 Cust 会员类，为会员属性添加与之相关的 set(get)方法，并添加只有会员卡号的构造方法和无参数的构造方法。代码如下：

```
import java.io.Serializable;
public class Cust implements Serializable{
    private String custNo;
    private String custName;
    private String custBir;
    private int custScore;
    public String getCustNo() {
        return custNo;
    }
    public void setCustNo(String custNo) {
        this.custNo = custNo;
    }
    public String getCustName() {
        return custName;
```

```
    }
    public void setCustName(String custName) {
        this.custName = custName;
    }
    public String getCustBir() {
        return custBir;
    }
    public void setCustBir(String custBir) {
        this.custBir = custBir;
    }
    public int getCustScore() {
        return custScore;
    }
    public void setCustScore(int custScore) {
        this.custScore = custScore;
    }
    public Cust(String custNo) {
        this.custNo = custNo;
    }
    public Cust() {
    }
}
```

(3)在“view”包中创建一个CustInfo类，在类中创建custinfoshow()方法，输入会员信息，并将其存储于“cust.DAT”文件中。然后读取其中的内容，进行随机取值抽取获奖卡号，并将中奖会员信息输出。代码如下：

```
import java.io.*;
import java.util.Random;
import java.util.Scanner;
public class CustInfo {
    public void custinfoshow() throws IOException {    //创建custinfoshow()方法
        CustInfo si = new CustInfo();
        int[] number = new int[5];
        Cust[] cust = new Cust[5];
        String[] custNo = new String[5];
        String[] custName = new String[5];
        String[] custBir = new String[5];
```

```
int[] custScore = new int[5];
File file = new File("d:/cust.DAT");       //在“d:/”目录下创建一个文件
if (!file.exists()) {
  try {
    file.createNewFile();                 //若文件不存在,则创建文件
  } catch (Exception e) {
    e.printStackTrace();
  }
}
try {
  //创建写入对象 fos,并在目录下创建一个文件“cust.DAT”
  FileOutputStream fos = new FileOutputStream(file);
  //创建对象输出流
  ObjectOutputStream o = new ObjectOutputStream(fos);
  for (int i = 0; i < 5; i++) {
    Scanner in = new Scanner(System.in);
    System.out.println("请输入第" + (i + 1) + "个抽奖会员的卡号");
    custNo[i] = in.next();
    cust[i] = new Cust(custNo[i]);
    o.writeObject(cust[i]);               //写入 cust[i]对象
  }
} catch (FileNotFoundException e) {
  e.printStackTrace();
}
FileInputStream fis = new FileInputStream(file); //创建对象输入流
ObjectInputStream ois = new ObjectInputStream(fis);
Random r = new Random();
int num = r.nextInt(5);                   //生成 5 以内的随机数
System.out.println("激动人心的时刻到了,抽奖开始!");
for (int j = 0; j < 5; j++) {
  try {
    if (j == num) {
      cust[j] = (Cust) ois.readObject();  //读取保存的对象
      System.out.println("恭喜你! 第" + cust[j].getCustNo() + "号会
员,你中奖了,请尽快来服务台领取奖品!");
    }
  } catch (Exception e) {
```

```
            e.printStackTrace();
          }
        }
      }
    }
```

(4)找到"view"包中的CustOperation类,找到supermainshow()方法,进行修改,创建一个CustInfo对象,调用利用文件输入/输出进行抽奖的方法。代码如下:

```
  public void supermainshow() {
    CustInfo custinfo = new CustInfo();    //创建 CustInfo 对象
    Scanner in = new Scanner(System.in);
    String answer = "yes";
    while (answer.equals("yes")) {
      System.out.println("\t\t 欢迎使用淘淘乐购管理系统");
      System.out.println("*************************
*************************");
      System.out.println("\t\t  1.会员信息管理");
      System.out.println("\t\t  2.购物结算");
      System.out.println("\t\t  3.真情回馈");
      System.out.println("\t\t  4.注销");
      System.out.println("*************************
*************************");
      System.out.println("请选择数字(1-4):");
      int i = in.nextInt();
      switch (i) {
      case 1:
        custinformationmanagershow();
        break;
      case 2:
        System.out.println("2.购物结算");
        break;
      case 3:
        try {
          //调用 custinfoshow()方法,抛出异常
          custinfo.custinfoshow();
        } catch (IOException e) {
          e.printStackTrace();
        }
```

```
            break;
        case 4:
            System.out.println("4.注销");
            break;
        default:
            System.out.println("输入错误,请输入1-4之间的数字!");
            break;
        }
        System.out.println("你需要重新选择么? yes 或者 no");
        answer = in.next();
    }
    System.out.println("本次操作已经退出,请重新运行系统!");
}
```

(5)运行测试结果如图 7-2-5 所示。

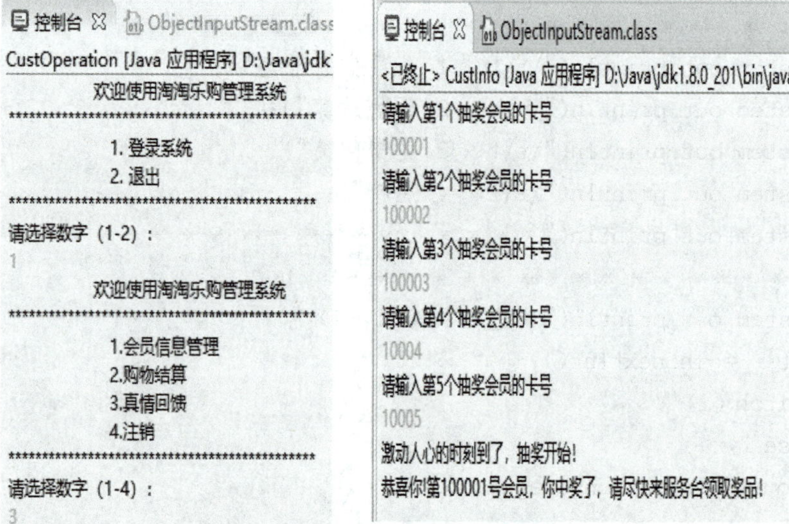


图 7-2-5　抽奖运行结果

## 任务小结

本任务通过对输入/输出流的介绍,进行思政的渗透教育,使学生遵守职业道德,树立正确的技能观,提升对专业知识技能学习的自信心;引导学生理论联系实际、学以致用,增强国情意识和社会责任感,提高专业能力,具备团队协作的工匠精神,成为有用的人才。

## 自我评价

<table>
<tr><td colspan="2">课程名称:Java 程序设计</td><td colspan="3">授课地点:</td></tr>
<tr><td colspan="2">学习任务 2:I/O 文件流</td><td colspan="2">授课教师:</td><td>授课学时:6</td></tr>
<tr><td colspan="2">课程性质:理实一体课程</td><td colspan="3">综合评分:</td></tr>
<tr><td colspan="5">知识掌握情况评分(25 分)</td></tr>
<tr><td>序号</td><td>知识考核点</td><td>教师评价</td><td>分数</td><td>得分</td></tr>
<tr><td>1</td><td>File 类创建文件对象的构造方法</td><td></td><td>10</td><td></td></tr>
<tr><td>2</td><td>数据流概念</td><td></td><td>5</td><td></td></tr>
<tr><td>3</td><td>输入/输出流</td><td></td><td>10</td><td></td></tr>
<tr><td colspan="5">工作任务完成情况评分(45 分)</td></tr>
<tr><td>序号</td><td>能力操作考核点</td><td>教师评价</td><td>分数</td><td>得分</td></tr>
<tr><td>1</td><td>文件的创建与删除</td><td></td><td>10</td><td></td></tr>
<tr><td>2</td><td>创建对象输出、输入流</td><td></td><td>10</td><td></td></tr>
<tr><td>3</td><td>读取保存的对象</td><td></td><td>5</td><td></td></tr>
<tr><td>4</td><td>程序排错的能力</td><td></td><td>5</td><td></td></tr>
<tr><td>5</td><td>与组员的配合团队精神、协调能力</td><td></td><td>5</td><td></td></tr>
<tr><td>6</td><td>精神面貌、专业自信、工匠精神、职业素养</td><td></td><td>10</td><td></td></tr>
<tr><td colspan="5">课堂表现情况评分(20 分)</td></tr>
<tr><td>序号</td><td>课堂表现考核点</td><td>教师评价</td><td>分数</td><td>得分</td></tr>
<tr><td>1</td><td>课堂过程表现(签到、互动、抢答、讨论、演示)</td><td></td><td>10</td><td></td></tr>
<tr><td>2</td><td>课堂实训效果(教师评价+组间评价+组内互评)</td><td></td><td>10</td><td></td></tr>
<tr><td colspan="5">任务总结反思(10)分</td></tr>
<tr><td colspan="5"></td></tr>
</table>

## 习 题

### 一、选择题

1. 当多个线程对象操作同一资源时，使用(　　)关键字进行资源同步。

A. transient　　B. synchronized　　C. public　　D. static

2. 终止线程使用(　　)方法。

A. sleep()　　B. stop()　　C. wait()　　D. destroy()

3. Java 语言提供处理不同类型流的类的包是(　　)。

A. java. sql　　B. java. util　　C. java. math　　D. java. io

4. 凡是从中央处理器流向外部设备的数据流都称为(　　)。

A. 文件流　　B. 字符流　　C. 输入流　　D. 输出流

5. 下列属于文件输入/输出类的是(　　)。

A. FileInputStream 和 FileOutputStream

B. BufferInputStream 和 BufferOutputStream

C. PipedInputStream 和 PipedOutputStream

D. 以上都是

### 二、填空题

1. 线程运行时将执行________方法中的代码。

2. 在 Java 语言中，可以通过继承________类和实现________接口来创建多线程。

3. 使线程处于睡眠，使用________方法，将目前正在执行的线程暂停使用________方法，取得当前线程名称采用________方法。

4. 在 Java 语言中，采用________同步和________同步解决死锁问题。

5. 在 Java 语言中，InputStream 和 OutputStream 是以________为数据读写单位的输入/输出流的基类；Reader 和 Writer 是以________为数据读写单位的输入/输出流的基类。

### 三、问答及编程题

1. 简述线程的生命周期。

2. 什么是线程同步？举例说明。

3. 简述线程与进程的区别。

4. 设计一个超市货架程序，该货架可以放 5 件商品。若有空位，则可以放商品；若有商品，则可以销售。

# 附　录

# 购物管理系统综合实现

学习编程语言的目的是将其应用到项目开发中解决实际问题，在不断的应用中增强开发技能，锻炼编程思维，加深对程序设计语言的认识和理解。下面需要读者利用前面所学的知识开发一个购物管理系统。

## 1. 需求分析

本项目主要是通过图形用户界面和前面所学习的 Java 知识点连贯在一起，完成一个综合项目——淘淘乐购物系统，利用 windowBuider 设计软件制作购物管理系统窗体界面，使用 JLable、JTextField、Jbutton 等常用组件制作窗体界面内容和表格，连接数据库，编写代码实现最终的项目功能。该项目应满足以下需求：

(1)统一友好的操作界面、良好的用户体验。

(2)用户登录界面。

(3)会员信息管理界面，可以实现会员信息的增、删、改、查功能。

(4)员工信息管理界面，可以实现员工信息的增、删、改、查功能。

(5)购物结算界面，可以实现购物的结算功能。

## 2. 功能结构

淘淘乐购物系统有登录、会员信息管理、员工信息管理、购物结算管理、促销活动管理等功能，下面通过附图 1 描述淘淘乐购物系统的功能结构。

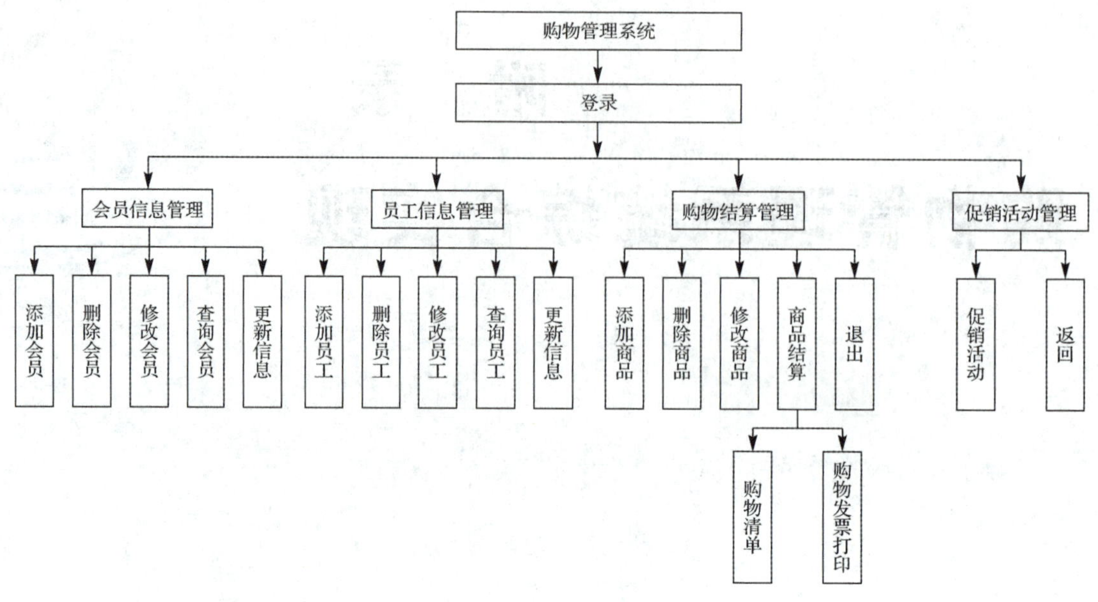


附图 1　淘淘乐购物系统功能图

## 3. 项目预览

(1)首先进入淘淘乐购物系统,在登录界面中输入用户名和密码,进行登录。默认用户名为 admin,密码为 123456,如附图 2、附图 3 所示。

附图 2　系 统 界 面

附图3 登录主界面

(2)登录成功进入系统主界面,它有四个功能:会员信息管理、员工信息管理、购物结算管理和促销活动管理,如附图4所示。

附图4 系统主界面

①在系统主界面中单击“会员信息管理”按钮,进入会员信息管理界面,可以进行会员信

息的添加、删除、修改、查询和刷新操作。具体界面如附图 5 所示。

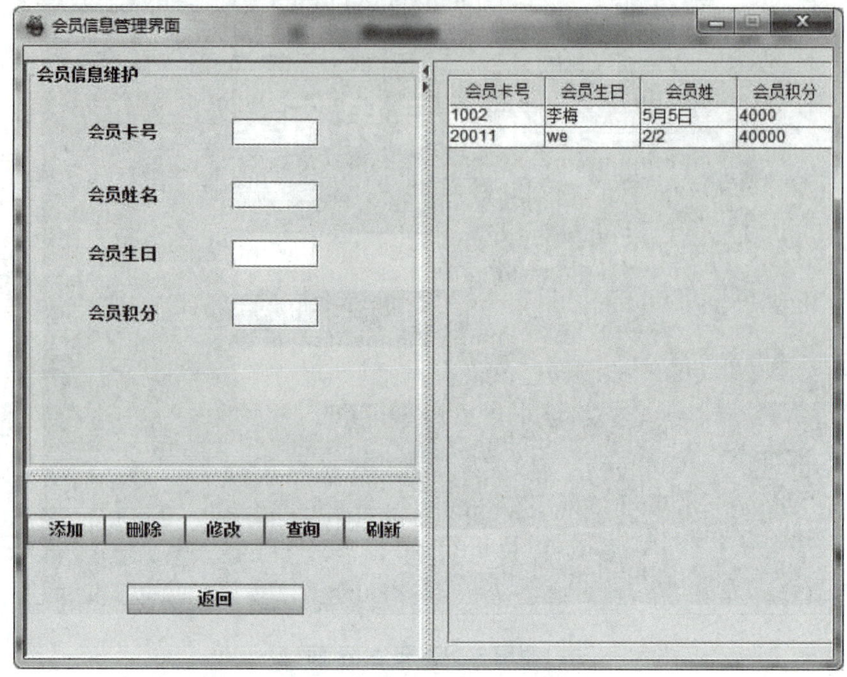


附图 5　会员信息管理界面

②在系统主界面中单击“员工信息管理”按钮，进入员工信息管理界面，可以进行员工信息的添加、删除、修改、查询和刷新操作。具体界面如附图 6 所示。

员工信息管理

员工信息界面

| 员工编号 | 员工姓名 | 员工性别 | 员工年龄 | 员工类别 | 所属部门 | 基本工资 | 月工资 |
|---|---|---|---|---|---|---|---|
| 1 | 张工 | 男 | 23 | 普通员工 | 销售部 | 1200.0 | 1600.0 |
| 2 | 王丽 | 女 | 30 | 部门经理 | 销售部 | 1600.0 | 2500.0 |
| 21 | wqe | qew | 12 | 部门经理 | 水电费 | 1600.0 | 2500.0 |
| 3 | 张好 | 女 | 27 | 普通员工 | 财务部 | 1200.0 | 1600.0 |
| 5 | qw | nv | 12 | 普通员工 | 收到 | 1200.0 | 1600.0 |

员工编号　员工姓名
员工性别　员工年龄
员工类别　所属部门

添加　删除　修改　查询　刷新

返回

附图 6　员工信息管理界面

③在系统主界面中单击“购物结算管理”按钮，进入商品购物管理界面，可以进行商品的添加、删除、修改和商品购买操作。具体界面如附图 7 所示。

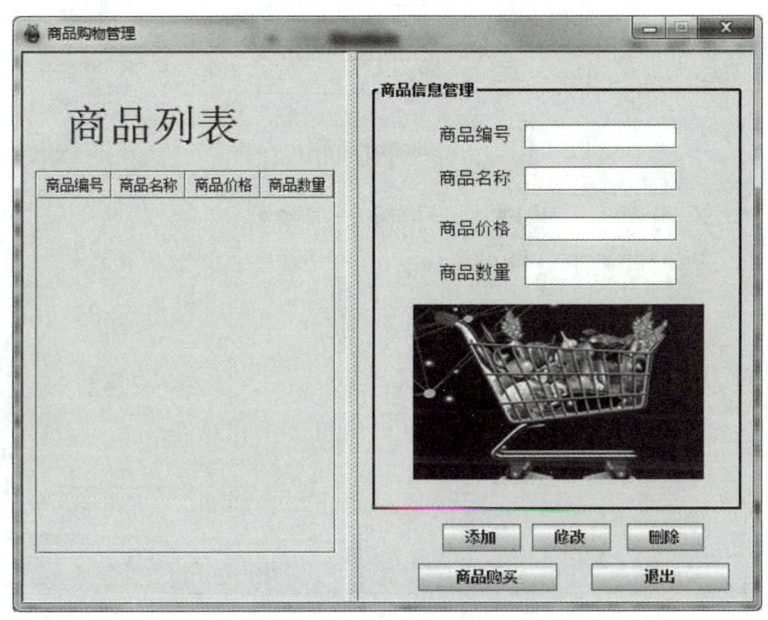


附图 7 商品购物管理界面

④在购物结算界面中单击“商品购买”按钮，进入购物清单界面，可以查看购买商品是否有误。具体界面如附图 8 所示。

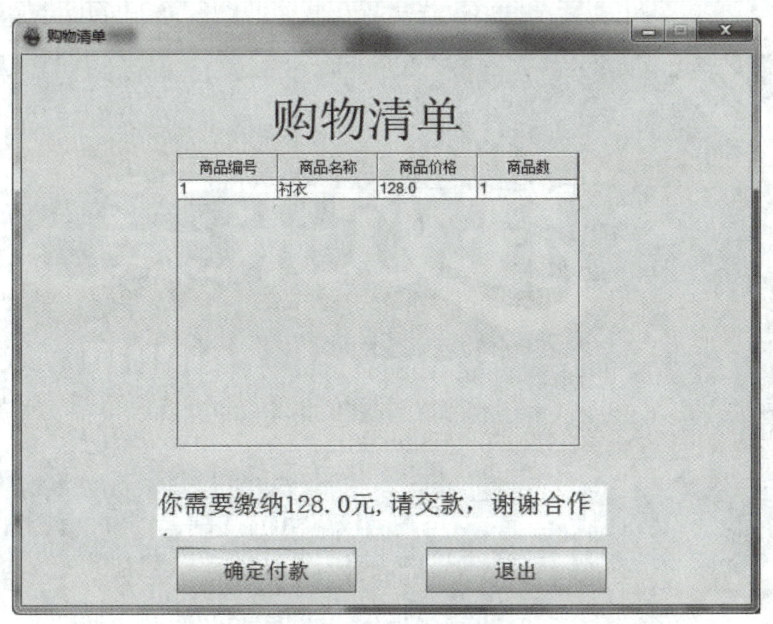


附图 8 购物清单界面

⑤在购物清单界面中单击“确定付款”按钮，则进入付款、购物发票打印界面。具体界面如附图 9 所示。

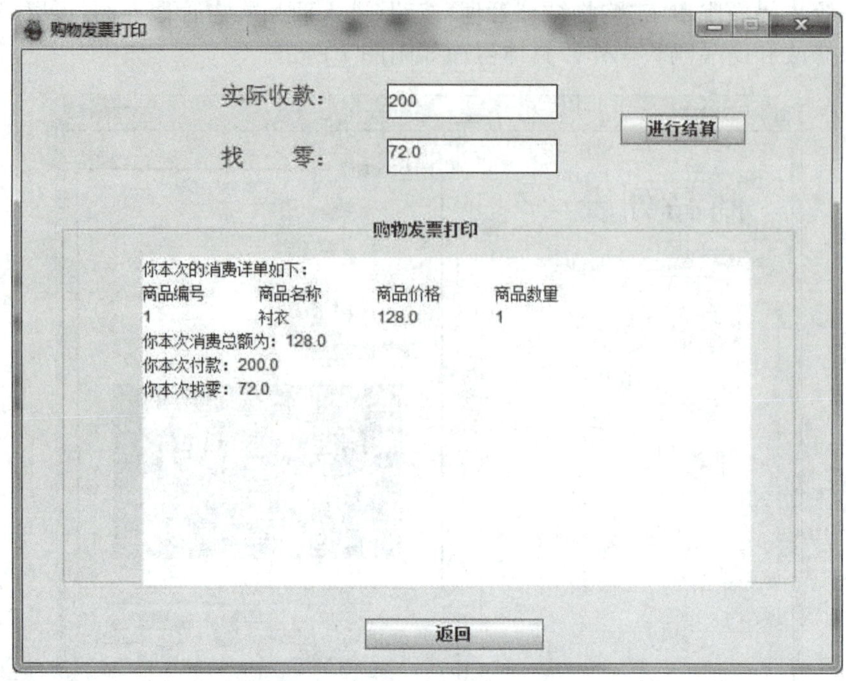


附图 9　付款、购物发票打印界面

⑥在系统主界面中单击“促销活动管理”按钮，进入促销界面，可以查看促销信息。具体界面如附图 10 所示。

附图 10　促销界面

# 参考文献

[1] 栾咏红. Java 程序设计项目式教程[M]. 北京:人民邮电出版社,2015.
[2] 刘刚,刘伟. Java 程序设计基础教程:慕课版[M]. 北京:人民邮电出版社,2018.
[3] 明日科技. Java 从入门到精通[M]. 6 版. 北京:清华大学出版社,2021.
[4] 耿祥义,张跃平. Java 2 实用教程:题库+微课视频版[M]. 6 版. 北京:清华大学出版社,2021.